本书得到 2020 湖北省社会科学基金资助（项目编号 2020081）及三峡大学学科建设经费资助

20世纪中西自然观的
会通与重构

陈月红 ◎ 著

中国社会科学出版社

图书在版编目(CIP)数据

20 世纪中西自然观的会通与重构 / 陈月红著 . —北京：中国社会科学
出版社，2021.6

ISBN 978-7-5203-8821-4

Ⅰ.①2… Ⅱ.①陈… Ⅲ.①自然哲学—世界观—研究—中国、西方
国家—20 世纪 Ⅳ.①N031

中国版本图书馆 CIP 数据核字（2021）第 152195 号

出 版 人	赵剑英	
责任编辑	任　明	
责任校对	周　昊	
责任印制	郝美娜	

出　　　版	中国社会科学出版社	
社　　　址	北京鼓楼西大街甲 158 号	
邮　　　编	100720	
网　　　址	http：//www.csspw.cn	
发 行 部	010-84083685	
门 市 部	010-84029450	
经　　　销	新华书店及其他书店	

印刷装订	北京君升印刷有限公司	
版　　　次	2021 年 6 月第 1 版	
印　　　次	2021 年 6 月第 1 次印刷	

开　　　本	710×1000　1/16	
印　　　张	14.75	
插　　　页	2	
字　　　数	236 千字	
定　　　价	88.00 元	

序　言

　　韩愈《师说》中有两句名言："弟子不必不如师，师不必贤于弟子。"我以前一直认为，这是韩老夫子批评当时士大夫之流好为人师、缺乏不耻下问的精神，后人挂在嘴上不过是谦虚之词罢了。但是，读了陈月红博士的新著以后，我对这两句话有了更为深刻的理解。陈博士刚开始邀请我为其专著写序，我是持推脱态度的，建议她另请高明之士，原因有二：一是因为自己较忙，手头的研究和教学工作较繁重，抽不出时间。二是因为陈博士是我以前在美国的博士生，我不愿意让别人觉得有为学生唱赞歌的看法。更为重要的原因是，我以为，其专著可能是在博士学位论文基础上的修改扩展版，而博士学位论文我看过多次，再重看一遍，虽然也许能学到一些新的东西，但收获可能跟付出的时间不成比例。但是，阅读陈月红博士的书以后，我发觉自己完全错了，专著与博士学位论文相去甚远，基本上只是在选题上和几个章节跟其博士学位论文相同，无论是主旨、范围和论点，还是理论框架、研究路径和研究资料等都与原来的博士学位论文大不一样，实际上几乎可以说是一部全新的论著。而且，全书充满了新颖的见解、翔实的资料和精致的分析，让我学到了很多东西，扎扎实实做了一回学生的学生。

　　当我刚答应为陈博士的书写一个序言的时候，说句心里话，我只是准备翻一翻目录，浏览一下章节，然后写一个序言，算是完成了任务。但是，当浏览目录时，就被该书体大思精的总体框架和各章的内容所吸引，于是就认真地看了导论和第一章，谁知一看就难以释卷，于是就一章接一章地读下去，直到全部读完。读完后还觉得意犹未尽，掩卷长思，不禁拍手叫好，暗暗为陈博士毕业以后的长足进步而高兴。读者可能要问：这本书好在什么地方呢？在此，我愿意简要地谈一下自己的看法。

　　首先，虽然生态批评可以简约地定义为"探讨文学与自然环境之关系的批评"，但是其涉及史学、哲学、宗教、社会学、人类学、心理学、种族、性别，还涉及科学研究、人文地理、生态研究，因此生态批评是一个跨学科、多维度的事业。国外的学者除了一些从事生态批评理论的思想家，众多研究者往往侧重于一两个方面。国内的情况也是如此。陈博士的这本书雄心勃勃，在众多学者常研究的领域不仅增加了一个跨文化的维度，而且选择了一个可以涉及生态批评多元性的项目：20 世纪的中西自然观，以跨学科的路径对中西自然观进行了综合、归纳、比较和整合，并通过选择对中西方文化影响较大的哲学思想、标志性的历史事件、人物、作品、学术辩论和人文与科学的对话和交流，从宏观和微观的双重视角探讨了中西方 20 世纪人与自然的关系，及其对社会、生活、文化、文学艺术的巨大影响。因此，该书不仅关注生态文化研究，而且涉及人文学科的多个方面：中西思想史、哲学、美学、文学等领域，并将这些多层面的东西融汇在自然观这把大伞之下，较为圆满地实现了生态研究多重视野的融合。就我个人所知，虽然该书阐述了一些业已了解的知识，但目前在国内或国外尚找不到如此全面介绍中西两大传统有关自然观的生态思想的著作，更没有对两大传统生态思想进行整合、比较、对话和交流。

　　该书在思考人与自然的关系方面，有几点颇有新意的认识：一是指出人与自然的关系本质上是一种社会和历史的建构，不是一成不变的，而是会随着不同的历史时期和不同的社会需求而不断发展变化。二是对学界常见的一种看法，即东方有机自然观与西方科学自然观是截然对立的思想，表示了不同的看法，认为这是一种二元对立的思维，衍生于中西方哲学的成见。作者通过多元的实例分析证明，中国的"天人合一"自然观与西方现代科学并非是截然对立，而是有着较多契合之处。三是作者较为敏锐地认识到，中国的"天人合一"思想蕴藏着丰富的生态价值，若结合时代社会的发展进行深入挖掘，可以对"尊重自然、顺应自然、保护自然"的生态文明理念作出中华文明对人类的巨大贡献。

　　陈博士通过对现有研究的文献综述，发现了学界对于中国传统自然观在英语世界的传播与影响的研究存在的一些不足。首先，概述性研究有余，全面系统深入的专题研究几乎没有。其次，虽然有学者注意到了中国传统自然观对西方生态话语产生了影响，但往往流于泛泛而谈，浅尝辄止，即使是对中国传统自然观在英语世界的传播也缺乏全面系统的梳理。

在国内外学术界都只有一些单向度的概述性研究，尚缺乏从跨文化生态批评视角全面、系统、深入地考察20世纪以来中西自然观交融互通的专著。再次，已有研究尚未对中西传统自然观的差异与中国传统生态思想在西方的传播进行深入挖掘，更没有触及西方主动译介传播中国传统生态思想的内在动因。根据发现的问题，该书从历史、社会及全球化发展多元视角出发，摈弃中西方二元对立思维，在跨文化生态批评视野下对中西自然观生态价值进行深入的考量，重点回答这些问题："在20世纪为什么西方会对中国'天人合一'的传统有机自然观产生兴趣？在思想和诗歌领域，是哪些先锋人物发现了东方有机自然观的价值？他们是如何阐释中国传统有机自然观的生态价值并进行传播的？中国传统生态思想是如何丰富西方现代生态话语的？又是如何促进美国现代诗歌中人与自然关系建构的东方转向的？"

通读全书，本人认为，该书的研究成果有如下的贡献：一是超越了东西方哲学思想二元对立的固有思维模式，确立了生态研究的全球化视野。二是否定了中西研究的一个共识，即建立在儒、释、道基础上的中国传统的有机自然观遵循整体和综合思维模式来构建人与自然之间的关系，是以"天人合一"为基本特征的传统；而西方则是坚持人与自然的二元对立以及人类中心主义的立场，是遵循"天人两分"的传统，两者之间的界限泾渭分明，相互对立。陈博士以翔实的资料和分析证明，这种二元对立的共识对中西方文化的人与自然的关系所做的结论过于简单粗糙，并令人信服地展现了"天人合一"和"天人两分"的观念在中西方现当代的动态发展，描绘了中国社会从"天人合一"走向"天人两分"，又回归"天人合一"的传统，而西方则从"天人两分"逐渐走向"天人合一"状况，与中国的自然观殊途同归。本人尤其对该书绪论中的这一段话十分欣赏：

　　无论是在国外还是国内，这种二元对立思维导致对中西方自然观的解读呈现出两个极端：要么一味批判建立在基督教思想和人类中心主义基础上的西方近代科学的机械论自然观，而对东方传统的"天人合一"思想进行脱离历史和社会语境的无限浪漫化的阐释，将之看成拯救西方现代生态危机的良药；要么完全否定中国传统有机自然观的价值，将之与原始、神秘，甚至反科学联系起来，认为只有完全依赖科学技术手段才能从根本上解决现代生态危机。人类无须从根本上改变对待自然的骄横傲慢的态度，也无须停止肆意蹂躏自然的行为。这种中西方二元对立思维模式的泛滥导致学术界对许多基本问题的无谓争论。

本书的另一个值得称道之处就是可以扭转中国社会和全世界的人对科学万能的迷信。时至今日，认为科学可以解决人类一切问题的观念早已成为一种科学主义，不仅成为一种新的意识形态，甚至可以说是一种现代宗教。国内不是有一些大科学家大声疾呼号召人们摆脱"天人合一"的观念，鼓吹"人类无须敬畏大自然"之说吗？

陈博士没有忘记生态批评领域文学研究的重要性，从生态批评视角来探讨哲学思想文本和诗歌作品中人与自然关系，给比较思想、比较文化和比较文学研究提供新的研究视角。在关注人与自然之关系的中美文学家中，陈博士选择了一些艺术成就对生态批评影响较大的理论家、批评家和诗人，并对他们的艺术思想和文学创作与自然和生态的关系，从批评理论和文学实践的方面进行细读和分析，并作出恰如其分的评价。比如，她称费诺罗萨和庞德是美国诗歌领域引领中西生态对话的先驱，王红公、斯奈德等是追随他们的脚步，在美国诗歌中不断植入中国传统有机自然观思想的大诗人，她对这几位诗人的研究与现有研究不相同的地方就是，多数现有的研究探讨他们是如何吸收中国元素来引导英美诗歌实现现代派的转向，而陈博士强调他们作为生态批评先驱所发挥的作用。在比较研究中西诗歌中所表现的不同的人与自然的关系时，陈博士表现出良好的文本细读技能，并通过细读阐发引人入胜的看法，比如在分析惠特曼的《自己之歌》和李白的《独坐静亭山》这两首诗时，作者把中美两个不同文学传统对人与自然的关系淋漓尽致地展现出来。

本人在阅读这本书的过程中觉得有些可以在将来予以完善之处，在此略述一二。该书的题目是《20世纪中西自然观的会通与重构》，虽然在资料收集和分析方面涉及中西两大传统，但正如作者所说的那样：重点放在"20世纪以来中国和以美国为代表的西方在人与自然关系重构方面的相互影响"。我们知道，虽然美国是生态批评的发源地和研究的重镇，但由于几乎很少谈及其他西方国家的生态批评，多少有些以偏概全，以美国生态思想代表整个西方生态思想的不足，希望将来有机会增加至少是其他英语国家的生态批评资料和研究。另外，对一些西方思想家与中国生态思想关系的研究仍然处于初级阶段，如对贝尔德·克利考特（J. Baird Callicott）的生态思想与道家思想关系的研究，只有短短的一段。当然这点不足一方面是由于时间关系，另一方面也许是因为篇幅所限，留待将来深入探讨。作者声言："与西方传统相比，中国历史上并没有蔑视自然、与自然为敌的主导思想。"这一论断好像有点武断，作者虽然提到了荀子在《天论》中的观点："大天而思之，孰与物畜而制之？从天而颂之，孰与制天命而用之？"但认为荀子的看法只是个案，并未成为社会的主导思想，这一点当然不错，但如果"历史"包括刚过去的现当代，"制天命而用之"是现代中国社会的一个主流思想，"与天斗，与地斗"不曾是声震神州的一个口号吗？

　　韩愈在提出"弟子不必不如师，师不必贤于弟子"的宏论后，接着道出了其中原因："闻道有先后，术业有专攻而已。"的确，陈博士对中西生态批评情有独钟，孜孜不倦研究若干年，其取得的成就远远超出本人在该领域所掌握的知识，我阅读该书的过程是一个颇有收获的学习过程，这个序言也可以说是学习的一点心得体会。本人浮光掠影的个人印象，旨在向有志于从事生态研究，探索人与自然的关系等生态问题的读者说明，这本书值得一读，读后一定会受益匪浅。

顾明栋

美国达拉斯德州大学艺术与人文学院

目　　录

绪　　论

"东是东，西是西，东西永古不相期。"英国小说家、诗人吉普林
（Joseph Rudyard Kipling，1865—1936）曾如此评价东西方之间的关系。
长期以来，中西之间一直被认为存在着不可逾越的鸿沟。这种中西二元对
立思维特别突出地表现在人文领域的中西比较研究中。中国和西方通常被
认为不仅在地理位置上相距遥远，文化差异更是巨大。在生态研究领域，
具体到中国和西方在建构人与自然的关系方面，这种二元对立的思维模式
更是普遍存在。一般认为，中国传统上以"天人合一"为基本特征，而
西方遵循"天人两分"，两者之间的界限泾渭分明。具体而言，西方的自
然观坚持人与自然的二元对立，以及人类中心主义。而建立在儒、释、道
基础上的中国传统的有机自然观遵循整体和综合思维模式来构建人与自然
之间的关系，强调两者的和谐统一。但中、西自然观的差异是固定不变
地、一直存在着吗？事实并非如此。

从历时视角来看，人与自然的关系本质上是一种特定历史时期的社会
建构。中西方对自然世界的建构与其地理位置、经济模式、哲学传统息息
相关。在漫长的历史演变过程中，人与自然的关系并非静止的、一成不变
的，而是随着特定社会、特定历史时期的政治、经济、文化等诸多因素的
发展演变而变化。与此同时，中西方在人与自然关系的建构上也随着双方
在哲学、文学、文化、经济等方面的交流而双向传播并相互影响。

自 15 世纪末以来，欧洲航海贸易的发展及新航线的开辟促进了中
西商贸交流的日益频繁。瓷器、绘画、建筑装饰等具有异国情调的中国
工艺品，以及茶叶、丝绸等中国特有的产品源源不断地运往欧洲，得到
不少达官贵人的追捧。与此同时，中国的工艺美术、园林艺术不断被介
绍到欧洲，在 17—18 世纪的欧洲掀起了一股强劲的"中国风"（Chinoi-

serie）。在此过程中，渗透在这些"中国制造"和中国艺术中的中国美学思想、"天人合一"观念也开始以间接和微妙的方式影响欧洲。另一方面，自16世纪下半叶开始，随着以罗明坚（Michele Ruggieri，1543—1607）、利玛窦（Matteo Ricci，1552—1610）、殷铎泽（Prospero Intorcetta，1626—1696）等为代表的西方传教士来到中国传教，中国和欧洲在思想领域的交流正式拉开序幕，西方的自然观也开始由这些耶稣会传教士介绍到中国。

到了20世纪，全球化的蓬勃发展使得这种双向传播与交流更为明显。中西方之间的生态对话可谓相生相成，并促使双方在生态视阈方面逐渐走向融合。这种相互影响突出表现在中美思想和诗歌领域的生态对话中。一方面，中国传统的有机自然观随着禅宗和道家思想及中国古典诗歌英译，逐渐渗透到西方文化中，在一定程度上促进了美国现代诗歌中人与自然关系的东方转向及西方现代环保运动①的诞生，极大地丰富了西方现代生态话语，同时也和西方现代科学的物理学转向之后所倡导的世界观达到了契合；另一方面，自19世纪下半叶开始，随着以严复、胡适、丁文江为代表的一批又一批青年学子远赴欧洲、美国等西方国家学习科学文化，西方的近代科学与"天人两分"的自然观念逐渐被他们引入中国，并逐步被确立为一种新的意识形态，进而取代了主宰中国几千年的"天人合一"传统有机自然观。"天人合一"思想的被边缘化十分鲜明地体现在中国新诗的创作中，中国现代诗不再像古典诗"那样普遍地以大自然为归依"②。但到了20世纪70年代，美国引领的西方现代环保运动及西方现代生态话语中"东方生态智慧"的回归又反过来促进了生态批评研究在中国的兴起与发展，同时也促进了国内学者对"天人合一"等古典思想生态价值的挖掘，及对生态文明理念的建构。

20世纪以来，中西之间的生态对话大体表现为先逆向而行，然后不约而同走上追求人与自然生态和谐的道路。但国内外不少研究者目前仍遵循一种脱离社会历史语境的、二元对立的思维来看待中国与西方的人与自

---

① 有生态研究学者认为应该区别环境保护运动和生态运动，认为前者仍坚持从人类利益出发的人类中心主义立场，后者属于致力于人类与自然和谐统一的非人类中心主义立场。本书作者倾向于生态运动的说法。但由于学术界对此并未达成一致的意见，本书中并不进行严格区分。

② 这是路易·艾黎（Rewi Alley）在其编译的《大路上的光与影：现代中国诗选》的序言里表达的观点，认为古典诗与现代诗之间的一个明显差异就是它们对自然景观的再现。转引自［美］奚密《现代汉诗中的自然景观：书写模式初探》，《扬子江评论》2016年第3期。

然关系，甚至认为两者之间的界限在现阶段仍然泾渭分明，严重忽视了全球化带来的中西自然观之间的相互影响。对中西自然观人为地划分界限直接导致了以同样的二元对立思维将有机自然观和科学自然观截然对立起来。无论是在国外还是国内，这种二元对立思维导致对中西方自然观的解读呈现出两个极端：要么一味批判建立在基督教思想和人类中心主义基础上的西方近代科学的机械论自然观，而对东方传统的"天人合一"思想进行脱离历史和社会语境的无限浪漫化的阐释，将之看成拯救西方现代生态危机的良药；要么完全否定中国传统有机自然观的价值，将之与原始、神秘，甚至反科学联系起来，认为只有完全依赖科学技术手段才能从根本上解决现代生态危机，人类无须从根本上改变对待自然的骄横傲慢的态度，也无须停止肆意蹂躏自然的行为。这种中西方二元对立思维模式的泛滥导致学术界对许多基本问题的无谓争论。

　　本书将超越中西方二元对立思维，在跨文化生态批评视域下，深入剖析20世纪以来中国和以美国为代表的西方在人与自然关系重构方面的相互影响，大体表现为最初的逆向而行，而后重新达成共识的一种过程。将重点聚焦中西方在思想和诗歌领域的交流，深入考察蕴藏于中国道儒哲学中的"天人合一"传统有机自然观在美国的生态化之旅及对西方现代生态话语的影响，并反观其在国内从边缘化到逐渐回归的缘起与发展，结合社会历史背景，深入探究20世纪的中国一度选择全盘接受西方"天人两分"自然观的动因及所产生的积极与消极影响，旨在中西文明互鉴视域下全面探讨中西自然观的会合与交融，及中国传统"天人合一"思想的现实生态价值与世界意义。

　　而要弄清楚20世纪的西方为什么会对中国的"天人合一"有机自然观产生兴趣，及20世纪的中国为什么会主动接受西方的"天人两分"思想，之后又见证了"天人合一"思想的回归，有必要先了解下"天人合一"与"天人两分"的本质区别。

第一节　"天人合一"与"天人两分"

　　梁漱溟曾论及人的三大关系：人与自然的关系，人际关系，以及人己关系。由此可见，人与自然的关系一直以来是人类要处理的三大重要关系之一。从历时角度看，人类文明的历史就是逐步认识自然、改造自然和建构自然的过程。人类文明的进步发展既依赖自然界，但同时又受制于自然界。在这对立又同一的矛盾关系之中，人类究竟是要看重自身对自然界的依赖？还是应致力于从物质世界的束缚中解脱出来？由于地理位置、文化传统、经济模式等各方面的不同，东方和西方曾对此问题作出了完全不同的解释。大体而言，西方社会中人与自然关系的建构以柏拉图的形而上学和亚里士多德的逻辑论为理论基础，坚持"天人两分"观念，强调人与自然的二元对立，主张征服自然、改造自然。这种二元对立不仅反映在上帝创造自然、任人主宰的基督教创世纪思想之中，更凸显于欧洲文艺复兴及启蒙运动时期逐渐建立以来的机械论自然观。而中国传统的有机自然观建立在儒、道、释基础之上，遵循整体和综合思维模式来构建人与自然之间的关系，倡导人与自然的和谐共存，主张敬畏自然、顺应自然。

自古希腊时期开始，到 20 世纪现代自然观①诞生之前，西方自然观念的演变大体可分为三个时期：古希腊时期占主导地位的有机自然观、中世纪时期占主导地位的基督教自然观、文艺复兴时期以来逐步确立的机械论自然观。这三者之间虽看似存在较明显的差异，但从历时角度来看，却具有一脉相承的内在联系，均在不同程度上鼓励了人与自然的"二元对立"。古希腊时期，自然概念的发展受两种观念支配：一是自然是自我生长的活的有机体；二是自然有理智的秩序是可以被认识的。亚里士多德的自然观就受到这两种观念的支配。② 柏拉图的理论认为：可感的东西是不真实的，或者至少远远不如可理解的东西或曰"形式"或曰"理念"来得真实。③ 因为柏拉图推行超验世界，并认为超验世界高于现实世界，其"形式"理论为后来基督教的诞生奠定了基础，其中所包含的二元对立思想在古希腊时期已初见端倪。

西方基督教思想中金字塔式的"伟大存在之链"将世界的存在分为三等，即：创造并主宰人类及世界的上帝；人；低于人的自然或万事万物。上帝是超自然的存在，而自然是由上帝创造出来为人类服务的，人类

---

① 有学者指出：现代西方自然观是超越近代西方的机械论自然观的新型自然观，是建立在生物学/生态学和系统论研究上的自然观，大体具有三个特征：有机、过程和系统。现代自然观抛弃了文艺复兴和工业革命成就的机械论自然观，强调自然的有机性和生命力，与古希腊的有机自然观和中国古代"天地"自然观志趣相投。详见杨锐：《中西自然观发展脉络初论——兼论我的自然观》，《清华大学学报》2014 年第 2 期。

② 王正平：《环境哲学——环境伦理的跨学科研究》，上海教育出版社 2014 年版，第 73 页。

③ 柯林武德：《自然的观念》，北京大学出版社 2006 年版，第 57 页。

中心主义思想已表现得十分明显。自文艺复兴时期开始，机械论自然观逐渐形成。一方面，近代自然科学的兴起与发展，特别是机械的大量发明及使用，大大提高了人类认识世界的能力和水平，最终影响了人们对自然界的态度与看法。在培根、哥白尼、开普勒、伽利略、牛顿、笛卡尔等一批科学家或思想家的共同推动下，自然科学逐步发展成为一门独立的学科，在实验或观察的基础上通过严密的数学逻辑来揭示自然规律，自然被看成是一台机器，可任人拆解、分析、控制和改造。另一方面，文艺复兴时期的人文主义者强调人认识世界的主体意识，通过与自然科学联姻，"人"成为认识"自然的理智秩序"的主体，而"自然"成为被认识的对象即客体。总体而言，机械论自然观的建立一方面得益于近代自然科学的发展，另一方面又反过来为之奠定了牢固的理论基础。与此同时，在古希腊时期就已萌芽的二元对立思想，到了笛卡儿时期，更是成为人与自然关系建构的主导观念。机械论自然观与主客二分的思维模式共同促进了人类中心主义思想的确立，并为西方工业文明的到来铺平了道路，也为现代生态危机的爆发埋下了伏笔。

中国传统上人与自然关系的建构相对而言比较稳定，20 世纪之前，主要体现为"天人合一"。"天人合一"是中国传统文化中一个极其古老而又重要的概念，在儒释道哲学、美学、民俗学等领域均占据着至关重要的地位。与此同时，"天人合一"也是中国传统上处理人与自然关系的核心观念，坚持人与天地万物融合为一体，和谐共生。"天人合一"的思想直接用于处理自然界与人的关系，最初由道家提出。庄子是最鲜明地主张"天人合一"思想的人。他提出"不以心捐道，不以人助天"；"其一也一，其不一也一。其一与天为徒，其不一与人为徒。天与人不相胜也，是之谓真人"（《庄子·大宗师》）。这种"天人合一"思想是以"人"合于"天"，以"天"吞并"人"。后来儒家也吸收了这一思想，成为儒家"天人合一"思想的一个重要部分。道家和儒家追求人与自然和谐的根本态度是一致的，只是前者偏于消极地顺应自然，后者更为积极地应对。①

但总体而言，人与自然之间的关系并不是在中国传统社会中占主导地位的儒家学说最为关注的问题。从西汉董仲舒的"天人感应"学说、到宋代朱熹对"格物致知"的阐释、再到明朝王阳明的"知行合一"等，

---

① 钱逊：《也谈对"天人合一"的认识》，《传统文化与现代化》1994 年第 3 期。

儒家学说倡导通过修身养性来提升个人的精神境界、德行及品格，并以此来标示人生意义，而不是从对自然的改造和征服中获得幸福感和成就感。与西方传统相比，中国历史上并没有蔑视自然、与自然为敌的主导思想，这与中国几千年来的农业经济模式息息相关，农业经济凸显了人对自然的依赖，强化了"靠天吃饭"、尊天为神的思想，属于典型的非二元对立的有机自然观。

在西方现代生态危机爆发之前，人与自然的关系问题并没有引起人们的足够重视。20 世纪 60 年代爆发的西方现代生态危机催生了哲学、文学、语言学等人文社科领域的生态研究，人与自然的关系成为生态研究的核心问题，由此也引发了学术界对中西传统自然观的深入对比与研究。

第二节　西方现代环保运动的诞生

20 世纪 60 年代，西方现代生态危机首先在美国爆发。1962 年，美国博物学家蕾切尔·卡逊（Rachel Carson，1907—1964）出版了《寂静的春天》（*Silent Spring*）一书，首次深刻揭露了各种农药，尤其是敌敌畏，如何破坏自然生态环境及威胁人类自身的健康与生存。作者以寓言开头，描述了一个美丽村庄的突变：

> 一种奇怪的寂静笼罩了这个地方。比如说，鸟儿都到哪儿去了呢？许多人谈论着它们，感到迷惑和不安。园后鸟儿寻食的地方冷落了。在一些地方仅能见到的几只鸟儿也气息奄奄，它们战栗得很厉害，飞不起来。这是一个没有声息的春天。这儿的清晨曾经荡漾着乌鸦、鸫鸟、鸽子、鸟、鹪鹩的合唱以及其他鸟鸣的音浪；而现在一切声音都没有了，只有一片寂静覆盖着田野、树林和沼泽。[①]

春天本是鸟语花香的季节，但在这个村庄里，却再也听不到鸟声啾啾，因为它们已被大规模喷洒的农药杀死。从陆地到海洋，从海洋到天空，滥用化学农药造成的危害触目惊心，甚至连嗷嗷待哺的婴儿吃的母乳里都含有农药的残余。这部里程碑式的警世之作连续 31 周登上《纽约时

① 选自［美］蕾切尔·卡逊《寂静的春天》，吕瑞兰、李长生译，吉林人民出版社 1997 年版，第 2 页。

报》畅销书榜首，引发了广泛而激烈的讨论。在书中，卡逊深刻揭露了只顾追求商业利益而不顾人类和自然万物安危的工业集团和农业资本家的不义之举，由此也遭受了来自他们的各种人身攻击和诽谤，但最终她获得了当时执政的肯尼迪政府及之后尼克松政府的认同与公众的支持。该事件极大地激发了美国公众的环保意识，促进了美国现代环保运动的兴起。

1970 年 4 月 22 日，美国举行了声势浩大的"地球日"活动，全美各地共有两千多万人参加，人们通过集会、游行、宣讲和其他多种形式的宣传活动，呼吁所有人都行动起来，保护和拯救我们的地球。这是人类历史上第一次规模宏大的群众性环境保护运动，活动取得了极大成功，引起了全世界瞩目。

与此同时，世界范围内的环境保护运动也应运而生。1968 年，来自西方不同国家的约 30 位著名科学家、经济学家和社会学家齐聚罗马，成立了罗马俱乐部，并于 1972 年完成了一篇研究报告，题为《增长的极限》，首次从人口、农业生产、自然资源、工业生产和环境污染等方面全面阐述了人类发展过程中，尤其是工业革命以来的经济增长模式给地球和人类自身带来的毁灭性灾难。[①]

1972 年 6 月 5 日，联合国在斯德哥尔摩举行人类环境会议，这是人类历史上首次在全世界范围内讨论环境保护的会议，标志着人类环保意识的世界觉醒。这次会议提出了响遍世界的环境保护口号："只有一个地球!"会议还通过了著名的《人类环境宣言》及保护全球环境的"行动计划"，提出要"为了这一代和将来世世代代保护和改善环境"。6 月 5 日被定为世界环境日。次年，联合国环境署正式成立，标志着世界范围内的环境保护运动正式提上议事日程，人与自然的关系问题成为全人类共同关注的问题。

西方现代生态危机何以产生? 自 18 世纪开始，在欧洲，分别以蒸汽机和电机的发明与使用为标志，两次科技革命的到来将西方相继引入"机器时代"与"电气时代"，人类改造自然、征服自然的能力飞速提高，工业文明得以迅猛发展，物质财富不断丰富，但到了 20 世纪，这种毫无节制的、蹂躏自然的行为开始导致一系列的生态灾难，其中最为臭名昭著的事件包括：1999 年日本东海村的核反应堆爆炸；1990 年科威特油火；

---

① 详见 Donella H. Meadows, et al., *The Limits to Growth*, Universe Books, 1974。

1989 年美国埃克森·瓦尔迪兹原油泄露；1986 年切尔诺贝利核反应堆爆炸；1984 年印度博帕尔工业泄漏；1979 年的三里岛事件；1978 年美国 Love Canal 工业废水排放事件；1976 年塞维索二噁英云事件；1956 年日本的水俣湾灾难等。以上各种环境灾难均是人为所致，对各国人民的生命财产安全造成了惨重损失。在过去的半个多世纪里，气候变化、空气污染、生物多样性减少、土地沙漠化、水资源危机、核辐射等各种环境问题日益凸显，威胁着人类的共同生存，生态危机由此成为全球性的危机，引发了旷日持久的全球环境保护运动。

何谓生态危机？依据《现代汉语词典》（第 7 版），生态危机是指："由于人类盲目和过度的生产活动，致使生态系统的结构和功能遭到严重破坏，从而威胁人类生存和发展的现象。主要表现为人口激增、资源极度消耗、环境污染等。解决生态危机的根本途径是协调人与自然的关系，达到可持续发展。"① 生态危机是西方工业文明的必然产物，是由西方工业文明的生产方式、消费方式和思维方式引起的。② 工业文明的最大弊端就是人类对自然的肆意破坏，导致人与自然之间的矛盾日益尖锐。

第三节　西方生态话语的东方转向

全球范围内生态危机的爆发催生了哲学、社会学、语言学、文学、电影、翻译学等不同学科领域的生态研究，如何修复人与自然的关系成为各领域生态研究的核心问题。诞生于 20 世纪 70 年代的环境哲学，旨在将环境问题纳入哲学的研究框架，从哲学的视角观照环境问题，对主导了西方社会几千年的人类中心主义思想进行重新反思，认为："人类应超越对自身利益与价值的考虑，认识到自然物、自然系统也有其利益与内在价值，值得人们的尊重"③；语言学领域的"韩礼德模式"，又称"环境的语言学"，注重语言使用对环境保护方面的作用，该领域的"研究者力图呼吁、唤醒人类社会的生态意识，用批评的眼光来鼓励和宣传与生态和谐的话语和行为，同时抗拒那些与生态不和谐的话语和行为，反思和批评人们

---

① 中国社会科学院语言研究所词典编辑室编：《现代汉语词典》（第 7 版），商务印书馆 2016 年版，第 1169—1170 页。

② 张劲松：《生态危机：西方工业文明外在性的理论审视与化解途径》，《国外社会科学》2013 年第 3 期。

③ 刘耳：《西方当代环境哲学概观》，《自然辩证法研究》2000 年第 6 期。

对自然的征服、控制、掠夺和摧残"①；文学领域的生态批评"研究文学与物质环境之间的关系。正如女性主义批评从性别意识的视角考察语言和文学，马克思主义批评把生产方式和经济阶级的自觉带进文本阅读，生态批评运用一种以地球为中心的方法研究文学"②；电影领域的生态电影"从生态中心主义、非人类中心主义的视角来阐述人类与物质环境、土地、自然界、动物之间的关系"③；翻译学领域的生态"实指"翻译研究认为："翻译策略的选择应有助于保存原语文本中的生态观，以增强目的语读者的生态意识为翻译目的。"④ 总体而言，这类研究的共同之处在于：缘于人类对人与自然关系的反省与思考，认识到现代生态危机的根源在于人类中心主义思想导致的对自然的蹂躏，因此，如何在思维方式、话语使用及行为中重新修复人与自然的关系，逐步树立起非人类中心主义的思想，坚持人—自然—社会的和谐发展是其主要研究目的。

法国著名思想家埃德加·莫兰（edgar morin）认为："西方文明的福祉正好包藏了它的祸根"，其中显著表现之一就是："科学技术促进了社会进步，同时也带来了对环境、文化的破坏，……特别是城市的污染和科学的盲目，给人们带来了紧张与危害，将人们引向核灭亡与生态死亡。"⑤西方的生态危机是西方工业文明的必然产物，很难在西方文明的基本框架内得到有效的解决，莫兰主张以中国这个十分重要的"他者"为参照，通过"他者"反观自身，增强对西方文化的新的认识，谋求文化改良方案。

西方生态话语的东方转向在 20 世纪 60—70 年代初见端倪。1967 年，美国历史学家林恩·怀特（Lynn White）发表了一篇名为《生态危机的历史根源》（*The Historical Roots of Our Ecologic Crisis*）的文章，至今被奉为经典。在这篇文章中，怀特猛烈抨击了西方文化的根基——基督教，认为基督教《创世纪》中上帝创造自然、任人主宰的思想是在鼓吹人类中心

---

① 转引自黄国文《生态语言学的兴起与发展》，《中国外语》2016 年第 1 期。

② Cheryll Glotfelty, and Harold Fromm, *The Ecocriticism Reader*: *Landmarks in Literary Ecology*. London: The University of Georgia Press, 1996, p. xviii.

③ Sheldon H. Lu, "Introduction: Cinema, Ecology, Modernity", in *Chinese Ecocinema*: *In the Age of Environmental Challenge*, eds. Sheldon H. Lu and Jiayan Mi. Hong Kong: Hong Kong University Press, 2009, p. 2.

④ 陈月红：《生态翻译学"实指"何在?》，《外国语文》2016 年第 6 期。

⑤ 乐黛云：《西方的文化反思与东方转向》，《群言》2004 年第 5 期。

主义，而人类中心主义是引发西方现代生态危机的根源。怀特还认为：西方近代科学和技术的发展同样建立在人类中心主义思想基础之上。因此，要从根本上解决现代生态危机，不能指靠更先进的科学技术手段，而是要找到一种新的宗教，或者对现有宗教进行反思。① 怀特的文章引起了广泛而热烈的讨论，其中包括对基督教《创世纪》中所宣扬的上帝创造自然为人类服务的观点、对建立在机械论思想基础上的科学文化以及对科技革命造就的工业文明的深刻反思，而人与自然的关系是讨论的核心问题，由此出现了各种生态研究学派，比如深层生态主义、社会生态主义、生态女性主义等，从各个不同视角反思人与自然之间的关系，探寻如何重构人与自然的和谐之路。

受怀特思想启发，一些西方生态研究者开始将目光转向东方传统的有机自然观，企望从中找到医治西方现代生态危机的良药，道家和禅宗思想所蕴含的天人关系尤其受到青睐。威廉姆·R. 霍伊特（William R. Hoyt，1970）和郑和烈（Hwa Yol Jung，1972）认为禅宗可以帮助西方重新修复人与自然之间的关系。② 休斯顿·史密斯（Huston Smith）在《道：一个生态信念》（Tao Now：An Ecological Testament，1972）一文中倡导将道家思想作为新的哲学基础来解决西方的生态问题。③ 艾伦·瓦茨（Alan Watts）在他的遗著《道：水之道》（Tao：The Watercourse Way，1975）中大力颂扬道家思想对促进人与自然和谐关系的意义所在。④ 同年，卡普拉（Fritjof Capra）出版了他的经典之作《物理学之道》（The Tao of Physics）。将"道"写进书名中，卡普拉希望能够引起人们对道家思想，特别是道家自然观的兴趣。⑤ 拉卡佩勒（Dolores LaChapelle）作为一位多产作家及

① Lynn White, Jr., "The Historical Roots of Our Ecologic Crisis," in The Ecocriticism Reader: Landmarks in Literary Ecology, eds. Cheryll Glotfelty and Harold Fromm, London: University of Georgia Press, 1996, p. 12.

② William R. Hoyt, "Zen Buddhism and Western Alienation from Nature," Christian Century, Vol 87, 1970, pp. 1194 - 96; Hwa Yol Jung, "Ecology, Zen and Western Religious Thought," Christian Century, Vol 89, 1972, p. 1155.

③ Huston Smith, "Tao Now: An Ecological Testament," in Earth Might Be Fair: Reflections on Ethics, Religion, and Ecology, ed. Ian G. Barbour. Englewood Cliffs, New Jersey: Prentice - Hall, Inc., 1972, pp. 62-81.

④ Alan Watts, Tao: The Watercourse Way. New York: Pantheon Books, 1975.

⑤ Fritjof Capra, The Tao of Physics, Berkeley, CA: Shambhala, 1975.

道家的实践者，也通过著书立说来倡导人们遵循道家礼仪过生态生活。①
到了 20 世纪 80 年代，美国深层生态学的两位奠基人比尔·德韦尔（Bill
Devall）和乔治·塞辛司（George Sessions）在《深层生态学》（Deep E-
cology）一书中提到：东方有机自然观，特别是道家和禅宗思想，给了西
方深层生态学者以灵感。② 加里·斯奈德（Gary Snyder），作为西方深层
生态学和美国当代生态诗歌的奠基人之一，更是深受东方传统有机自然观
的影响，在其《禅定荒野》（The Practice of the Wild）及其他多篇著述和
诗歌创作中，大量借用道禅思想来阐发他的生态观。③

　　虽然儒家思想在生态研究领域的受欢迎程度似乎不及道家和佛家，
当代新儒家的重要代表人物、时任哈佛大学亚洲中心资深研究员的杜维
明，早在 20 世纪 80 年代就提出了新儒家人文主义的生态转向，并指
出：在过去的 25 年间，台湾、香港、大陆的三位领衔的新儒学思想家
钱穆、唐君毅和冯友兰不约而同地得出结论说，儒家传统为全人类作出
的最有意义的贡献是"天人合一"的观念，因为这个"合一"包含了
地球。杜维明认为"天人合一"体现的思想可用 anthropocosmic 来表达，
认为人类包括在宇宙之中，与西方的 anthropocentric（人类中心主义的，
即人类与自然疏离的思想）截然不同。④ 他的儒家生态观在国内外学界
产生了广泛影响。

　　自 20 世纪 80 年代开始，越来越多的西方生态研究者逐渐摒弃了建立
在二元对立基础上的"天人两分"观念，转而挖掘东方传统有机自然观
所蕴含的独特生态价值，"出现明显的向'东方生态智慧'回归的倾
向。"⑤ 在美国世界宗教研究中心的带动下，不少西方研究者试图从东方
传统儒、释、道哲学经典中找到解决西方现代生态危机的新的哲学基础，

---

① Dolores LaChapelle and Janet Bourque, *Earth Festivals: Seasonal Celebrations for Everyone Young and Old*, Silverton, Colo.: Finn Hill Arts, 1976; Dolores LaChapelle, *Earth Wisdom*. Los Angeles: Guild of Tutors Press, 1978; *Ritual: The Pattern That Connects*, Silverton, Colo.: Finn Hill Arts, 1981; *Sacred Land, Sacred Sex: Rapture of the Deep*, Silverton, Colo.: Finn Hill Arts, 1988; *Tai Chi: Return to Mountain: Between Heaven and Earth*, Christchurch, N.Z.: Hazard Pub, 2002.

② Bill Devall, and George Sessions, *Deep Ecology*, Salt Lake City: Gibbs Smith, Publisher, 2007.

③ Gary Snyder, *The Practice of the Wild*, Berkeley: Counterpoint, 1990.

④ Tu Weiming, *Centrality and Commonality: An Essay on Confucian Religiousness*, Albany, NY: State University of New York Press, 1989.

⑤ 王正平：《环境哲学——环境伦理的跨学科研究》，上海教育出版社 2014 年版，第 47 页。

一批论文集及专著相继问世。代表作有：《佛学与生态》（*Buddhism and Ecology*：*The Interconnection of Dharma and Deeds*，1997）；《儒学与生态》（*Confucianism and Ecology*：*The Interrelation of Heaven*，*Earth*，*and Humans*，1998）；《道家与生态》（*Daoism and Ecology*：*Ways Within a Cosmic Landscape*，2001）。2009 年，时任中国环境保护部副部长的潘岳①在其发表的一篇讲话中提到：西方人开始琢磨中国的生态智慧，起因就是耶鲁大学的一位教授送给他上面提到的这三本书。其他主要著作还有：*Nature in Asian Traditions of Thought*：*Essays in Environmental Philosophy*（1989）；*Dharma Gaia*：*A Harvest of Essays in Buddhism and Ecology*（1990）；*Nature's Web*：*Rethinking Our Place on Earth*（1992）；*Nature Across Cultures*：*Views of Nature and the Environment in Non-Western Cultures*（2003）；*Concepts of Nature*：*A Chinese-European Cross-Cultural Perspective*（2010）；等等。由此可见，在 20 世纪八九十年代，对东方传统生态智慧的关注在西方逐渐成为一股显流，包括主流环境学派、深层生态主义学派、生态女性主义学派在内的不同派别的西方生态研究者在各自的理论建构中均借用东方古典智慧来阐发他们的观点。20 世纪的中学西渐突出表现为以美国为代表的西方对中国传统自然观的主动译介、传播及生态化阐释，以此来丰富他们的生态话语。

总体而言，西方生态研究者对以"天人合一"为典型特征的东方传统有机自然观普遍持肯定评价，但也有学者持不同看法。比如，赫莱茵·塞琳娜德（Helaine Selinand）和阿尼·卡勒德（Arne Kalland）提醒西方研究者避免对东方传统自然观过度浪漫化及脱离其历史背景的讨论。②乔丹·佩皮尔（Jordan Paper）指出西方生态研究中存在对古典道家思想文献的误读问题。③有个别西方学者对东方古典思想的生态价值予以全盘否定，比如霍尔姆斯·罗尔斯顿（Holmes Rolson）认为：东方思想是愚昧

---

① 潘岳：《西方人开始琢磨中国的生态智慧》，《四川科技报》2009 年 2 月 6 日，第 A03 版。

② Helaine Selin and Arne Kalland, eds., *Nature Across Cultures*：*Views of Nature and the Environment in Non-Western Cultures*, Boston：Kluwer Academic Publishers, 2003, pp. xix-xx.

③ Jordan Paper, "Chinese Religion, 'Daoism,' and Deep Ecology," in *Deep Ecology and World Religions*：*New Essays on Sacred Grounds*, eds. David Landis Barnhill and Roger S. Gottlieb, Albany, N. Y.：SUNY, 2001, pp. 107-126.

的、原始的，若西方接受它将会妨碍西方科技的发展。①

另有一些西方学者，如菲利普·诺瓦克（Phillip Novak）、奥利·布汝恩（Ole Bruun）、塞缪尔·斯奈德（Samuel Snyder）等，注意到了现实中国日益恶化的环境危机，从而质疑东方传统生态思想的实际运用价值。比如，诺瓦克在阅读了休斯顿·史密斯倡导用道家思想来修复西方人与自然关系的那篇文章后，明确表达了他的质疑，并作如下评论："如果我的质疑表明了我对他的呼吁不信任，只是因为在中国，这个道家思想的诞生地，缺乏让人艳羡的环境记录。令人难过的是，虽然存在着良好的环保理念，但并没有因此保证他们对环境的良好保护。"② 布汝恩也指出，"具有讽刺意味的是，尽管中国自然哲学有着悠久的历史传统，并且作为重新思考人与自然关系的灵感和源泉在西方哲学及通俗读物中被反复提到，但当代中国却因环境污染而臭名昭著。"③

总体而言，这些西方学者认识到了中国 20 世纪下半叶以来的生态环境之恶劣与传统生态思想之间的严重脱节，但却普遍忽视了这样一个事实：自 20 世纪初以来，随着中国全面引进西方的"科学"与"自然"观念，中国传统的"天人合一"有机自然观已被完全边缘化，取而代之的是全盘西化的"天人两分"思想及机械论自然观，征服自然、改造自然的思想在中国逐渐生根发芽并成为主导意识形态。④ 自 20 世纪六七十年代以来，由于中国工业特别是重工业的不断发展，中国的环境问题开始显现。自 20 世纪 80 年代开始，随着中国追赶西方工业文明发展之路的步伐不断加快，物质文明不断繁荣，生态环境亦日趋恶化。因此，当代中国之所以出现史无前例的环境污染问题，并不是因为中国传统上"天人合一"的美好理念未能有效指导中国现实社会的环境实践，恰巧是因为"天人合一"传统理念的严重缺失。一直到 20 世纪 80 年代，受西方环保运动及人文社科领域生态研究的影响，国内有关"天人合一"思想的讨论才开

---

① Holmes Rolson, "Can the East Help the West to Value Nature?" *Philosophy East and West*, Vol 37, No. 2, 1987, pp. 171-90.

② Huston Smith, "Tao Now: An Ecological Testament," in *Earth Might Be Fair: Reflections on Ethics, Religion, and Ecology*, ed. Ian G. Barbour, Englewood Cliffs, New Jersey: Prentice-Hall, Inc., 1972, pp. 62-81.

③ Phillip Novak, "Tao How? Asian Religions and the Problem of Environmental Degradation," *Revision*, Vol 16, No. 2, 1993, pp. 77-82.

④ 陈月红：《"Nature""Science"两词的译介与中国社会人与自然关系之重构》，《上海师范大学学报》2017 年第 6 期。

始复兴。

张岱年于 1985 年和 1989 年先后发表了《中国哲学中"天人合一"思想的剖析》及《中国哲学中关于"人"与"自然"的学说》，是国内较早论及"天人合一"思想的生态价值的学者。自 1993 年起，季羡林先后发表多篇专门阐述"天人合一"生态价值的文章，旗帜鲜明地指出："我认为'天'就是大自然，'人'就是我们人类。天人关系是人与自然的关系。……我理解的'天人合一'是讲人与大自然合一。"① 在季先生看来，只有"天人合一"才能拯救人类，由此掀起了一场广泛而热烈的讨论。王毅、李存山、钱逊、高晨阳、李慎之、王正平等学者纷纷撰文发表各自的见解，出现了仁者见仁、智者见智的局面。21 世纪初，国内又有一批学者再次对"天人合一"的生态内涵展开讨论，方克立、汤一介、张世英、刘立夫等学者纷纷加入其中。② 如同国外学术界，国内学术界对"天人合一"生态价值的审视也逐渐成为一股显流。但总体而言，结合社会历史背景动态考察"天人合一"生态价值的研究并不多。研究者们普遍忽视了一个问题："天人合一"自然观的确曾主宰了中国社会两千多年，但 20 世纪初的中国为什么会主动选择接受西方科学的机械的自然观，而将传统的"天人合一"思想完全边缘化？这是需要结合中国近现代的社会历史发展和现实需求深入探讨的问题。

综上所述，自 20 世纪下半叶以来，国内外学者对"天人合一"传统思想的现代生态价值均开展了深入研究，进行了广泛而热烈的讨论。尽管国内外学界对其生态价值的认定均存在褒贬不一的情况，但却有一个共同点：无论是在国外还是国内，绝大多数学者在对"天人合一"的生态价值进行考量时，无论是持积极或是消极的评价，普遍遵循一种脱离历史和现实语境的、脱离社会发展实际的视角，将其看作一成不变的存在。这一点在国外学者中表现得尤为明显，他们主要基于古典儒家、道家等思想读本来进行中国传统生态价值的挖掘，普遍遵循静止的、二元对立的思维模式来看待"天人合一"思想及中西方的人与自然关系，甚至认为中西自然观之间的界限在 20 世纪仍然泾渭分明，忽视了中西自然观长期以来的相互影响，特别是忽视了两者自 20 世纪开始的交会交融，由此，在评估中国传统自然观的生态价值时，很容易陷入两个极端，要么对其全盘否

---

① 季羡林：《"天人合一"新解》，《传统文化与现代化》1993 年第 1 期。

② 关于在 20 世纪 90 年代及 21 世纪对"天人合一"生态价值的大讨论，将在第四章具体阐述。

定，要么对其极浪漫化，这显然不利于对"天人合一"价值的客观评定。而在国内学术界，继 1923 年发生"科玄之争"以来，"科学"这个西方的舶来品与中国传统哲学观念之间、科学主义与环境主义之间的矛盾也时时爆发，似乎两者之间永远存在着不可调和的矛盾，国内不少学者也严重忽视了 20 世纪中西自然观的发展演变与相互之间的不断渗透。

　　综上所述，有必要从历时发展的视角，对中西方社会中的人与自然关系进行动态审视，充分考察地理位置、哲学传统、经济发展及全球化等各种因素对各自社会中人与自然关系建构或重构所产生的影响。对于"天人合一"思想在西方和中国生态话语中的回归，也必须结合社会历史发展语境进行考量，这样才能真正发掘出其现代生态价值。

第四节　国内外研究现状

　　对于上文提到的 20 世纪中西方在人与自然关系重构方面的相互影响，目前国内外学界更多关注的是单向的传播与影响，即中国自然观的西渐。比如，研究中学西渐的著名学者、英国金斯顿大学思想史教授 J. J. 克拉克（John James Clarke）在其"思想史三部曲"的第一部《东方启蒙：东西方思想的遭遇》（*Oriental Englightment*：*The Encounter Between Asian and Western Thought*，2001）一书中指出：东方哲学中的整体性与西方生态学思想不谋而合，西方"思想家不但开始将生态学的整体性观念与东方哲学加以比较，从而揭示出西方对自然的隐含性设定，而且将东方对自然的思维方式作为一种可供选择的范畴以重新思考对环境的态度"[①]。在其三部曲的第二部《西方之道：道家思想的西化》（*The Tao of the West*：*Western Transformations of Taoist Thought*，2000）一书中，克拉克追溯了道家思想的西渐之旅及对西方所产生的影响。他认为：20 世纪道家学说在西方的崛起是显而易见的，其影响是全方位的，涵盖了从通俗到学术、从精神到哲学的各个领域。其中就包括人们对太极拳和风水等艺术的兴趣不断增长，道学术语比如"道"和"阴/阳"已经开始进入通用词汇表，道家思想如"顺应自然"或"顺其自然"获得广泛认同。[②] 他特别指出：他个人长期以来被道家倡导的"天人合一"思想所吸引。他在书中还专

　　① J. J. 克拉克：《东方启蒙：东西方思想的遭遇》，上海人民出版社 2011 年版，第 253 页。
　　② J. J. 克拉克：《东方启蒙：东西方思想的遭遇》，上海人民出版社 2011 年版，第 3 页。

门介绍了道家思想对中国山水画的影响以及中国人对自然山水的虔诚之爱。①

　　彼得·海（Peter Hay）注意到西方生态研究学者对东方传统思想的借鉴及阐释。在其著作《西方环保思想中的主要潮流》（*Main Currents in Western Environmental Thought*）一书中，他列出了从佛教角度阐发生态思想的西方学者的名单，竟有数十人之多。② 而借用道家思想的生态研究者也可列出一个长长的名单，主要包括：安乐哲（Roger Ames），卡普拉（Fritjof Capra），成中英（Cheng Zhong-Ying），比尔·德韦尔和乔治·塞辛司（Bill Devall and George Sessions），杰里米·埃文斯（Jeremy Evans），罗素·古德曼（Russell Goodman），郝大维（David L. Hall），拉卡佩勒（La Chapelle），菲利普·诺瓦克（Philip Novak），彭马田（Martin Palmer），休斯顿·史密斯（Huston Smith），塞尔凡和本尼特（Sylvan and Bennett），皮文睿（Randall Peerenboom），等等。③

　　国内有少数学者对西方生态话语中的中国元素进行了探讨。佘正荣论述了西方对中国生态伦理传统的评价，提及李约瑟、卡普拉、罗尔斯顿、卡利科特等西方学者对道、儒、佛生态伦理观的利与弊的解读。④ 朱晓鹏论述了西方现代生态伦理学的"东方转向"，认为尤其表现在西方对道家和佛教生态价值的高度推崇，指出了道家思想与西方深层生态学之间的契合。他同时还提及一些推崇东方传统文化的西方哲学家和生态伦理学家，包括现代生态伦理学的创始人施韦兹和罗尔斯顿、深层生态主义的先驱奈斯（Arne Naess）、德韦尔和塞辛司、塞尔凡和本尼特、卡普拉等。⑤ 雷毅对西方深层生态学对东方生态智慧的吸纳进行了批判性解读，认为西方激进的环境主义者试图寻求东方的帮助并不意味着西方环境伦理学的整体"东方转向"。因此，当下我们需要认真分析西方环境伦理思想的实质和内在联系，并在此基础上探索将东方传统生态智慧融入现代环境伦理学的

----

　　① J. J. 克拉克：《东方启蒙：东西方思想的遭遇》，上海人民出版社 2011 年版，第 149—150 页。

　　② Peter Hay, *Main Currents in Western Environmental Thought*, pp. 95-97.

　　③ Peter Hay, *Main Currents in Western Environmental Thought*, pp. 94-97.

　　④ 佘正荣：《中国生态伦理传统的诠释与重建》，人民出版社 2002 年版。

　　⑤ 朱晓鹏：《论西方现代生态伦理学的"东方转向"》，《社会科学》2006 年第 3 期。

可能性。① 谢阳举在其专著《老庄道家与环境哲学会通研究》中，用一个章节专门论述了"西方对道家与环境哲学关系的发现"，其中谈到了英国哲学家怀特海对西方机械论哲学的否定及对有机论哲学的推崇，并指出怀特海自认为其有机哲学立场与中国哲学的天道观念相通。此外，还简要介绍了李约瑟、史怀哲、汤因比、卡普拉、纳什、I. 普利高津对东方古典生态智慧、特别是道家生态观的颂扬。②

在诗歌领域，有研究 20 世纪中美诗歌对话的学者注意到：以庞德（Ezra Pound，1885—1972）为代表的美国诗人对中国传统"天人合一"有机自然观表现出了特别青睐。赵毅衡认为：20 世纪 50—60 年代，中国古典诗歌中传达的独特的自然观吸引了不少投入到环保运动中的美国诗人的眼光。③ 钟玲认为 20 世纪山水诗歌影响了美国诗人的创作，以及生活方式。④ 叶维廉（Wai-lim Yip）认为道家美学对美国现代诗追寻"物自寻"产生了直接影响，指出雷克思罗斯、斯奈德等美国诗人开始像中国古典诗人那样描写没有人类自我意识干预的风景。⑤ 此外，在对寒山、庞德、斯奈德、雷克思罗斯等诗人的专题研究中，偶见提及中国山水诗中的自然意识对美国诗人的影响。

从以上研究文献可以看出，对于中国传统自然观在英语世界的传播与影响，现有研究主要是概述性研究，尚缺乏全面系统深入的专题研究。首先，在思想领域，现有研究存在以下不足：第一，虽然有学者注意到了中国传统自然观对西方生态话语产生了影响，但只是泛泛而谈，点到为止，对中国传统自然观在英语世界的传播缺乏全面系统的历时梳理，对中国古典思想在西方的生态化建构缺乏深入阐述。第二，现有研究没有基于中西传统自然观的差异对中国传统生态思想的西渐进行深入挖掘，没有结合特定社会历史背景深入探讨西方主动译介中国传统生态思想的动因和接受。

---

① 雷毅：《当代环境思想的东方转向及其问题》，《中国哲学史》2003 年第 1 期；雷毅：《环境伦理与东方情结》，《江苏大学学报》（社会科学版）2007 年第 6 期。

② 谢阳举：《老庄道家与环境哲学会通研究》，科学出版社 2014 年版。

③ Zhao Yiheng. "The Second Tide: Chinese Influence on American Poetry", Proceedings of the XIIth Congress of the International Comparative Literature Association, in *Space and Boundaries in Literature*, eds. Roger Bauer and Douwe Fokkema, pp. 390-403. Munich: Indicium, 1990.

④ 钟玲：《中国诗歌英译文如何在美国成为本土化传统：以简·何丝费尔吸纳杜甫译文为例》，《中国比较文学》2010 年第 2 期。

⑤ Wai-lim Yip, *Diffusion of Distances: Dialogues between Chinese and Western Poetics*. Berkeley: University of California Press, 1993；叶维廉：《道家美学与西方文化》，北京大学出版社 2002 年版。

其次，在中美诗歌对话领域，现有研究更多从比较文学和翻译视角，探讨中国古典诗歌在英语世界的译介及对美国诗学产生的影响，尚缺乏从生态视角全面分析"天人合一"自然观对美国现代诗歌中人与自然关系的东方转向所产生的影响。

另外，关于西方自然观的东渐之旅，魏乐博（Robert P. Weller）① 是唯一一位曾提及全球化对中国现当代自然观产生影响的西方学者。他注意到，20 世纪中国传统的人与自然关系被全球化或者说是西化了。在英语中表示物质世界的概念 nature 传到中国之前，古汉语中并没有单独指代物质世界的词。而在 20 世纪初，中国对"赛先生"的热情接纳以及 1919年五四运动的爆发，促进了西方的自然观在中国人的头脑中播下种子。但因他重点关注的是全球化对中国大陆与台湾的环境文化造成的不同影响，对西方自然观如何在中国生根发芽并没有进行深入分析。陈月红（2017）论述了 20 世纪初中国对"science"和"nature"的主动译介及其对中国传统的人与自然关系建构所产生的颠覆性影响。② 关于"天人合一"思想在中国的回归，林晓希概述了近 30 年来国内学术界对"天人合一"当代生态价值进行的广泛讨论。③ 在诗歌领域，奚密（Michelle Yeh）论及中国现代诗中人与自然关系描写的新动向，认为相对于中国古典诗歌而言，现代诗更强调人在自然界中的独立地位。④

综上所述，20 世纪以来，在人与自然关系的构建方面，中西互鉴体现在两个方面，一是中国自然观的西渐；二是西方自然观的东渐。但目前在国内外学术界均只有一些单向的概述性研究，尚缺乏从跨文化生态批评视角，全面、系统、深入地考察 20 世纪以来中西自然观交融互通的专题研究。

---

① Robert P. Weller, *Discovering Nature*：*Globalization and Environmental Culture in China and Taiwan*，New York：Cambridge University Press，2006，pp. 43-61.

② 陈月红：《"Nature""Science"两词的译介与中国社会人与自然关系之重构》，《上海师范大学学报》2017 年第 6 期。

③ 林晓希：《近三十年来"天人合一"问题研究综述》，《燕山大学学报》（哲学社会科学版）2014 年第 4 期。

④ Michelle Yeh, ed. and trans.，*Anthology of Modern Chinese Poetry*，New Haven：Yale University Press，1992；［美］奚密：《现代汉诗中的自然景观：书写模式初探》，《扬子江评论》2016年第 3 期。

第五节　研究的主要内容、问题与思路

笔者认为，对中西自然观生态价值的考量必须充分结合特定的历史、社会及全球化发展语境来进行。因此，本书将摈弃中西方二元对立思维，从历时和动态的视角，在跨文化生态批评视野下，探讨 20 世纪中美在思想和诗歌领域的生态对话及在人与自然关系重构方面的相互影响。研究内容主要包括两大部分：一是中国自然观的西渐；二是西方自然观的东渐。将重点关注中西自然观通过思想路径和诗歌路径进行的交流与传播，因 20 世纪的中西生态对话在思想和诗歌领域表现得最为活跃。

本书认为，自 20 世纪初开始，依托西方一些思想家以及诗人的努力，中国传统的有机自然观主要随着道、儒思想的西传及中国古典诗歌英译，逐渐渗透到西方文化中，在以美国为代表的西方世界逐渐流传开来，并在很大程度上丰富了西方现代生态话语，促进了西方现代生态话语以及美国现代诗歌中人与自然关系的东方转向，充分彰显了中国古典思想的现代生态价值与普适意义，也为现阶段的中国文化"走出去"提供了丰富借鉴。

另外，自 19 世纪末 20 世纪初开始，在"师夷长技以制夷"及"中体西用"的观念指导下，留学归来的青年学子们带回来的西方的"科学"和"天人两分"观念在很大程度上颠覆了中国传统"天人合一"的自然观念，在促进中国社会经济和工业文明大力发展的同时，也让全方位学习并追赶西方的中国同样品尝了工业文明带来的环境恶果。值得庆幸的是，自 20 世纪七八十年代开始，受西方现代环保运动及西方现代生态话语"东方转向"的影响，国内学者也开始对"天人合一"中国传统思想进行重新反思，对其现代生态价值不断挖掘。

在本书中，关于中国自然观的西渐，将重点回答以下问题：在 20 世纪，为什么西方会对中国"天人合一"的传统有机自然观产生兴趣？在思想和诗歌领域，是哪些先锋人物发现了东方有机自然观的价值？他们是如何阐释中国传统有机自然观的生态价值并进行传播的？中国传统生态思想是如何丰富西方现代生态话语的？又是如何促进美国现代诗歌中人与自然关系建构的东方转向的？

关于西方自然观的东渐，将重点考察以下问题：为什么在 20 世纪初近代中国会选择全盘接受西方近代科学的自然观？当许多美国诗人对中国古典诗词，特别是中国山水诗情有独钟时，为什么"天人合一"思想在中国新诗中几乎消失殆尽？西方现代环保运动又如何促进了中国传统生态智慧在其本土思想及诗歌领域的复苏？

关于中国传统自然观的西渐，由于篇幅所限，本书将重点考察中国自然观在美国的传播，个中原因主要源于以下三点：首先，20 世纪中国传统生态思想在美国生态研究学界引发的讨论最为热烈。究其原因，西方现代生态危机首先在美国爆发，由此催生的西方现代环保运动及生态批评研究均以美国为中心向世界各国辐射开来，因此美国有更多的生态研究学者更为积极地从包括中国在内的东方文化中寻求解决问题的方案。其次，20 世纪"中学西渐"中最令人瞩目的事件之一就是庞德引领的中美诗歌对话，中国古典诗歌和美国现代诗歌的跨时空对话为中国传统自然观的西渐提供了良好的传播渠道。再次，自第二次世界大战结束后美国逐步发展成为西方汉学研究的重镇，亦有更多的美国汉学家关注中国传统思想对解决现代生态危机的意义。综上所述，本书将重点聚焦美国，深入剖析中国传统有机自然观是如何在美国生根发芽，并对西方现代生态话语产生深刻影响的。

关于中国传统自然观西渐的思想路径，本书将重点关注引领中国自然观西渐的四位先锋人物：铃木大拙（D. T. Suzuki），艾伦·瓦茨（Alan Watts），李约瑟（Joseph Needham），卡普拉（Fritjof Capra）。20 世纪上半叶，已经经历了两次科技革命的西方世界正酝酿着第三次科技革命，高度发达的西方科学技术虽然造就了西方社会的物质繁荣，但却并没有给人们带来完全的幸福感，主要由西方社会挑起的两次世界大战的爆发更是加剧了西方传统精神信仰的丧失，因过度追逐物质利益而导致的诸多社会问题变得日趋严重，人与自然的关系也逐渐恶化，而主宰了西方社会一千多年的基督教文明并不能提供解决上述问题的方案。上述四位来自宗教和科学领域的学者，敏锐地发现了西方现代化病症，认为东方传统智慧能够帮助修复西方社会中日益扭曲的人与自然的关系。他们通过著书立说，积极向西方推广东方古典思想，包括非逻辑论、天人和谐及道家"无为"等思想，在一定程度上促进了西方现代环保运动的产生，丰富了西方现代生态话语。虽然目前学界对铃木大拙在东学西渐中的贡献有所研究，但对他如何传播东方生态智慧的专门研究尚不多见，对艾伦·瓦茨、李约瑟、卡普

拉在中西生态对话中的专题研究更是罕见。本书将深入剖析上述四位先锋
人物对东方传统自然观所做的生态化阐释及对中国传统自然观的西渐作出
的开创性贡献。

诗歌是中西社会中环境这个现实问题的风向标。在 20 世纪的中西诗
歌交流方面，费诺罗萨（Ernest Fenollosa，1853—1908）、庞德、王红公
（Kenneth Rexroth，1905—1982）①、斯奈德，推动了中国古典诗歌与美国
现代诗歌的对话，在这个过程中，他们注意到了中国古典诗歌中所描述的
人与自然关系与西方传统自然观有着天壤之别，从而表现出对中国传统有
机自然观的浓厚兴趣，并在内容和形式上推动了美国现代诗歌中人与自然
关系建构的东方转向。虽然赵毅衡在《诗神远游》② 一书中对中美诗歌对
话进行了全面系统的梳理，但他主要是从文学视角分析中国古典诗歌对美
国现代主义诗学产生的影响，对中美诗歌对话如何促进东方自然观在西方
的接受并未给予特别关注。本书将聚焦上述四位中美文化交流大使的诗歌
及相关著述，剖析他们对东方传统自然观的认识，及由此对诗歌创作产生
的影响。

本书的另一项重要内容是追溯中国传统有机自然观是如何逐渐被西方
近代科学的自然观所取代的。在思想领域，将重点关注严复、胡适、丁文
江等归国学子及"科玄之争"对中国自然观的重构产生的影响，将深入
分析这些接受了西式教育的年轻人，为何在回国后要不遗余力地推行西方
的科学思想及其所代表的自然观？为何他们认为要彻底改变中国贫穷落后
的根源，就必须高举"科学"的大旗，不断提高征服自然和改造自然的
能力？中国传统的"天人合一"自然观是如何逐渐被边缘化的？自 20 世
纪七八十年代起，中国的环境问题是如何逐渐恶化的？西方现代生态观念
又是如何逐渐传入中国、并促使中国重新评估"天人合一"传统思想的
现代生态价值的？

在中国传统自然观促进美国现代诗歌中人与自然关系的东方转向的同
时，西方自然观对中国现代诗歌创作产生了哪些显而易见的影响？这是西
方自然观东渐研究中的另一项重要内容。中国新诗中所呈现的人与自然之
间的关系完全不同于中国古典诗歌中对"天人合一"思想的呈现，而是
深受西方人与自然关系的主客分离的影响。众所周知，中国古典诗歌中山

---

① 　王红公是雷克思罗斯的中文名。
② 　赵毅衡：《诗神远游——中国如何改变了美国现代诗》，上海译文出版社 2003 年版。

水诗占了很大比重，山水诗中充分体现了人类与自然界的水乳交融。但自 20 世纪初以来，随着中国逐步吸纳西方的"科学"与"自然"的观念，中国诗歌中的人与自然关系描写也逐步西化。以郭沫若、艾青等为代表的绝大多数诗人失去了对描绘"天人合一"境界的兴趣，转而在中国新诗中歌颂西方科学的、机械的自然观，表达人类独立于自然的理念，甚至是征服自然的豪情。二元对立的思想促使他们开始将物质世界视为"他者"。这种现象一直持续到 20 世纪七八十年代，以顾城、海子、于坚等为代表的诗人开始在一定程度上恢复中国传统诗歌中自然抒写的传统。本书将追溯 20 世纪中国诗歌中自然书写的历史变迁。

第六节　研究意义及总体框架

在全球化飞速发展的今天，中国和西方日益成为相互依存、共生共荣的关系，面对全球性的生态危机时更是如此。生态危机归根结底是人与自然的关系出了问题，是人对自然的滥用到了极限，是工业文明的弊端已完全暴露，到了人类需要重构人与自然关系的时候了。

在目前国内外的生态研究中，人与自然的关系问题是研究的核心问题。但现有研究中存在的一个较普遍的问题是：对中国和西方自然观价值的讨论往往脱离了其社会历史发展背景，这对解决目前面临的生态危机是没有任何意义的。本书将在跨文化生态批评视域下，对 20 世纪之前中西自然观各自的历史演变进行动态考察，并对 20 世纪中国和美国在人与自然关系重构方面的相互影响进行重点分析，对"天人合一"思想在中西方生态话语中的回归进行审视与批判。其研究意义突出表现在以下两个方面。

第一，超越东西方文化二元对立的固有思维模式，确立生态研究的全球化视野。在全球性生态危机不断恶化之时，全球化视野下的生态批评研究更突显其必要性和重要性。本研究将基于中西传统自然观差异的对比与分析，全面、系统、深入考察中国传统自然观 20 世纪以来在西方的传播与接受，一方面，深入探究中国古典生态思想对解决全球性生态危机的意义；另一方面，反观其对拯救目前中国生态危机的价值所在。此外，通过探讨 20 世纪西方近代科学自然观在中国的接受及所产生的积极与消极影响，也可以更好地认识西方近代科学世界观的利弊，理清解决目前世界性生态危机的思路。通过全面探讨中西自然观在全球化时代的相互影响，可以在比较鉴别中认清各自传统上所信奉的自然观的利弊，由此调和基于西方传统的极端科学主义学派和基于中国传统的极端环境主义学派之间的矛盾。

第二，从生态批评视角来探讨哲学思想文本和诗歌作品的跨文化交流，可为比较文化和文学研究提供新的研究视角。现有研究对中西自然观的探讨往往局限于对单个思想或文学文本的解读与分析，而本书将从跨生态文明的角度，对 20 世纪以来中西方自然观双向传播的思想与诗歌路径进行深入考察，通过聚焦典型人物和重要思想及诗歌文本，开展以点带面、点面结合的研究，以求更全面、客观地认识中西思想和诗歌中的自然书写及其价值。

本书共分为五个部分："引言"部分将主要介绍课题研究现状，选题的意义及框架结构等。第一章将从历史演变的角度，对 20 世纪之前中、西方的自然观进行概述分析，指出两者之间的异同。在此基础上，将讨论中西自然观的差异如何反映在诗歌创作中，以便为后面正式探讨 20 世纪中美在思想和诗歌领域的生态对话做铺垫。

第二章和第三章紧密相连。第二章重点探讨东方古典思想 20 世纪如何在西方生根发芽并丰富西方现代生态话语的。将聚焦中西思想交流的先锋人物，梳理铃木大拙、艾伦·瓦茨、李约瑟、卡普拉等对中西生态对话作出的贡献。目的是研究西方现代环保运动产生前后，东方古典智慧，特别是禅宗和道家思想对西方现代环保运动和生态话语所产生的直接影响。将从历史和社会背景出发，深层次挖掘该影响之成因。第三章将聚焦 20 世纪中美诗歌对话过程中费诺罗萨、庞德、王红公、斯奈德为中西生态对话作出的贡献。

如果要在当前语境下讨论"天人合一"古典思想的现代生态价值，必须首先弄清楚为什么在 20 世纪初中国选择了几乎完全抛弃了它，转而全心全意地拥抱西方近代科学的机械的自然观，这将是第四章重点要回答的问题。本章将论述 20 世纪西方近代科学所代表的"天人两分"的自然观在中国的生根发芽，并从宏观角度分析它们得以被接受的历史社会背景及深层次原因。此外，还将剖析 20 世纪 80 年代以来"天人合一"思想在本土的逐渐回归。

第五章将聚焦中国新诗中的人与自然关系书写，分析西方近代科学的机械自然观对中国现代诗歌中人与自然关系的重构产生了哪些影响？西方现代环保运动的产生又如何反过来促进了几乎被完全边缘化的"天人合一"思想在中国当代诗歌领域的复苏？重点分析胡适、郭沫若、艾青、顾城、海子、于坚等诗人的代表作品。

结论部分将分析 20 世纪中西自然观的相互影响对现代环保运动的启示，强调全球化视角对解决目前全球化生态危机的必要性。

本课题属于典型的跨学科、跨生态文明对比研究，涉及思想、诗歌等多个领域。将从历时和历史视角，对 20 世纪中西传统自然观在思想与诗歌领域的交会与融合进行全面而细致的梳理与探讨。将聚焦上述提到的 20 世纪中西生态对话中的核心人物，基于他们的主要著述，运用文本细读的方法，全面分析他们在中西生态对话中所发挥的重要引领作用，做到宏观与微观相结合、中国与西方相比较、思想领域与诗歌领域文本分析相呼应。此外，还将在全球化视野和中西文明互鉴视域下全面考察中国"天人合一"传统思想的现代生态价值，多视角考察中国传统生态思想的世界意义。

第一章

中西传统自然观差异及对诗歌创作的影响

从生态角度看世界，人类文明的历史就是逐步认识自然、改造自然和建构自然的过程。由于地理环境、人文传统、经济发展模式等因素的不同，中国和西方传统上建构的人与自然关系也存在天壤之别。大体而言，建立在二元对立基础之上的西方传统自然观倡导物我分离，与注重天人和谐的中国传统有机自然观形成尖锐对立。中西传统自然观的差异也鲜明地体现中西诗歌创作中。本章将从历时视角，结合中西各自社会中不断发展变化的历史语境，追溯中西传统自然观的历史演变并进行比较分析，在此基础上阐述中西自然观差异对各自社会的诗歌创作所产生的深刻影响。

第一节　中西自然观发展脉络比较

自然，作为人类赖以生存的物质环境，一方面，赐予人类丰富的宝藏，为人类的衣食住行提供物质基础；另一方面，也会时不时地给人类制造各种自然灾难，乃至威胁人类的生存。自然于人类而言可谓既慈爱又可恨，这种爱恨交织的关系导致人类对自然的态度在两个极端之间徘徊：要么出于敬畏心理将自然神秘化，在自然面前保持谦卑；要么出于仇恨心理与自然抗争，为彻底征服自然而不懈努力。中西方对此问题曾表现出了截然不同的态度，中国更多倾向于前者，而西方则偏向于后者。有学者结合梁漱溟所论三大关系，即人与自然的关系、人际关系、人己关系，从博弈论的视角来阐释中西方的自然观，认为对应这三大关系就有三大博弈：人与自然博弈、与他人博弈，以及与自身博弈。希腊——西方文化的源头，即以人与自然的博弈为主；差不多同期的中国和印度，分别以人际博弈和

人己博弈为主。在原初时分以三大博弈中的何者为主，在相当程度上
"锁定"了一个文化的走向。① 虽然中西自然观的发展演变是由多重因素
造成的，但此种解释不无道理。20 世纪之前，中国哲学更多关注人与人
之间的关系处理问题，而西方则更加注重对自然界的认识与发掘，不断提
升征服自然和改造自然的能力，并直接促成了西方近代科学技术的大发展
和工业革命的产生。本章将主要分四个阶段追溯 20 世纪之前中西方自然
观的历史演变。这四个阶段大致划分为前希腊时期和前西周时期、古希腊
时期和春秋战国时期、"独尊儒术"地位确定时期和基督教思想主导时
期、中国格物思想的提出和西方近代科学思想的确立。之所以如此划分，
是因为在这四个阶段，由于政治、哲学思想等各方面的历史突变，中西方
在人与自然关系建构上均出现了比较明显的变化。

一 前希腊时期和前西周时期

现存文献表明，远古时期，无论是中国还是西方都将自然视为敌人；
因此，人类有强烈的欲望驯服自然。《吉尔伽美什史诗》（*The Epic of Gil-
gamesh*）② 是目前世界上发现的最古老的英雄史诗，讲述了乌鲁克
（Uruk）国王吉尔伽美什（Gilgamesh）和他的同伴恩奇都（Enkidu）与众
神以及森林险境做斗争的故事。他们的壮举之一是杀死了西部野生杉树林
的保卫者洪巴巴。最终，树林为人类所用，象征着人类成功征服自然。通
过塑造吉尔伽美什这样一位无所畏惧、坚忍不拔的战斗英雄，该史诗烘托
了古代人民力图探寻自然法则和生死奥秘的精神，以及渴望掌控自己命运
的理想。

为了生存，中国人的远古祖先也必须同各种自然灾害作斗争。《山海
经》是普遍公认的中国现存的最早文献之一，书中不少故事讴歌了华夏
祖先与自然作斗争的决心与勇气。③ 其中《精卫填海》的故事流传至今，
讲述了一个女孩溺水之后变成了一只鸟，立誓要用鹅卵石填满东海的故
事。另一个至今颇为有名的故事是《后羿射日》。传说古时候，天空曾有
十个太阳，他们都是东方天帝的儿子，住在东海边上。黎明时分，其中的

---

① 吕乃基：《自然：西方文化之源——博弈论的视野》，《东南大学学报》（哲学社会科学
版）2011 年第 5 期。

② N. K. Sandars, trans. & intro., *The Epic of Gilgamesh*, Middlesex：Penguin Books, 1987.

③ Anne Birrell, trans., *The Classic of Mountains and Seas*, London：Penguin Books, 1999,
p. 48.

一个太阳便坐着两轮车穿越天空，照耀大地。可是有一天，调皮的十个太阳决定一同遨游天空，结果十个太阳就像十个大火团，烤焦了大地，烧死了不计其数的人和自然万物，给世界带来了巨大灾难。年轻英俊的英雄大神后羿临危不惧，克服重重困难来到了东海边，拉开了万斤力弓弩，将一支接一支的箭射向太阳，射掉了九个太阳，直至剩下最后一个太阳，乖乖地按照后羿的吩咐，老老实实地为大地和万物继续贡献光和热。从此，这个仅存的太阳每天从东方的海边升起，晚上从西边山上落下，温暖着人间，保持万物生存，人们安居乐业。

在"三皇五帝"时代，中国古代圣人带领他们时代的人民与各种自然灾害抗争，以获得生存的基本条件。据说：

> 当尧之时，天下犹未平，洪水横流，泛滥于天下，草木畅茂，禽兽繁殖，五谷不登，禽兽逼人，兽蹄鸟迹之道交于中国。尧独忧之，举舜而敷治焉。舜使益掌火，益烈山泽而焚之，禽兽逃匿。禹疏九河，瀹济、漯而注诸海，决汝、汉，排淮、泗而注之江。然后中国可得而食也。[1]

中西方的历史故事表明，力求征服自然世界是原始人类的普遍理想。但自古希腊和春秋战国时期，随着不同哲学思想及经济模式的逐步确立，中西方各自形成了不同的人与自然关系的社会建构。以下将做详细阐述。

二　古希腊时期和春秋战国时期

古希腊文明（公元前750—前146）是西方文明的源头，"没有希腊和罗马帝国所奠定的基础，也就没有现代的欧洲"。[2] 而在中国的春秋战国时期（公元前770—前221），出现了中国历史上儒家和道家这两个最重要的哲学流派，共同构成了中国文明的哲学基础。也正是在这个阶段，中国和西方开始在自然观方面出现分歧。

俗话说：一方水土养一方人。在人类文明的早期阶段，由于人类改造自然的能力有限，人类活动特别容易受到地理位置的限制和影响，中西社

---

① 吴国珍译：《〈孟子〉最新英文全译全注本》，福建教育出版社2015年版，第121页。
② 《马克思恩格斯选集》（第2版），第3卷，第524页，转引自曹顺庆《中西比较诗学》，第3页。

会迥异的地理环境便造就了不同的社会经济模式。相比较而言，农业经济在中国传统社会中一直占据重要地位，并成为过去两千多年的主导经济形式，而西方的商业经济更为发达，自古希腊时期便开始蓬勃发展。

古希腊——西方文化的源头，其独特的地理环境对希腊人认识自然有着显著影响。一方面，古希腊境内山脉纵横，大片的山地阻碍了陆地交通，但由于濒临海洋——地中海、爱琴海，利于航行，海运十分发达。另一方面，由于山多平原少，土地贫瘠，粮食不能自给，只利于种植葡萄、橄榄经济作物，因此希腊人只有以海洋为依托发展海上贸易，商业经济日渐发达。在茫茫大海中航行，时刻需要面对滔天巨浪的考验，这种海洋性文化凸显了人与自然之间的对立。此外，因商业经济需要精确的计算和抽象的推理，由此也促进了希腊人对世界的数学认知与阐释，造就了古希腊人追求理性的文化特色。

古希腊时期已经有两种自然观并存，一方面，希腊宗教以及柏拉图（公元前 427—前 347）、亚里士多德（公元前 384—前 322）和斯多葛派哲学中的一些元素，促成了有机世界观的形成，即相信自然是一个自我生长着的活的有机体。另一方面，希腊宗教，以多神教和万物有灵论为典型特点，主张人与自然的合一，尤其体现在依洛西斯秘密仪式上，这是古希腊最大的宗教节日，这个年度盛典在本质上是生殖崇拜，体现出希腊人对地球母亲得墨忒耳的崇敬，得墨忒尔是司掌农业的谷物之神，亦称丰饶女神。①

柏拉图和亚里士多德，作为古希腊时期两位最有影响的哲学家，一方面承认有机世界观的存在；另一方面开始以二元对立的思维方式来看待世界。柏拉图的理念论认为"人类对这个世界的认识不是通过感官，而是通过大脑的理性思考能力获得"②。理念/形式是绝对的和永恒的实在，而可见世界中实在的现象却是不完美的和暂时的反映。看得见的世界通过精神实体与理想世界相连，柏拉图称这种精神实体为"造物主"。作为这个世界的创造力量，这些精神实体给可见世界的混乱物质制定规则。③ 由

---

① Johnson Donald Hughes, *Ecology in Ancient Civilizations*, Albuquerque: University of New Mexico Press, 1975, p. 54.

② David F. Channell, *The Vital Machine: A Study of Technology and Organic Life*, New York: Oxford University Press, 1991, p. 12.

③ David F. Channell, *The Vital Machine: A Study of Technology and Organic Life*, New York: Oxford University Press, 1991, p. 47.

此，柏拉图将世界划分为理念世界和物质世界，前者是可知世界，后者是可感世界，这是柏拉图整个哲学的出发点和基本原则。在《理想国》中，柏拉图提出了著名的洞穴理论，描述了一群生活在洞中、全身被缚住而动弹不得的囚徒，他们终日只能面朝洞穴后壁，在他们身后较远的高处有东西燃烧发出了火光，这些囚徒只能借助于身后火光看到映在他们前方洞壁上的影子，从而误将看到的影子认作现实中的实物。而一旦被解除了桎梏，来到洞穴外，这些曾经的囚徒会很不习惯，需要很长时间才能逐渐适应并看清洞穴外的实物。在这一理论中，世界被分成两部分，洞中囚徒所看到的可感世界和洞外的可知世界。在柏拉图来看，感官世界是虚幻的、不真实的，就像是洞中囚徒们看到的影；只有那个洞穴外的可知世界才是真实的存在。柏拉图以此来区分洞中的虚假与洞外的真实，而这个所谓真实世界就是"理念的世界"。柏拉图认为，人生的意义就在于认清世界的真相。[①] 理念高于物质，理念是绝对化的存在，具有永恒的美，而物质世界是暂时的、不完善的，从而为西方超验思想的产生及长期主导西方的二元对立的人与自然建构模式奠定了基础。由此，通过五官可感的实实在在的现实世界成为了不完美、不真实的象征。

亚里士多德对柏拉图的"理念论"思想予以否定，认为现实世界毋庸置疑是存在的，用超验的所谓真实存在来解释现实事物不免显得荒谬。他提出了"基于自然的内部生长和发展为主的有机理论"[②]。承认自然是有生命的，并且自我生长。与此同时，亚里士多德认为自然有理智的秩序是可以被认识的，并且明确指出自然是有目的（telos）的，自然的所有行为和过程都是趋于或者为了某种目的，它的一切安排、生成都有目的。在他描述的自然界四大工作原理中，目的因是精髓，即大自然的进程是有尽头或者目标的，"自然不做徒劳无功的事"。[③] 这种思想在某种程度上也为后期西方自然机械论思想的形成奠定了基础。

事实上，古希腊时期，西方的机械主义科学自然观已经开始萌芽。原子论者留基波（Leucippus，出生于公元前 5 世纪早期）和他的继承者德谟克里特（Democritus，公元前 460—前 370）认为，世界是纯物理的，是

---

① 柏拉图：《理想国》郭斌和、张竹明译，商务印书馆 2003 年版，第 276—280 页。

② Carolyn Merchant, *The Death of Nature*：*Women*，*Ecology*，*and the Scientific Revolution*. San Francisco：Harper & Row, 1980, p. 11.

③ Qtd. in Andrea Falcon, *Aristotle and the Science of Nature*：*Unity Without Uniformity*，New York：Cambridge University Press, 2005, p. 88.

由体积很小的、不可分割的、不断移动的原子组成的。欧多克斯（Eudoxus of Cnidus，约公元前 406—约前 355）、阿波罗尼奥斯（Apollonius of Perga，约公元前 261—前 190）、喜帕恰斯（Hipparchus，约公元前 190—前 125）等天文学家提出了基本假设："天体是完美的，做着完美的周期运动。"基于此假设，他们设计出各种几何模型，为后来科学革命中盛行的实际力学模型奠定了基础。① 综上所述，古希腊时期，尽管有机自然观仍然占主导地位，但机械主义自然观已颇具雏形。

孔子（公元前 551—前 479），作为古典儒家思想的创始人、中华文化思想的集大成者，经常被拿来和柏拉图做比较。然而，与柏拉图不同，孔子对柏拉图描述的超验世界是否存在完全不感兴趣，他只关注实实在在的现实世界。有一次，孔子被问及是否相信有另外的世界存在，他回答如下："未知生，焉知死？"他要求他的弟子们远离鬼神，因为"未能事人，焉能事鬼？"②

孔子最关心的是现实社会中人类的道德伦理问题，个中原因显而易见。孔子生活在春秋时期的社会大变革时代，周王室衰微，诸侯争霸混战不断，社会动荡不安，人心不古，可谓"礼崩乐坏"，孔子认为导致这种混乱局面的根本原因是社会道德观的遗忘和缺失。为了提升人们的道德，必须一些可供他们学习的榜样，这些榜样孔子在自然界中寻得。孔子认为，自然是一个道德化的实体，有着自身的内在秩序，人类可以依据自然四季的变化去修炼自己的道德和诚信，由此开启了"君子比德"的传统。孔子有句名言："知者乐水，仁者乐山。知者动，仁者静；知者乐，仁者寿。"③ 这里的水和山不仅仅是审美对象，也是人类学习道德和伦理的典范。

有别于柏拉图思想中表现的二元对立思维，孔子始终遵循整体论及万物关联的思维方式。在一定程度上，孔子的天人和谐思想与当时已经盛行的农业经济有着密切联系，靠天吃饭的农业经济凸显了人对气候的依赖。就地理位置而言，地处亚欧大陆东南部的中国大陆相对比较封闭，北面是常年冰封的西伯利亚荒原，东部濒临浩瀚汹涌的太平洋，西部和南部有广

---

① David F. Channell, *The Vital Machine*：*A Study of Technology and Organic Life*，New York：Oxford University Press，1991，pp. 12−13.

② Roger T. Ames & Henry Rosemont, Jr.，trans.，*The Analects of Confucius*：*A Philosophical Translation*，New York：Ballantine Books，1998，p. 144.

③ 杨伯峻：《论语译注》，中华书局 2006 年版，第 69 页。

袤的沙漠、四大高原，还有号称世界屋脊的喜马拉雅山。但总体而言幅员辽阔，资源丰富，大规模的江河流域和肥沃平原促进了中国农耕文明的繁荣发展。与古希腊的商人相比，中国农民更关心自然的四季变化和土地的自身状况，因为这些因素将决定他们的收成，这也在很大程度上促成了人们对自然世界的依赖和敬畏。

春秋战国时期，各种哲学思想可谓"百家争鸣、百花齐放"。先秦道家从众多哲学流派中脱颖而出，成为儒学的竞争对手，从此与其势不两立。二者之间的根本区别在于对人性的不同看法。儒家强调通过模仿自然界来提升人的道德，而道家却反对任何旨在改变人的内在本质和天生能力的行为，提倡"道法自然"。

道家思想崇尚自然，反对任何人为的活动，反对用外力强行干预事物的发展变化。对道家而言，最大程度的人性化是保持万事万物最原初的状态，与自然界的和谐相处之道应是无为而治、顺应自然。有学者提出："道"的本质是"自然"。"自然"是老子思想的核心概念，是其整个思想的实质所在；它既是事物存在的法则，也决定着人类的价值理念。这个哲学概念的创制，标志着中华民族先人对自己生存模式的理性认识，预示了中国文化走上了高度亲自然、重视环境因素的发展道路。①

古典道家"无为而治"的观点曾遭到荀子（公元前313—前238）的强烈批评。荀子是古典儒学的典型代表，呼吁征服自然，曾在其著名诗篇《荀子·天论》论及天人关系，观点如下："大天而思之，孰与物畜而制之？从天而颂之，孰与制天命而用之？"② 许多现代生态学家认为，荀子是中国历史上罕见的推崇对自然采取功利手段的代表。然而，荀子的想法在当时只是异声，并未成为社会的主导思想。虽然道家与儒家有分歧有对立，但两者都倡导人与自然的合一，只是基于不同的目的而已：儒家的宗旨是培养人类道德，道家则是为了保持人性的本真。

差不多同一时期的古希腊人开始通过科学的视角观察世界，中国的一些哲学家，如墨家和名家也制定了一些基本的科学思想和方法。墨家创立了"中国思想史上最早的认识论"③。名家可称为中国古代的逻辑学家，

---

① 谢阳举：《老庄道家与环境哲学的会通》，《北京日报》2015年2月2日第20版。

② Qtd. in Derk Bodde, "The Attitude Toward Science and Scientific Method in Ancient China", *T'ien Hsia Monthly*, Vol 2, No. 2, 1936, p. 312.

③ Qtd. in Derk Bodde, "The Attitude toward Science and Scientific Method in Ancient China", *T'ien Hsia Monthly*, Vol 2, No. 2, 1936, p. 148.

"他们对科学方法真正感兴趣。"① 有两个重要的思想流派奠定了中国传统科学的理论基础：一个是五行学说，另一个是阴阳学说，后者对中国人的世界观有着更深远的影响。阴阳学说认为阴和阳是两个对立又互补的力量，通过不断的相互转化产生宇宙的一切现象，这个宇宙推论深深浸透在中国传统科学思想中。然而，儒家的主导地位决定了中国哲学将始终重点关注人类社会而不是物质世界。

三　"独尊儒术" 地位确定时期和基督教思想主导时期

儒家和基督教分别是中西文化中最具影响力、最为持久的思想传统。大约公元前 2 世纪，儒家思想开始在中国独享盛名，而基督教成为自 4 世纪以来逐渐在西方占据主导地位的宗教。此后，儒家和基督教所倡导的自然观对各自文化产生了决定性的影响。

董仲舒（公元前 179—前 104）的"天人感应"思想的确立标志着儒家思想成为唯一正统的国教。公元前 134 年，汉武帝继位后，董仲舒得到重用，提出"罢黜百家，独尊儒术"，试图通过大一统思想来达到维护社会秩序的目的。董仲舒大量吸收阴阳学和五行学说的观点，创立了"天人感应"的理论，将天神秘化，认为天既是物质的天，但又是类似于"上帝"的有意志和情感的实体。所谓："天高其位而下其施，藏其形而见其光。高其位，所以为尊也。下其施，所以为仁也；藏其形，所以为神；见其光，所以为明。故位尊而施仁，藏神而见光者，天之行也。"② 董仲舒认为王道取命于天，即："天子受命于天"③，并构造出了一套完美的帝王"法天而治"的理论系统。"天人同类"是他所宣扬的天人感应论的一个理论基础，在他看来，人是一个小宇宙，是宇宙的缩影。而反过来宇宙是人的放大，是一个"大人"。董仲舒的"天人感应论"后来遭到唯物主义自然观论者王充（27—约 97）的猛烈抨击。王充主张用自然主义的方法来观察物理世界。他根据当时天文学的成就，认为天就是物质之天，并不具有道德属性。然而，由于没有得到和董仲舒一样的强有力的政治支持，王充的自然主义观点并未流传开来。

---

① Qtd. in Derk Bodde, "The Attitude Toward Science and Scientific Method in Ancient China", *T'ien Hsia Monthly*, Vol 2, No. 2, 1936, p. 157.

② 冯友兰：《中国哲学史新编》（中），人民出版社 2007 年版，第 52 页。

③ 冯友兰：《中国哲学史新编》（中），人民出版社 2007 年版，第 53 页。

在欧洲，公元 1 世纪左右，基督教逐渐兴起，后通过一系列斗争，逐渐取得法律上的合法地位及政治上的支持。基督教从犹太教中继承了关于自然的主要观点。基督教认为，上帝是地球上的人类及万事万物的创造者。上帝按照自己的形象创造了人类，同时也创造了自然界为人类服务。在《圣经》和许多相关神学著作中，地球是上帝为人类设计好的居住之地，是上帝较低级、较小规模的创作。人类是自然的操纵者也是改造者，因为上帝赋予了人类统治权。由于自然是上帝的杰作，人类应该研究自然，以便更好地了解上帝以及上帝的创造。同理，人类也许还应该爱护大自然，如基督教徒圣法兰西（Saint Francis of Assisi，1181—1226）一样，做大自然的守护者，但人类不能太过沉迷于大自然之美，因为自然如同人类自己，只不过是上帝创造的作品而已。① 作为西方文明思想的重要来源和精神基础之一，基督教在人与自然关系问题上的基本观点，深深地影响了西方人对待自然世界的基本态度和行为倾向，并为近现代西方文明中日益凸显的人类中心主义思想提供了理论支持。

必须指出的是，西方近代科学革命之前，自然在西方仍被看作一位仁慈的母亲，存在于上帝创造的有序世界里，按照上帝的旨意，满足人类的需要。② 此外，人们普遍认为，自然灾害或地球上的任何剧烈变化都是上帝对人类集体罪恶的惩罚，③ 此类观点与董仲舒的"天人感应"有相似之处。但基督教将精神世界与物质世界分开，将创造者和被创造者分开，二元对立的思想贯穿其中，而董仲舒的"天"代表着自然界与人的精神的统一，不存在二元对立。

四 中国格物思想的提出和西方近代科学思想的确立

唐朝时期（618—907），道家思想和禅宗影响范围逐渐扩大，并有超过儒家学派的趋势。禅宗是印度佛教和中国道家思想的杂合。公历纪元前后，印度佛教开始由印度传入中国，经长期传播发展，逐渐形成具有中国

---

① Clarence J. Glacken, *Traces on the Rhodian Shore: Nature and Culture in Western Thought from Ancient Times to the End of the Eighteenth Century*, Berkeley: University of California Press, 1967, p. 197.

② Carolyn Merchant, *The Death of Nature*, p. 2.

③ Clarence J. Glacken, *Traces on the Rhodian Shore: Nature and Culture in Western Thought from Ancient Times to the End of the Eighteenth Century*, Berkeley: University of California Press, 1967, p. 160.

本土特色的中国佛教，俗称"禅宗"。道家与禅宗在对待人与自然的关系问题上所持观点是比较接近的。"道家哲学是中国固有的最接近于佛教的思想方法"，而且在转译佛经的过程中，最初的译介者"大量引用了道家术语"，"因为汉语中缺乏其他能够比较近似地表述佛教思想的同义语"。① 这意味着道家与佛教之间存在着某种先天的联系，在思想上更能够实现互通。

到了宋代（960—1279），程朱理学吸取了道禅思想中的某些元素来改良传统的儒家学说，儒家学说得以复兴。此后一直到 20 世纪初，儒家自然观一直主宰着中国传统社会。作为宋代理学的集大成者，朱熹充分继承了周敦颐的"太极观"、张载的"气化本体论"、邵雍的宇宙生成论以及程颢、程颐的"理本"思想，建构起自然、人生与社会相统一的思想体系。这一体系里有两个关键概念：即"理"和"气"。"天地之间，有理有气。理也者，形而上之道也，生物之本也；气也者，形而下之器也，生物之具也。"② 朱熹认为，"理"是宇宙形而上的本原，世界万事万物，无论是自然的还是人工的，都有其特性，都自有其理，而且这些事物的理先于具体事物的存在，是事物永恒的终极标准。整个宇宙也有一个至高无上的终极标准，包括了万有的万般之"理"，又是一切"理"的概括，因此称为"太极"。"事事物物，皆有个极，是道理极致。总天地万物之理，便是太极"③。但太极不仅是宇宙万有之理，同时还内在于每类事物的每个个体之中。"气"是宇宙形而下的根源。"形而上者，无形无影是此理；形而下者，有情有状是此器。"④ 任何事物乃是气的凝聚，而且是按照这类事物的理的模式而凝聚的。气的运动形成宇宙万物，体现为"动与静"和"变与化"的形式，宇宙间的种种天体运动和天地之间的种种自然现象正是宇宙运动的体现。而太极是万物的推动者，"相当于柏拉图思想体系中的'善'的理念，或亚里士多德思想体系中的'神'的观念。"⑤然而，尽管朱熹的哲学和亚里士多德的哲学具有相似性，但朱熹并没有关于"理"和"气"之间的二元论观点。虽然理论上说"理"是第一原则，

---

① 阿诺德·汤因比：《人类与大地母亲——一部叙事体世界史》，徐波等译，上海人民出版社 2012 年版，第 384 页。
② 冯友兰：《中国哲学史新编》（下），人民出版社 2007 年版，第 151 页。
③ 冯友兰：《中国哲学简史》，中华书局 2015 年版，第 358 页。
④ 冯友兰：《中国哲学简史》，中华书局 2015 年版，第 356 页。
⑤ 冯友兰：《中国哲学简史》，中华书局 2015 年版，第 358 页。

但"理"和"气"始终是分不开的。

朱熹建议采用格物的方法帮助人类找到固有的东西——"理"："所谓致知在格物者，言欲致吾之知，在即物而穷其理也。"① 但跟他之前的儒家哲学家一样，朱熹仍然主要关注人类世界，认为人同其他万物一样，有理即性，在《大学》里可以找到格物的出处，格物被看作"初学入德之门"②。虽然格物与弗朗西斯·培根提出的归纳法非常类似，但格物的方法很大程度上只用来研究人类事务，而不是研究自然界。格物论思想一直持续到 20 世纪初中国全盘接受西方科学观念为止。

如前所述，在西方的古希腊时期，虽说主导的自然观是有机的，但机械论思想已初见端倪。公元 1500 年至 1700 年间，有机宇宙观让位给机械论思想。③ 近代自然科学建立在机械论自然观基础之上，认为大自然如同一台没有生命的巨型机器，等待着人类去分解、分析、征服、改造。这期间，出现了很多有影响力的人物，如哥白尼（1473—1543）、培根（1561—1626）、笛卡儿（1596—1650）、牛顿（1642—1727），他们对近代西方科学地位的确立起到了举足轻重的作用。

培根的实证科学和归纳方法帮助西方人更接近真实的物质世界，对客观了解自然起到了促进作用。"培根为 18、19 世纪盛行的机械科学论的思想，以及同一时期的技术大爆炸奠定了知识基础。"④ 但也正因如此，西方现代生态研究者对他颇有微词。生态女性主义的代表人物卡洛琳·麦茜特如此评价培根：

> 著名的"现代科学之父"弗朗西斯·培根（1561—1626），将当时社会中已经存在着的倾向转化成为了人类利益一个总体行动，倡导掌控自然造福于人。一种新哲学，它以某种作为操纵自然技艺的自然巫术为基础；采矿和冶炼技术；正在产生出来的进步观念和一种家庭和国家中的父权结构，培根开启了一种伦理上认可开发自然的新

---

① 冯友兰：《中国哲学史新编》（下），人民出版社 2007 年版，第 167 页。

② 冯友兰：《中国哲学简史》，中华书局 2015 年版，第 367 页。

③ Merchant, *The Death of Nature*, p. 42.

④ Lawrence J. Biskowski, "Bacon, Sir Francis," in *Environmental Encyclopedia*, Vol. 1, Detroit: Gale, 2003, p. 139.

风尚。①

　　然而，与此相悖的是，培根也"发现"了现代意义上的污染。培根在人类科学史上扮演的矛盾角色，也正反映了科学的二重性，即"科学既制造了环境危害，同时又批判性地分析这些环境危害"②。

　　17 世纪法国哲学家笛卡儿是二元论的积极倡导者，他推崇身体与思想分离、主体与客体分离、文化与自然分离、精神与物质分离等。二元论是一种典型的西方思维模式，其源头可追溯到古希腊时期。柏拉图认为，精神第一性，物质是第二性，同时也认为，超验世界优于现实世界。基督教谈物质世界与精神世界的分离，是二元论的典型体现，而笛卡儿使得二元论的思维模式在西方哲学中根深蒂固，并使"人类征服自然"③ 的思想合法化。正如培根相信"知识就是力量"，笛卡儿对获取更多控制和改造自然的知识表现出极大乐趣：

　　　　我有令人满意的发现：这一生可以学到大有用处的知识，而这些知识并不是学校所教授的思辨哲学，而是实用知识，可以了解火、水、空气、星星、天体，以及我们身边所有其它物体的属性与行为。我们知道不同劳动者拥有不同的技能，同样，我们也可以使具有不同用途的所有实体物尽其用，让我们自己成为自然的主人和拥有者。
　　　　——笛卡儿，《论方法》（1637）④

　　此外，牛顿和他的古典物理学对机械论自然观的创立起到了决定性的作用。"如今被称为古典科学的牛顿科学，世界的科学图景和人类与它的关系，共同构成了西方文明了解自然的途径。"⑤机械自然论于 17 世纪在西方正式建立，它强调理性分析高于一切，这无疑催生了有史以来人类对

---

　　① 卡洛琳·麦茜特：《自然之死》，吉林人民出版社 2004 年版，第 164 页（此中文译本将原语文本中 patriarchal 译成了"特殊"，显然属于翻译错误，笔者作了修改）。

　　② Greg Garrard, *Ecocriticism*, London：Routledge, 2004, p. 8.

　　③ I. G. Simmons, *Interpreting Nature：Cultural Constructions of the Environment*, London：Routledge, 1993, p. 12.

　　④ Qtd. in Devall and Sessions, *Deep Ecology*, p. 41.

　　⑤ Max Oelschlaeger, "Nature", in *New Dictionary of the History of Ideas*, ed. Maryanne Cline Horowitz, Detroit：Charles Scribner's Sons, 2005, p. 1617.

物质世界最显著、最大规模的改造。

17 世纪末，当西方近代科学发展观渗透到各个领域时，欧洲的浪漫主义，作为一种艺术、文学和思想运动，成为一种独特的思维方式。浪漫主义在许多方面都反对近代理性的、机械世界观，并呼吁复兴西方传统的有机自然观。以卢梭为代表的欧洲浪漫主义思想家提出了"回归自然"的口号，提倡亲近自然，恢复人与自然之间的和谐，与古典道家的"顺应自然"思想有异曲同工之处。

19 世纪中叶，达尔文的《物种起源》中宣扬的进化论思想开始从根本上改变西方看待自然界的方式。与之前所有的自然观不同，进化论确立了一种动态的、演化的宇宙观，同时也与基督教关于"上帝造物"的神圣信念彻底决裂，坚持对自然现象的自然解释，促进了现代生态学的创立，同时也为现代科学自然观的确立奠定了生物学基础。进化论思想传入中国后，也将对中国社会的自然观乃至政治产生深刻影响。

五 中西传统自然观差异之综合分析

基于以上对中西自然观历时演变的分析可以看出：中西传统自然观之建构模式的根本差异源于非二元对立与二元对立思维方式之间的差异。具体如下：

第一，从历时视角看，中西方自然观之间的界限并非一开始就泾渭分明。在西方的前希腊和中国的前西周时期，中西方对待自然世界的态度并无太大差别。为了生存，中西方的人类祖先都曾被迫与残酷的自然界进行殊死搏斗。但自从古希腊文明和西周文明分别在西方和中国萌芽，随着各自的主导哲学思想和经济模式的逐步确立，中西方逐渐形成了截然不同的对待自然世界的思维方式。

第二，中西自然观并不是一成不变的，而是随着特定历史时期的政治、经济、科学等方面的发展而不断发展变化的。无论在中国还是西方，在特定历史时期占主导地位的政治意识形态决定了该社会中人与自然关系的主要存在形态，但并不妨碍该社会中其他人与自然关系模式的存在。比如在中国的西汉时期，为满足政治统治的目的，儒家视角解读的"天人合一"思想得以在中国正式确立，并从此成为主宰，虽然道家思想几乎一直处于边缘化状态，但对中国的隐士文化和山水诗歌产生了深刻影响。而在 17 世纪的欧洲，西方近代科学的机械论自然观确立后，基督教的有机自然观便被边缘化了，两者之间虽具有不可调和的矛盾，但仍然一直共同存在。

第三，无论中西方在同一时期是否有多种人与自然关系的模式存在，"天人两分"和"天人合一"仍然是中西方自然观的最本质区别。西方自古希腊时期开始，"天人两分"的二元对立思维模式充分体现在柏拉图的理念论、犹太—基督教的"神"的概念以及理性分析自然的近代机械论思想中。在中国，非二元对立的"天人合一"的有机自然观主导中国社会的局面一直持续到20世纪初，直至中国开始接受西方的"科学"和"自然"观念。

第四，尽管发生在18世纪的欧洲浪漫主义运动提倡崇尚自然、描绘自然，将自然视为一种神秘力量或某种精神境界的象征，但由于中西方哲学思维方式的不同，欧洲浪漫主义者对自然的建构仍然深受二元对立思维方式的影响。有学者曾对比分析庄子的"顺应自然"与卢梭（Jean - Jacques Rousseau，1712 —1778）的"回归自然"的主张，认为尽管卢梭基于整体论自然观主张人与自然的关系的平等和谐，但"与东方哲学不同，西方哲学长期以来专注于认识与找寻'自我'，导致西方在人与自然的关系问题上由原始混沌状态逐渐向物我分离状态演化，最终将'自我'从外在事物中分离了出来。""而这种哲学传统是成为卢梭全部思想的一个当然前提。尽管他极力回避并消除建立在笛卡尔二元对立基础上的机械论自然观的影响，但不仅没有从根本上动摇西方哲学的传统思维模式，还继而在这种模式下建立了自己的学说和理论范畴。"与之不同的是，"庄子的'心斋''坐忘'作为庄子哲学中最重要的体道方式，就避开了心物之争，要求尽可能地淡化主体意识，从以'我'为中心的状态里解脱出来，在与万物的交融共存中体悟生命的真谛，因而具有典型的一元论特征。"①归根结底，庄子与卢梭在对自然以及人与自然关系的理解上存在的根本差异是由中西方哲学传统思维模式的差异造成的，亦即一元论与二元论的差异。

第二节　中西自然观差异对诗歌创作的影响

如上所述，中西传统自然观之间的根本差异在于非二元对立与二元对

---

① 董晔：《庄子与卢梭的自然观比较及其文化意义》，《东疆学刊》2013年第2期。

立的思维方式，这些差异毫无疑问体现在诗歌创作中。本节将对比研究20世纪之前中国古典山水诗与英语诗歌中的自然书写，重点聚焦中国山水诗的集大成者，如谢灵运（385—433）、王维（701—761）和英国浪漫派诗人代表华兹华斯（1770—1850）以及美国现代主义诗歌诞生之前最有影响力的诗人惠特曼（1819—1892），剖析中西诗歌中对人与自然关系的描写及差异所在。

一　中国诗歌中的自然书写

中国诗歌的自然书写最突出地体现为中国山水诗，即是以自然山水为主要审美对象与表现对象的诗歌。山水诗不仅限于描山画水，它还描绘与山水密切相关的其他自然景物和人文景观。称之为山水诗，只是中国古典诗学约定俗成的概念，西方人则称之为自然诗或风景诗。①

在中西方的很多早期诗歌中，自然用来充当人类活动的背景。比如中国的《诗经》《楚辞》，西方的《荷马史诗》《奥德赛》等都有对自然景物的描写，但在作品中只是处于陪衬和附属地位，并不是作为独立的审美对象存在。山水诗的出现需要至少两个因素：人类对于自然景物的审美能力和艺术创造能力达到了一定高度。但更为重要的是：特定文化中是否具备相应的哲学基础，以此来鼓励人们对自然景物的欣赏。中国儒、道、佛哲学思想均以"天人合一"为核心思想，为山水诗的诞生提供了肥沃的土壤和充足的养分。

中国的山水诗作为一个诗歌流派，正式形成于东晋时期（317—420），魏晋玄学的兴起为山水诗的诞生提供了重要的哲学基础。魏晋玄学是中国魏晋时期出现的一种以崇尚自然的老庄思想为核心的思潮。"玄"这一概念，最早出现于《老子》："玄之又玄，众妙之门。"而《老子》《庄子》则被视为"玄宗"。魏晋玄学在哲学上抛弃了汉代的"天人感应"的神学目的论说教，充分吸取了道家崇尚自然无为的思想。庄子堪称在中国创建欣赏自然传统的先驱。庄子的哲学"天地有大美而不言"（《庄子·知北游》）突出了自然的独立之美。庄子提倡人类与宇宙及万物的统一，所谓："天地与我并生，万物与我为一。"（《庄子·齐物论》）庄子站在物性平等的立场上，主张天地万物的同生同体，认为天

---

① 陶文鹏、韦凤娟主编：《灵境诗心——中国山水诗史》，凤凰出版社2004年版，导言第1页。

和人是合一的，所谓"天与人不相胜也，是之谓真人"（《庄子·大宗师》）。在庄子笔下，在神农时期，道德极盛之时，人类"与麋鹿共处，耕而食，织而衣，无有相害之心，"而"夫至德之世，万物群生，连属其乡；禽兽成群，草木遂长。是故禽兽可系羁而游，鸟鹊之巢可攀援而窥。"（《马蹄》）这种道德无疑是大德，是基于万物众生平等的德。庄子笔下的"真人"能达到如下境界："其心忘，其容寂，其颡頯；凄然似秋，暖然似春，喜怒通四时，与物有宜而莫知其极。"（大宗师）庄子描绘的这种原始的和谐田园生活对中国古代的隐士传统有着显著影响。很多隐士都是受过良好教育的读书人，当他们对现实社会感到沮丧和幻灭之时，就会隐居于大自然中，以寻求精神慰藉。大自然成了这些在现实生活中郁郁不得志的读书人的心灵避难所。

魏晋时期给佛教的发展也提供了良好的土壤。印度佛教最早于公元 1 世纪传入中国，在 3—4 世纪与中国道家思想形成融合，形成了独具特色的中国佛教，亦称为禅宗，在两晋时期得到了很大发展。作为一个汉化了的宗教，禅宗摒弃了印度佛教中超自然的理念，同儒家和道家思想一样，也成为了关注"当下"的宗教。无论禅宗有多少流派，都具有两个根本原则：一是"空"，即宇宙万物作为一个整体，相互联系、相互渗透；二是众生平等，这种观念也延伸到了自然世界，如唐朝时期的僧人、天台宗九祖湛然提出了"无情有性"说，把佛性自然化，认为自然界的万事万物都有佛性。①

澳大利亚学者傅乐山（J. D. Frodsham）认为：风景艺术在中国之所以发达，是因为风景在中国文化中被神化了，他具体分析如下：

> 风景艺术之所以在中国文明中享有地位，主要是因为它体现了其他文化本可以直接用宗教或哲学表达的思想，而这些思想最终成为佛教和道家的思想。这并不奇怪，因为一旦造物主缺失，人类就只能面对自然。对于这两种宗教而言，山水景观不仅仅只是"道"的象征：它就是"道"本身。②

---

① Qtd. in Fung Yu-lan, *A History of Chinese Philosophy*, Vol. II, p. 551.

② J. D Frodsham, "Landscape Poetry in China and Europe", *Comparative Literature*, Vol 19, No. 3, 1967, p. 197.

　　从这个意义上说，中国文化中的"自然"承载着西方的"上帝"所具有的功能，能够给人提供心理及精神上的安抚。道家思想认为，自然通常象征着文明的反面，即自然是陷入文明生活困境的人得以寻找慰藉的避难所。西方人向上帝祈祷，寻求心理和精神的慰藉，中国古代学者则沉浸于大自然，享受大自然的抚慰。

　　除了哲学传统，中国的地理环境和经济方式也在一定程度上促进了人类对自然山水的敬畏之情。从地理位置上说，中国超过58%的地区是山脉和高原，而且高原海拔都在1000米以上，地面高度超过2000米的覆盖率为33%。① 与其他国土面积同样位居世界前列的大国相比，中国的山脉最多。此外，中国还有两条堪称世界之最的河流：长江和黄河，分别位居世界第三和世界第五长河。因此，山山水水在中国文化中占据重要地位，同时也给农业经济的诞生和繁荣奠定了必要的物质基础。中国有一句古话："靠山吃山，靠水吃水"，对于两千多年来生活在农业社会的中国人而言，连绵不断的山峰和奔流不息的江河就是他们赖以生存的全部。这应该是山河为什么会在中国的文化、艺术和诗歌中占据如此重要地位的另一个重要原因。

　　中国的第一首山水诗是何时出现的？这一问题仍然备受争议。较普遍的说法是：东晋时期的曹操所作的《观沧海》是中国文学史上最早的一首完整的山水诗。整首诗描写大海波涛汹涌、气吞日月的壮观场面，借以抒发诗人的满腔豪情与远大抱负。这一时期诞生了中国历史上第一位山水诗人谢灵运。谢灵运出生于今日浙江省绍兴市，是东晋名将谢玄之孙，属于典型的名门望族。幼年时被送到钱塘道士杜炅的道馆中寄养。净土宗派和新道家的思想塑造了谢灵运的自然观，其中净土宗派对他的影响更大。

　　如果说庄子为欣赏自然的中国文化提供了哲学基础，那么谢灵运则是第一个有影响的实践者，由此他也成为中国山水诗的鼻祖，被尊称为"山水诗之父"。在谢灵运之前，中国诗歌以写意为主，摹写物象只占从属地位。而在谢灵运的诗歌中，山姿水态占据了主要地位，"极貌以写物"（刘勰《文心雕龙·明诗》）和"尚巧似"（钟嵘《诗品》）成为其主要的艺术追求。谢灵运一生中的大部分时间纵情于山水之间，创作了不少山水诗歌。伯顿·华兹生（Burton Watson）指出：谢灵运常常谈论称

---

① 转引自 Vaclav Smil, *The Bad Earth*, Armonk, N. Y.：M. E. Sharpe, InC., 1984, p. 5。

之为"赏"的一种情感,意即"欣赏"或"认识",是他认为最美好的情感之一。他强调,人类必须积极去认识大自然,欣赏大自然的美。① 谢灵运诗歌中的意象主要来源于大自然,如"峭壁""悬崖""森林""岩石""溪流"和"瀑布",特别善于捕捉自然界的微妙变化,是名副其实的发现自然美的先驱。

自谢灵运开始,中国历史上几乎所有著名诗人都写过山水诗。中国的山水诗传统可谓源远流长,历史悠久,名家辈出。唐朝时疆域辽阔,儒释道思想和谐并存,人们信仰自由,诗人们喜好游山玩水,与大自然亲密接触,由此涌现了孟浩然、王维、李白、杜甫、白居易、韦应物、刘禹锡、杜牧等一大批著名诗人,山水诗登上艺术发展的巅峰。

王维(701—761)一般公认为是唐朝最著名的山水诗人,为后世留下了大量脍炙人口的山水田园诗歌。他的诗歌深受禅宗的影响,诗思入禅无人企及。《鸟鸣涧》这首诗歌就充满了禅意:

> 人闲桂花落,夜静春山空。
> 月出惊山鸟,时鸣春涧中。②

这首诗运用以动衬静的手法,写出了诗人感受到的夜晚里的春山之寂静与空灵,而夜静、山空均源于诗人内心的闲静,充分体现了"物我两忘"的理想境界,超越了自我和物质世界的二元对立,与西方现代深层生态主义观念不谋而合。自 20 世纪以来,王维深受英美诗人的喜爱。他的诗歌不断被译成英文,通常被认为是 20 世纪英语世界翻译得最多的中国诗人③。

唐朝之后,山水诗在宋朝达到了仅次于唐朝的另一个高峰,并在金元时期、明代和清代继续发展,成为中国古典诗歌宝库中的璀璨明珠。毫无疑问,山水诗是独具中国特色的诗歌类型,充分体现了中国自古以来就奉行的"天人合一"的自然观,"根植于儒道佛深厚土壤的古代山水诗,突出地体现着中华民族人文精神的特质,这就是'天人合一'的自然审美

---

① Burton Watson, *Chinese Lyricism: Shih Poetry from the Second to the Twelfth Century, with Translations*, New York: Columbia University Press, 1971, p. 81.

② 转引自古诗文网: http://so.gushiwen.org/view_ 5753. aspx,登录于 2017 年 9 月 17 日。

③ Olive Classe, ed., *Encyclopedia of Literary Translation into English*, Chicago: Fitzroy Dearborn Publishers, 2000, p. 1485.

观，追求人与自然、仁心与天地万物感应参合、和谐交融为一体。中国历代山水诗人普遍追求一种理想的人生境界，即人与自然山水形神相感相通，人从此参契天地万物之道，从而达到任情自适的精神境界。"①

二　英美诗歌中的自然书写

英国前首相丘吉尔曾说过一句名言，"英美是一个民族、两个国家"。16 世纪下半叶，就已有英国人横跨大西洋到达北美。1620 年，载着清教徒的著名的"五月花"号船悄然驶离了英国港口，驶向大洋彼岸的美丽新大陆，正式开启了美利坚合众国的建国之旅，被视为英国殖民北美的标志性事件。因此，英国人常说，"没有英国五月花号航行美洲，也就没有现在的美国"。由于英美之间深厚的历史渊源，英国和美国拥有一脉相承的语言、文学和文化传统，在诗歌创作方面亦是如此。因为美国诗歌在惠特曼之前深受欧洲尤其是英国诗歌的影响，所以有必要先分析欧洲诗歌、特别是英国诗歌中的自然书写。

（一）欧洲浪漫主义时期的"回归自然"

如前所述，大约在公元 4 世纪，中国就诞生了第一位山水诗人谢灵运，山水诗作为一种独立的诗歌流派亦正式形成。同中国的山水诗歌传统相比，西方诗人学会欣赏自然美要到欧洲浪漫主义运动诞生之后。傅乐山曾做过一个恰当描述："直到 17 世纪中期左右，西方才开始欣赏山水田园，而中国比西方早了 1500 年。"②17 世纪末，当西方近代科学观念开始渗透到各个领域，欧洲的浪漫主义，作为一种艺术、文学和思想运动逐渐兴起。欧洲浪漫主义者反对西方近代科学所代表的理性的机械论自然观，并呼吁复兴西方传统的有机自然观。浪漫主义诗人对待牛顿的态度充分说明了这一点。

1704 年，牛顿出版了《光学》一书，运用光的折射原理详细阐述了彩虹现象，这是人类历史上首次对彩虹进行科学合理的解释。在此之前，彩虹一直是西方文学中最重要的形象之一。在《圣经》中，上帝用彩虹和人类立约，不再用洪水毁灭世界。人们普遍认为天边出现彩虹是一种奇

---

① 陶文鹏、韦凤娟主编：《灵境诗心——中国山水诗史》，凤凰出版社 2004 年版，导言第 5 页。

② J. D. Frodsham, "Landscape Poetry in China and Europe", *Comparative Literature*, Vol. 19, No. 3, 1967, p. 193.

迹，而不是自然现象，由此赋予彩虹丰富的象征意义，认为它代表和平、信仰或来自上帝的信息。然而，牛顿对彩虹的科学解释完全摧毁了诗人们以前对彩虹的美好想象，大多数浪漫主义诗人都表现出对牛顿和他的彩虹理论的强烈不满甚至仇恨。1817 年 12 月 28 日，在本杰明·海顿家的一次晚宴上，诗人们聚集在一起，不免又讨论起牛顿那具有颠覆性的理论。约翰·济慈（John Keats, 1795—1821）同意查尔斯·兰姆的观点，认为牛顿从光谱学视角对彩虹进行的科学阐释让彩虹诗意全无，彻底毁掉了彩虹之美及其丰富的寓意。此后不久，济慈写了一首著名的诗，叫《拉米亚》，他在诗中哀叹"冷峻的哲学"让神秘的彩虹变得普通，只能列入"平凡事物可厌的编目里"①。

其他诗人，包括布莱克、柯尔律治、华兹华斯等也写了不少诗，专门讨伐以牛顿、培根为代表的西方近代科学的创立者，并表达强烈的回归自然的愿望。在欧洲浪漫主义时期，诗人们对自然的喜爱成为了一种明显趋势，尤其体现在华兹华斯、布莱克、泰勒、柯勒律治、雪莱、济慈等诗人的诗歌中。而以"湖畔诗人"著称的华兹华斯（1770—1850）对山水自然的描写无疑是这些诗人中最突出的。

华兹华斯是英国浪漫主义时期最重要的诗人之一。1770 年 4 月，他出生于英格兰著名的"湖区"（Lake District）边缘的科克茅斯镇（Cockermouth），"德伦河从他家的庭院边流过，水波声与摇篮曲混在一起，将自然的音乐和静谧早早织入他的意识。"② 由于从小就生活在大自然的怀抱中，他一生钟情于自然，宁愿远离城市，隐居在昆布兰湖区和格拉斯米尔湖区，在思索自然的顿悟中思考人生，写下了许多探讨人与自然关系主题的诗歌，其中不少诗歌为中国读者所熟悉和喜爱，包括《孤独的割麦女》《我好似一朵流云独自漫游》《廷腾寺》（又译作《丁登寺》）等。在《每当我看见天边的彩虹》这首诗中，华兹华斯表达了一种崇尚自然、返归质朴的情愫。他笔下的彩虹显然不是牛顿眼中的冷冰冰的彩虹，而是充满了神性之光，给人以希冀、慰藉和欢乐。

但如前所述，即便是在华兹华斯的诗歌中，以人为主体的意识仍然强烈。一般认为华兹华斯的《廷腾寺》（*Lines Composed a Few Miles Above*

---

① 济慈，屠岸译：《夜莺与古瓮：济慈诗歌精粹》，人民文学出版社 2008 年版，第 229 页。

② 威廉·华兹华斯，《序曲，或一位诗人心灵的成长》，丁宏为译，北京大学出版社 2017 年版，第 2 页。

Tintern Abbey, *On Revisiting the Banks of the Wye during a Tour. July* 13, 1798）是特别能体现他的亲近自然的思想的，请看下列诗句：

> 五年过去了，五个夏天，和五个
> 漫长的冬季！如今，<u>我</u>再次听到
> 这里的清流，以内河的喁喁低语
> 从山泉奔注而下。<u>我</u>再次看到
> 两岸高峻峥嵘的危崖峭壁，
> 把地面景物连接于静穆的天穹，
> 给这片遗世独立的风光，增添了
> 更为深远的遗世独立的意味。
> 这一天终于来了，<u>我</u>在此憩息于
> 这棵苍黯的青枫树下，眺望着
> 一处处村舍场院，果木山丘，
> 季节还早，果子未熟的树木
> 一色青绿，隐没在丛林灌莽里。
> <u>我</u>再次看到这里的一排排树篱——①

　　廷腾寺位于威尔士东南部蒙茅斯郡县的瓦伊河畔（Wye Valley），于 1131 年修建，中世纪时曾是一个寺院，1536 年瓦解，在岁月的风蚀下，逐渐只剩下残垣断壁。在 18 世纪下半叶，随着"回归自然"风气的盛行，不少醉心于大自然追求浪漫和美景的艺术家和诗人们重新发现了这里，纷纷前来瞻仰这昔日的神圣之地。1793 年 8 月，23 岁的华兹华斯曾独游此地，五年后，即 1798 年 7 月，又在妹妹多萝西（Dorothy Wordsworth, 1771—1855）的陪伴下故地重游，不免感慨万分。诗人看到的是一幅优美的自然画卷，一块不曾被现代工业文明浸染的"净土"，此乃诗人所崇尚的返归质朴，自然之美。在诗人来看，这种自然之美往往可以净化人类的思想，纯洁人类的感情，构筑人类灵魂的激情。这种自然之美可以赋予人类智慧力量和欢乐，是创作的源泉和动力。

　　但通过细读我们不难发现，在以上诗句中，画线部分的"我"出现

————

　　①　摘自华兹华斯，《华兹华斯诗歌精选》，杨德豫译，北岳文艺出版社 2010 年版，第 126 页。诗句中"我"的下划线为笔者所加。

了多次，"我"依旧是诗歌主体，即便是去故地重游，置身于大自然的美景之中，华兹华斯诗歌中的主体意识依然清醒，仍然是作为一个旁观者在欣赏世界，并没有达到中国古典诗人徜徉在大自然中时完全忘我的境地。

叶维廉曾将王维的《鸟鸣涧》和华兹华斯的《廷腾寺》进行了详细对比分析后指出：尽管王维和华兹华斯的诗歌都是在描写风景，但二者的感知风格仍有明显的差异：王维描写的自然是"以物观物"，华兹华斯笔下的自然却依然是智力世界而非物质世界里的自然，换言之，他对自然的观察是在西方"智力"构想主导下对物质世界的感知。差异的存在可归因于哲学基础的不同，西方的自然观来源于柏拉图的超验哲学思想，而中国道家思想强调要看事物本身。① 总之，尽管浪漫主义诗人可能与中国古代诗人在热爱自然方面有相似之处，但中国古代诗人常常致力于将自身沉浸于物质世界之中，欧洲浪漫主义诗人却总表现出极强的主观意识。当代美国著名文学理论家、耶鲁学派批评家哈罗德·布鲁姆（Harold Bloom）曾一针见血地指出："浪漫主义时期的自然诗歌是一种反自然的诗歌，即便是华兹华斯，虽然努力寻找与自然之间的惺惺相惜或对话，但也只是转瞬即逝而已。"② 这是与西方哲学传统中人与自然关系建构的二元对立思维方式息息相关的。

（二）惠特曼自然写作中的自我张扬

毋庸置疑，惠特曼是美国文学史上第一位杰出诗人。正如赵毅衡所言：他和狄金森（1830—1886）开启了真正的美国诗风，在此之前，美国文学只是欧洲文学的一颗卫星，其民族文学很难说真正成熟。③ 他诗歌中的美国性表现在多个方面。就主题而言，他写的多是平凡的美国人和对美国民主的赞美，他写道："每一个灵魂都有他特有的声音。"④ 就形式而言，他突破了英国格律诗传统，创建了格律灵活的自由诗。在对自然世界

---

① Wai-lim Yip, "Aesthetic Consciousness of Landscape in Chinese and Anglo-American Poetry", pp. 213-215.

② Harold Bloom, "The Internalization of Quest Romance," in *Romanticism and Consciousness*: *Essays in Criticism*, ed. Harold Bloom, New York: W. W. Norton and Co., 1970, p. 9.

③ 赵毅衡：《诗神远游——中国如何改变了美国现代诗》，上海译文出版社2003年版，第1页。

④ American Experience: Walt Whitman PBS; written and directed by Mark Zwonitzer; produced and co-directed by Jamila Wignot; a Patrick Long Productions film in association with HiddenHill Productions for American experience. Publisher: [S. l.]: PBS Home Video [distributor], 2008.

的感知方面，惠特曼是他那个时代的典型代表。对他诗歌中的自然观展开研究，有助于探究他与中国山水诗人在自然观念上的不同之处。

大体而言，惠特曼一生信奉两种自然观：一种自然是神圣的、超验的，另一种自然是机械的、可征服的。他早期的诗歌创作很大程度上受到了爱默生的超验主义影响。惠特曼认为人类应该在自然循环周期运动中进行自我塑造，与孔子的"比德"似有共通之处。他在《穿越美国的旅行》中这样写道："我们曾目睹四季的更迭变换，／我们曾说过，为何男人或女人不能像四季一样自由奔放，率性而为呢？"① 惠特曼的多首诗歌反映了他对自然世界的敏锐而细心的观察，比如他曾描写如何被歌唱的雄鸟所吸引，并情不自禁地停下来听他歌唱：

> 当我清晨在亚拉巴马散步的时候，
> 我看见雌反舌鸟在荆棘丛中的小巢里孵雏。
> 我也看见了雄鸟，
> 我停下来听他在附近鼓着喉头快乐地歌唱。②

惠特曼将自然世界视为民主精神的化身，这一思想尤其反映在他在《草叶集》中所描写的"草"这一意象上。在诗中，他表达了对"草"的强烈热爱之情："我俯首下视，悠闲地观察一片夏天的草叶。"③ 对他而言，草是地球上民主和人类归属感的根本象征，它生长在每一个地方："这便是凡有陆地和水的地方都生长着的草，这便是浸浴着地球的普遍存在的空气。"④ 他认为，自然世界的万物平等，每个物体，无论大或小，都有其自身价值。这种绝对的对等，使我们联想到了庄子的"齐物论"。

于惠特曼而言，与人间世界、人造工艺相比，那些自然世界中的存在更加伟大。这就是为什么"掌指纤细灵巧，傲视人间器械；牛羊低头慢嚼，美胜凡尘雕像。鼹鼠亦是奇迹，惊愕亿万不信上帝之人"⑤。惠特曼的诗中弥漫着人类与自然界中的万事万物进行自由交流的泛神论思想。他

---

① Walt Whitman, *Leaves of Grass, Comprehensive Reader's Edition*, eds., Harold W. Blodgett and Sculley Bradley, New York: New York University Press, 1965, p. 10.

② ［美］惠特曼：《草叶集》（上），人民文学出版社1994年版，第48页。

③ ［美］惠特曼：《草叶集》（上），人民文学出版社1994年版，第59页。

④ ［美］惠特曼：《草叶集》（上），人民文学出版社1994年版，第84页。

⑤ Whitman, *Leaves of Grass*, p. 59.

写道:"我希望我能变成鸟兽,能和他们相处,他们是那么的宁静,那样的知足。"① 在上述诗句中,惠特曼表达了他愿意和动物一起生活的强烈愿望。在他看来,同充满忧虑和负担的人类社会相比,动物世界似乎是地球上的一片光明之地。正是这种对自然世界的理想化成为惠特曼亲近自然的动力。

惠特曼对人与自然关系的创新表现在《草叶集》中。"《草叶集》视自然界为地球的身体,是一个被情欲化的物质实体,其特征是时而诱惑,时而抗拒诗人好奇的问题和试探。"② 惠特曼在《自己之歌》中称地球为他的情人。请看下列诗句:

> 啊,喷着清凉气息的妖娆的大地,微笑吧!
>
> 长着沉睡的宁静的树林的大地呀!
>
> 夕阳已没的大地,——载着云雾萦绕的山头的大地呀!
>
> 浮着刚染上淡蓝色的皎月的光辉的大地呀!
>
> 背负着闪着各种光彩的河川的大地呀!
>
> 带着因我而更显得光辉明净的灰色云彩的大地呀!
>
> 无远弗届的大地——充满了苹果花的大地呀!
>
> 微笑吧,你的情人现在已来到了。
>
> 纵情者哟,你曾赠我以爱情,——我因此也以爱情报你!
>
> 啊,这不可言说的热烈的爱情。③

在惠特曼来看,人与自然的关系就像情人之间的关系:相互吸引,充满激情。自然被赋予人性的特征和爱的情感。然而,阅读字里行间,读者很容易感知惠特曼在面对自然世界时强烈的自我中心主义色彩。比如,他视自己为自然的情人,仅仅是因为他在需要爱的时候,自然给了他爱的感觉。因此,他对自然的爱是有条件的,而不是自发自愿的。他要求自然对他微笑,而不是自己对自然微笑。如果我们把他的诗歌与中国唐朝诗人李白的《独坐静亭山》相比,惠特曼在自然面前的不可一世显得更为明显。

---

① Whitman, *Leaves of Grass*, p. 60.

② M. Jimmie Killingsworth, *The Cambridge Introduction to Walt Whitman*, New York: Cambridge University Press, 2007, pp. 19-20.

③ [美] 惠特曼:《草叶集》(上),人民文学出版社 1994 年版,第 90 页。

《独坐静亭山》诗句如下：众鸟高飞尽，/孤云独去闲。/相看两不厌，/只有敬亭山。① 就像惠特曼诗中的"地球"一样，敬亭山也被拟人化，并描写为诗歌主体之所爱，但"相看两不厌"包含了诗歌主体和敬亭山之间一种完全对等的、相互的、热烈的爱，并没有惠特曼诗歌中人在自然面前的盛气凌人。

必须注意的是，惠特曼笔下的"自然"并非远离人类足迹的物质世界。恰恰相反，他万分欣喜地庆祝工业的迅速发展带来的技术进步。事实上，惠特曼的诗歌，特别是他在美国内战之后写的诗歌彰显了把自然视为一种资源的倾向。② 惠特曼对自然的此种态度与他所生活的时代的特定社会和历史背景有关。美国内战后，工业化和城市化飞快发展，西进运动推进迅速，土地被人类及他们发明的机器大力改造，逐渐变得面目全非。在这样的背景下，惠特曼经常在他的诗中赞美工业化和都市的发展。比如，他在《开拓者哟！啊，开拓者哟！》中写道：

> 我们砍伐原始的森林，
>
> 我们填塞河川，深深发掘地里的矿藏，
>
> 我们测量了广阔的地面，掀起了荒山的泥土，
>
> 开拓者哟！啊，开拓者哟！③

惠特曼情不自禁地称赞他那个时代的美国人在改造自然的过程中表现出的豪迈气概。在另一首名为《斧头之歌》的诗中，惠特曼视美国为"斧头所造成的土地"④，之所以把斧头与美国如此联系在一起，是因为"人们用斧子开垦森林，改变风景，建设理想的城市"⑤。

惠特曼对自然的态度是充满矛盾的，这在诗歌《给我辉煌宁静的太阳吧》中有明显体现。在第一节的第一部分，他盛赞农耕社会，并表达自己对乡村安静生活的向往。"给我完全寂静……的夜/给我……鲜花盛

---

① 刘跃进：《小学生必背古诗词八十首》，清华大学出版社 2004 年版。

② M. Jimmie Killingsworth, *Walt Whitman and the Earth*, Iowa City：University of Iowa Press, 2004, pp. 11–12.

③ ［美］惠特曼：《草叶集》（上），人民文学出版社 1994 年版，第 384 页。

④ ［美］惠特曼：《草叶集》（上），人民文学出版社 1994 年版，第 316 页。

⑤ Burton Hatlen, "'Song of the Broad‐Axe' 1856," in *Walt Whitman：An Encyclopedia*, eds. by J. R. LeMaster & Donald D. Kummings, New York：Garland Publishing, Inc., 1998, p. 660.

开的花园/给我一种远离尘嚣的田园式的家庭生活/给我以孤独,给我大自
然":"给我"一词在诗歌中重复了多次,全面展示了诗人对自然资源强
烈的占有欲望。在表达过那些愿望后,惠特曼却突然话锋一转:"……我
仍然拥护我的城市。"在第二节,惠特曼公开地赞美城市。城市常常与机
械、铁和钢、汽车的声音等联系在一起。在下列诗句中,他无限深情地歌
咏曼哈顿的街道:

> 给我以这样的陈列——给我以曼哈顿的街衢吧!
> 给我百老汇,连同那些行进的军人——给我喇叭和军鼓的声音!
> ……
> 剧院、酒吧间、大旅馆的生活哟,给我!
> 轮船上的沙龙!拥挤的游览!高举火炬的游行!①

尽管惠特曼的自然观与中国古代诗人有相似之处,但在以下四个方面
仍显示出明显差异:

第一,尽管惠特曼时而表达对自然的热爱,以及与自然融为一体的愿
望,但他对自然的感情明显是矛盾的。自然对他而言,时或是喜爱的对
象,时或是征服的对象。而中国古代的山水诗人通常把与自然合二为一视
为一生中的最高追求。

第二,中国古代山水诗人深受道家思想和禅宗的影响,喜爱自然世界
中所呈现的静谧及阴柔之美。惠特曼的自然观则是动态的、富有活力的。
例如,他喜爱太阳、海等阳性意象,而中国古代诗人喜爱月亮、水等阴性
意象。到了 20 世纪,中国现代诗人开始学习西方诗人描写自然世界中的
阳刚之美,惠特曼由此成为了在中国最受欢迎的西方诗人。② 许多诗人模
仿惠特曼,比如中国现代最具影响力的诗人之一郭沫若,在中国新诗中使
用阳性意象,特别是太阳和大路。③

第三,中国古代诗歌中的自然遵循周而复始的运动,而惠特曼笔下的
自然是向前不断变化发展的,与文艺复兴时期的哲学家所宣传的进步思想

---

① 〔美〕惠特曼:《草叶集》(上),人民文学出版社 1994 年版,第 540 页。
② Huang Guiyou, *Whitmanism*, *Imagism*, *and Modernism in China and America*, London: Associated University Presses, 1997, pp. 37–54.
③ 彭继媛:《论惠特曼诗歌中自然意象对中国诗歌的影响》,《湖南社会科学》2008 年第 1 期。

有着密切关系。中国古代诗人一般歌咏人与自然的和谐相处，而惠特曼并不掩饰自然世界中黑暗、丑陋的一面。

第四，惠特曼对西进运动、技术进步、城市化和工业化的感知清晰地反映在他的诗作中。尽管他认为自然世界能为他的灵魂和精神世界提供养分，但身处于工业化飞速发展的时代，他仍然对科学技术给世界带来的巨大改变感到欣喜。因为中国古代诗人生活在农耕社会，他们更乐意享受田园生活风光，对自然也没有惠特曼那种模棱两可的态度。

小　结

总体而言，20 世纪以前，靠山吃山、靠水吃水的农业经济模式主宰了中国社会几千年，农业文明凸显了人类对自然气候条件的依赖和敬畏。中国的儒、释、道均遵循整体思维模式来构建人与自然的关系，认为人类是自然界的一部分，主张敬畏自然、顺应自然。在 20 世纪初中国全盘吸纳西方科学观念之前，"天人合一"思想一直是主导中国社会的人与自然关系建构。而西方文化是依据希腊岛国文明发展起来的，海洋型文化凸显了人与自然的冲突而非依赖，商业经济的发展催生了数学学科和逻辑思维的发展。柏拉图的形而上学和亚里士多德的逻辑分析学成为二元对立思维赖于存在的哲学基础，也为人与自然关系建构中的人类中心主义思想奠定了基础。西方的"天人两分"思想主张征服自然、改造自然，在很大程度上促进了西方世界对自然奥秘的探索，这也是为什么近代科学最早在欧洲诞生的重要原因之一。即便是在英国的浪漫主义诗人华兹华斯和美国诗人惠特曼诗歌的自然书写中，人的主体意识依然强烈。西方诗人笔下的自然是二元对立思维模式的产物，只有当他们完全抛弃二元对立思维，才能真正感知他们赖以生存的物质世界。这为 20 世纪美国现代诗人与中国古代诗人之间互融共通的生态对话提供了巨大空间。

第二章

中国传统自然观西渐的思想路径

　　一般认为，在 20 世纪的世界文化格局中，西方文化占据了绝对的主导与统治地位，相比而言，中国文化始终是处于一种弱势地位，本着"师夷长技以制夷"的原则，中国不得不全方位学习借鉴西方。但事实上，这种学习借鉴并不只是单向的，伴随着发生在中国的"西学东渐"，20 世纪的西方在进行深刻文化反思的过程中，也积极从东方传统思想中吸取灵感，即乐黛云所说的"西方文化的东方转向"①，其中包括从以"天人合一"为典型特征的中国传统自然观中寻求解决西方现代生态危机的方案。本章将从历时角度，对中国传统自然观的西行之旅进行系统梳理，重点探讨其 20 世纪以来是如何在美国生根发芽并丰富西方现代生态话语的。将聚焦中西思想交流的先锋人物，阐析铃木大拙、艾伦·瓦茨、李约瑟、卡普拉等为此作出的贡献。同时还将探讨东方古典智慧，特别是禅宗和道家思想对西方现代生态话语的直接影响。

第一节　中国古典哲学思想西渐的发轫

　　中国和西方的交流自马可·波罗（1254—1324）时代开始日渐频繁，但思想领域的正式交流应该是从罗明坚、利玛窦、殷铎泽等耶稣会传教士来华开始。就儒、释、道中国三大主要哲学体系而言，最先被西方人接受的是儒家学说，这与当时儒家学说在中国的主导地位息息相关，也依仗来华传教士们的积极努力。这些早期的来华传教士对儒家经典展开了深入研究，将包括《四书》在内的不少儒学经典著作译成拉丁文介绍到欧洲，

---

① 乐黛云：《西方的文化反思与东方转向》，《群言》2004 年第 5 期。

由此开启了儒学思想的西渐之路。方豪先生在《17—18 世纪来华西人对我国经籍之研究》一文中指出：“西人之研究我国经籍，虽始于 16 世纪，但研究而稍有眉目，当在 17 世纪初；翻译初具规模，乃更迟至 17 世纪末；在欧洲发生影响，则尤为 18 世纪之盛事。”①

自从 17 世纪西方近代科学的、机械的世界观在欧洲正式确立，基督教作为西方传统中主导宗教的地位受到了严峻挑战，科学和宗教的矛盾日益凸显，不再相信基督教学说的人便努力从其他非基督教学说中寻找新的精神依托，东方传统思想自然而然进入他们的视野。自 17 世纪末欧洲启蒙运动兴起，代表中国文化中阳刚一面的儒家思想受到以伏尔泰为代表的欧洲启蒙思想家的热烈追捧，成为他们推广科学和理性的有力工具。

欧洲近代科学和技术的蓬勃发展极大地推动了其工业化和城市化的进程及物质文明的不断繁荣，但工业文明带来的负面效应也因此不断显现，其中最主要的问题是：由于近代科学鼓励人类对自然的肆意掠夺，自然生态环境不断遭到破坏，人与自然的关系日益疏离。在 18 世纪末期，欧洲浪漫主义运动应运而生，其典型特征是反抗由近代科学所代表的机械的、理性的世界观，倡导对自然的直觉的、感性的体验。在此期间，在英国东方学家威廉·琼斯爵士（Sir William Jones，1736—1794）的不懈努力下，东方思想，特别是印度佛教思想被介绍到欧洲，之后又传到美国，② 由此开启了东西方思想领域的生态对话。

美国超验运动主义者的典型代表爱默生（Ralph Waldo Emerson，1803—1882）和梭罗（Henry David Thoreau，1817—1862）继承了欧洲浪漫主义运动关爱自然的传统，他们在吸收印度佛教思想的同时，也对中国传统古典思想产生了兴趣。有研究表明，爱默生和梭罗的观点与中国的孔孟思想和老庄之道有众多契合之处。梭罗撰写了举世闻名的《瓦尔登湖》，其生态思想与中国古典思想一脉相承。学贯中西的林语堂曾有过如下论断：“梭罗对于人生的整个观念，在一切的美国作家中，可说是最富于中国人的色彩”；“如果我把梭罗的文章译成中文，说是一个中国诗人写的，一定不会有人有疑心的。”③ 阿瑟·克里斯蒂（Arthur Christy）指

---

① 转引自张西平《儒家思想在欧洲早期传播的经典之作》，《读书》2011 年第 6 期。

② 西方对佛教的认识首先开始于印度佛教，之后是日本禅宗，这方面已有相关研究。费尔兹（Rick Fields）的《天鹅来湖：美国佛教传播史》（*How the Swans Came to the Lake: A Narrative History of Buddhism in America*）对佛教在美国的传播进行了历时描述。

③ 林语堂：《生活的艺术》，陕西师范大学出版社 2008 年版，第 139 页。

出："梭罗从印度、中国还有波斯经典那里汲取的一切的共同特征就是对于自然神秘的爱……这是他在宗教文学和哲学文学阅读中最重要的一部分。"①

虽说东方传统的自然观受到了欧洲浪漫主义者的拥护，但相对而言，他们当时代表的只是西方社会的极少数。随着时间的推移，到了 19 世纪下半叶，西方宗教与科学、科学发展与环境保护等各方面的矛盾进一步加剧，主宰了西方社会一千多年的基督教世界观及建立在其基础上的道德观念和制度观念不断受到质疑，欧洲开始发生一场精神大变革，越来越多的西方人开始关注东方传统思想所折射出的独特智慧。

1875 年勃拉瓦茨基夫人（Madame Helena Blavastky）在纽约成立的神智学会（the Theosophical Society）应运而生。神智学会是综合宗教、科学与哲学来解释自然界、宇宙和生命的大问题的一种学说，倡导从神秘主义和东方宗教中寻找新的精神价值观。该学会当时在欧洲和亚洲也相当流行。此外，全球化的不断发展使得世界范围内的宗教对话日趋活跃。1893 年在芝加哥召开了第一次世界宗教大会（World's Parliament of Religions），美国的一批自由派知识分子不顾基督教传教团的反对，邀请了其他宗教的一些领袖参加，其中也包括佛教界和道教界的代表。正是在此次会议上，"世界的禅师"铃木大拙首次亮相，日本镰仓圆觉寺的主持释宗演发表了关于禅的演说，由铃木大拙译为英文，给与会的美国人留下了深刻印象。② 本次宗教大会极大地促进了东西方宗教的相互交流和学习。之后，随着大批华人和日本人移民美国，佛教逐渐被美国社会所接受。

与此同时，越来越多的东方哲学经典被翻译到西方。理雅各（James Legge，1815—1897）一生致力于翻译东方哲学经典，先后出版了《中国经书》（*The Chinese Classics*）系列，包括：《论语》《大学》《中庸》《孟子》《书经》《诗经》及《春秋左传》；《中国经典》（*The Sacred Books of China*）六卷，包括《书经》《诗经（与宗教有关的部分）》《孝经》《易经》《礼记》《道德经》《庄子》等。G. G. 亚历山大（G. G. Alexander）的《老子——伟大的思想家》于 1895 年出版。1903 年，海辛格（I. W.

---

① Arthur Christy, *The Orient in American Transcendentalism*：*A Study of Emerson*，*Thoreau*，*and Alcott*，New York：Octagon Books，1963，p. 199. 转引自刘略昌《祛魅与重估：对梭罗与中国古典文化关系的再思考》，《上海对外经贸大学学报》2016 年第 3 期。

② 任继愈：《中国佛教史》，http：//www. saohua. com/shuku/zhongguofojiaoshi/14475 _ SR. htm，登录于 2018 年 9 月 9 日。

Heysinger）出版了由他翻译的《中国之光》，自称是关于《道德经》的"精确的格律翻译"（"*an accurate metrical rendering*"）。[①] 1910 年，马丁·布伯（Martin Buber，1878—1965）翻译并评注的《庄子》出版。1913 年，在铃木大拙的帮助下，一生致力于促进不同宗教间对话的保罗·卡卢斯（Paul Carus，1852—1919）出版了他的《道德经》译本。德国汉学家卫礼贤（Richard Wilhelm，1873—1930）在中国待了 20 多年，翻译出版了《老子》《庄子》和《列子》等多部著作，并首次将道教内丹学典籍《太乙金华宗旨》译成德语，于 1929 年出版。后来贝恩斯（Cary F. Baynes，1883—1977）在荣格（Carl Jung，1875—1961）的指导下，将这部道教养生奇书的德文版译成英文版 *The Secret of the Golden Flower*，于 1931 年正式出版。正是由于这些文化大使的努力，越来越多的东方哲学经典，特别是道家经典不断被介绍到西方，东方传统的有机世界观被越来越多的西方人所认识。

第二节　20 世纪道家思想在西方的大行其道

道家思想自 18 世纪末开始进入欧洲人的视野，到了 20 世纪得以大行其道，有多重原因值得探究。德国的汉学家卜松山（Karl-Heinz Pohl）曾在《时代精神的玩偶——对西方接受道家思想的评述》一文中对此进行了专门评述。在他看来，作为古典道家思想的典籍之作，《道德经》不仅是西方翻译得最多的中文著作，也是除《圣经》外以各种语言最为流行的典籍。[②] 最早将《道德经》译成欧洲语言的是来中国传播基督教的耶稣会士，但因当时道家思想还不受待见，首个拉丁文版本并未付梓印刷，而是在 1788 年作为礼物送给伦敦的皇家学会。[③]

将欧洲人的注意力引向"道"，乃始于第一位汉学教授——法兰西学院的雷慕沙（Jean Pierre Abel Rémusat，1788—1832）翻译的《道德经》。由于古汉语过于简练晦涩，又缺上乘注疏，他并没有做全文翻译，只是选译了第 1、第 25、第 41 和第 42 章，并加以评注。第一个加注全译本由雷

---

① I. W. Heysinger, trans. , *The Light of China*, Philadelphia：Research Publishing Co. , 1903.

② ［德］卜松山，《时代精神的玩偶——对西方接受道家思想的评述》，《哲学研究》1998年第 7 期。

③ James Legge, *The Texts of Taoism*, New York, 1891, p. 115.

慕沙的学生儒莲（Stanislas Aignan Julien，1797—1873）于 1824 年完成，该译本在欧洲精英界产生了很大影响。在他之后，陆续有英文版、德文版、俄文版等多个译本出现，19 世纪 60 年代到 20 世纪初出现了第一次大量翻译老子的浪潮。

《道德经》的英译工作始于清末来华的新教传教士。1868 年，湛约翰（John Chalmers，1825—1899）翻译的《老子玄学、政治与道德律之思辨》（*The Speculations on Metaphysics，Polity，and Morality of "The Old Philosopher"，Lau-tsze*）一书在伦敦出版，一般认为是《道德经》的首个英译本。《道德经》在英语世界的行旅中出现过三次大的翻译高潮：在 1868 年至 1905 年的第一次翻译高潮中，有 14 个英译本面世，可以说是《道德经》英译的第一个黄金时期；在第二次翻译高潮（1934—1963）中，每隔一年都有一种新译本出版，其中这些译本的半数是在美国出版的；第三次翻译高潮（1972—2004）以 1973 年长沙马王堆汉墓出土帛书《道德经》为标志，海外随之掀起老子研究热及东方文化研究热。[①]

另一部道家思想经典《庄子》的英译本于 1889 年首次问世，译者是汉学家翟理斯（Herbert Allen Giles，1845—1935）。1891 年，理雅各（James Legge，1815—1897）的《庄子》英译稿同《道德经》英译稿一起收录于马克斯·穆勒主编的《中国圣典·道家卷》得以出版。1910 年马丁·布伯（Martin Buber，1878—1965）参照翟理斯的英译本，出版了德文版的《庄子》。卫礼贤的节译本出版于 1912 年。

卜松山（Karl-Heinz Pohl）如此分析了道家生态思想在西方逐渐被接受的过程及背后的原因：

> 首先是文化和文明批判之投向。……对文明的批判在新近时期表现为生态保护运动的一个重点，这是卢梭"回归自然"口号的现代翻版。这里，道家人与自然一体的观念便闯入了西方敞开的大门。对西方很多人来说，"现代的困扰"（Charles Taylor），已蔓延到现代生活世界的其它领域，比如技术和经济效益挂帅把现代人束缚于"目的理性"思维的"刚硬外壳"（韦伯），所以，道家文明批判观点可

---

① 辛红娟、高圣兵：《追寻老子的踪迹——〈道德经〉英语译本的历时描述》，《南京农业大学学报》2008 年第 1 期。

以对今天厌倦文明的欧美人发挥影响。①

克拉克（J. J. Clarke）也指出：

很明显，道家思想在西方的地位不断上升，表现在从通俗到学术、从精神到哲学的各个领域。在其影响范围的一端，我们可以观察到人们对太极拳和风水等艺术不断增长的兴趣，以及道家的术语，如道和阴/阳已经开始进入通用词汇表，还有道家思想，如"顺应自然"或"任其自然"获得广泛的认同。②

这里的"顺应自然"是典型的道家传统自然观，将在很大程度上改变西方固有的自然观念，丰富西方现代生态话语。道家思想甚至改变了不少西方人的生活方式。建立在道家思想基础上的"太极拳和风水，表现的是一种人和自然的共生关系，很早就在西方被吸纳、移植和发展了"③。断舍离、"少即是多"等生态思想都能在道家思想中找到源头。

此外，20世纪五六十年代，禅宗在美国的广泛接受间接促成了道家思想地位的日益提升。卜松山认为：在"垮掉的一代"和"嬉皮时代"（Hippies）之后兴起的"新时代运动"中，在接受从日本引入的禅宗时，道家思想被广泛视为禅宗之源，艾伦·瓦茨（Alan Watts）在其撰写的禅宗入门手册《禅宗之道》（1957）中也如是强调，这对道家思想在美国的接受至关重要。④ 道家思想和中国禅宗在历史上就存在着千丝万缕的联系。中国禅宗是印度佛教和道家思想的杂合，一般认为是被道教化了的印度佛教，去除了印度佛教中的超验世界的概念，代表了完全中国化的、非二元对立的世界观。禅宗在中国不断繁荣，自公元5—6世纪开始逐渐传到日本，得到了更加欣欣向荣的发展，其所代表的自然观与道家自然观存在本质联系。

总体而言，道家和禅宗在美国广受欢迎的原因如出一辙，突出表现为

---

① ［德］卜松山：《时代精神的玩偶——对西方接受道家思想的评述》，《哲学研究》1998年第7期。

② J. J. Clarke, *The Tao of the West*. p. 3.

③ J. J. 克拉克：《东方启蒙：东西方思想的遭遇》，上海人民出版社2011年版，第315页。

④ ［德］卜松山：《时代精神的玩偶——对西方接受道家思想的评述》，《哲学研究》1998年第7期。

以下四点：

第一，西方基督教影响的式微及科学文化危机的显现为东方哲学在西方的传播开辟了道路。一方面，虽然基督教文明主宰了西方一千多年，但自从欧洲文艺复兴时期就不断地受到挑战。西方近代科学的诞生及启蒙运动的发展让基督教的地位变得岌岌可危。信仰上帝还是科学的矛盾由此成为西方社会一个难以解开的结，一直持续至今。另一方面，18 世纪下半叶以来，以科学技术为主导的工业文明在英国等欧洲国家得到了快速发展，物质财富不断丰富，但资本扩张和殖民化发展的需求却使得各国之间的冲突不断加剧，由此引发了以欧洲为中心的两次世界大战，西方社会中的文化和信仰危机突显，这种危机在美国也有一定程度的体现。

第二，全球化的发展促进了世界各国在思想领域的广泛交流。东方的古典思想，特别是道禅思想为西方进行文化反思提供一个全新的视角，由此得到不少西方有志之士的认同。叶舒宪在分析 20 世纪西方思想的"东方转向"时，曾引用 20 世纪英国著名历史学家汤因比（Arnold J. Toynbee，1889—1975）的观点来进行说明。汤因比从世界文明史的兴衰演变宏观立场看，认为西方社会在过去的五百年里引导世界走向了物质上的统一，但是未来的五百年里人类将面临在精神上走向统一的伟大任务。日趋衰落的西方基督教文化不可能胜任这个使命，只有从文明生命力最为持久的东方文化之中，才有可能找到这种引导人类精神统一大业的思想力量。①

第三，西方二元论哲学向过程哲学和有机哲学的转向为东方哲学在西方的传播奠定了思想基础。16—17 世纪以来，经过以哥白尼、培根、牛顿等为代表的科学家的共同努力，西方近代自然科学逐渐取得了独立地位，其中牛顿的古典物理学成为西方近代科学的理论基础，机械论思想对西方的人与自然关系建构起了决定性作用，世界被看成一台冷冰冰的机器，可任人拆卸、分解与认识。此外，笛卡儿开拓了"欧陆理性主义"哲学，并提出了"心物二元论"的主张。他的思想深深影响了之后的几代欧洲人，并在很大程度上加剧了自然的物化及人与自然之间的尖锐对立。到了 20 世纪，建立在物理学基础上的西方近代科学逐渐向以量子力学、混沌论等为特点的现代科学过渡，正如卡普拉在《物理学之道》中

---

① 叶舒宪：《20 世纪西方思想的"东方转向"问题》，《文艺理论与批评》2003 年第 2 期。

所述，西方现代科学所倡导的自然观与东方古典思想有众多契合之处。由此，笛卡儿所代表的二元论哲学也受到过程哲学和有机哲学的挑战。

怀特海（Alfred North Whitehead，1861—1947）为有机体哲学和过程哲学的创始人。"他所创立的新哲学引起了西方哲学自牛顿以来三百年间从实体哲学到过程—关系哲学的革命性变革"①。他提出了有机哲学宇宙论的观点，认为以牛顿力学为基础的近代西方哲学坚持了机械的宇宙观，忽略了宇宙的有机联系和发展，而有机哲学是以一种新的方式认识世界，即把世界看作"一幅动态生成的和有机联系"的整体。② 宇宙有机论哲学旨在否定牛顿的近代科学模式和近现代西方哲学中主导性范式的二元对立思维方式，同时也是对以笛卡儿等人提出的人与自然分离的世界观的批判，为 20 世纪西方开始进行的文明反思以及重建人与自然的和谐关系奠定了哲学基础。

怀特海的有机体哲学是典型的过程哲学，是一种不同于传统西方哲学的新哲学。从思想传统上看，正如怀特海本人所言，过程哲学同我国古代和印度强调有机、变易与联系的哲学思想传统更加接近，而不是同西亚和欧洲关注实体的哲学思想传统更加接近。③ 过程哲学批判柏拉图的形而上学唯物主义，同时也批判机械唯物主义，强调有机和关系这两个重要概念，在看待世界的方式上与现代生态学有诸多相似之处，与儒释道哲学也有很多共通之处。怀特海曾说："我的有机体哲学的总的立场，似乎多少更接近于印度人或中国人的某些思想线索。"④ 因此，怀特海的有机思想与东方传统思想中的诸多契合为东方思想在西方的接受奠定了基础。

第四，美国"荒野"情结的形成及 20 世纪五六十年代"反文化"运动和生态运动的爆发为东方哲学在美国的传播培育了土壤。相比儒家经典而言，20 世纪的美国人对禅宗和道家思想表现出了更浓厚的兴趣，这与他们不断发展的荒野情结密切相关。荒野在美国人心目中占有特殊的位置。纳什（Roderick Nash）的经典之作《荒野和美国思想》一书从历时角度对荒野的文化寓意在美国历史中的演变进行了深入研究。他指出：当早期欧洲移民踏上美国土地时，他们对荒野的认识还是沿袭从欧洲带来的

---

① 杨富斌：《论怀特海的过程哲学观》，《求是学刊》2013 年第 5 期。
② 杨富斌：《论怀特海的过程哲学观》，《求是学刊》2013 年第 5 期。
③ 杨富斌：《怀特海过程哲学基本特征探析》，《求是学刊》2012 年第 5 期。
④ 贺麟：《现代西方哲学讲演集》，上海人民出版社 1984 年版，第 103 页。

固有思维，即荒野代表野蛮、黑暗、混乱、非文明、非神性等。与此同时，由于他们当时的第一要务是要在荒野中求生存谋发展，他们把荒野看作是可供征服的敌人。到了 19 世纪早期，有两方面的原因促使荒野的文化寓意开始改变。一方面，独立建国后，一部分美国民族主义者在考虑国家定位时，认识到荒野的独特性，因为"荒野在旧世界没有对应物。"① 由此，荒野跟民族自尊心联系到一起；另一方面，对美国超验思想家们而言，自然、荒野成为他们争取民主自由和思想解放的象征。总体上，自 19 世纪下半叶开始，美国一方面见证了由科学和技术为助推力而迅速发展的物质文明，另一方面，随着荒野情结逐渐形成，荒野不再被看成野蛮和非文明，而是被赋予了精神力量，成为民族自尊以及反现代工业文明的象征。

　　在 20 世纪 60 年代反文化运动期间，荒野和东方哲学都是与反工业文明和反城市的情绪连接在一起的。就像纳什指出的那样："在反文化者眼中，荒野的最重要的品质是其不可控制，不受压抑，""对荒野和非理性的观察方式的接受突出表现在反文化者对东方信仰的兴趣。"②

　　毫无疑问，就儒、释、道三个哲学传统而言，道家思想是最崇尚自然，讲究人与自然世界的合二为一的，并对荒野的价值给予了充分肯定。中国历史上的诸多道家隐士，往往就是自我隐居于荒野之中，体会徜徉在大自然怀抱中的清净的快乐。而梭罗（Henry David Thoreau，1817—1862）也曾独居湖旁的小木屋内两年之久，潜心创作出《瓦尔登湖》。一些生态学者注意到梭罗思想与道家思想的契合。③ 梭罗也是推广荒野情结的先驱。他的著名论断：世界存留于荒野之中（In wilderness is the preservation of the world）至今广为流传。除他之外，美国环保运动的先驱约翰·缪尔（John Muir，1838—1914）对自然的精神价值的追求与古典道家思想也存在诸多契合，美国学者科恩（Michael P. Cohen）认为，缪尔

① Roderick Nash, *Wilderness and the American Mind*. Revised Edition, New Haven: Yale University Press, 1974, p. 67.

② Nash, *Wilderness and the American Mind*, pp. 258, 260.

③ David T. Y. Ch'en, "Thoreau and Taoism," in *Asian Response to American Literature*, ed. C. D. Narasimhaia, Delhi: Vikas, 1972, pp. 406-16; John Emerson, "Thoreau's Construction of Taoism," *Thoreau Quarterly Journal* Vol 12, No. 2, 1980, pp. 5-14; Aimin Cheng, "Humanity as 'A Part and Parcel of Nature': A Comparative Study of Thoreau's and Taoist Concepts of Nature," in *Thoreau's Sense of Place: Essays in American Environmental Writing*, ed. Richard J. Schneider, University of Iowa Press, 2000, p. 207.

被称为"西方的道士"是恰如其分的。①

　　总体而言，当现代美国对西方传统理性思维方式感到厌倦、期待在荒野中找到精神慰藉时，他们在东方古典智慧，特别是禅宗和道家学说中找到了哲学基础。美国人对荒野态度的改变促进了他们对崇尚"天人合一"思想的道家和禅宗自然观的理解。

第三节　道禅自然观的早期生态化之旅

　　由禅、道代表的东方传统的自然观20世纪之所以能够植根于西方土壤，并能对西方现代环保运动产生影响，除了上面分析的宏观时代背景之外，更离不开许多文化大使们的努力。在思想领域，最突出的代表有：铃木大拙、艾伦·瓦茨、李约瑟、卡普拉等。他们从宗教哲学及西方科学的发展等各个层面批判了统治西方两千多年的二元对立的建构世界的思维方式，并对建立在此基础之上的西方科学的机械论思想进行了尖锐批评。他们对东方古典智慧，包括非逻辑论、天人和谐、道家"无为"等思想的生态化阐释，极大地丰富了西方现代生态话语。特别是到了20世纪，全球化的快速发展有力推动了东西方的生态对话，中国"天人合一"的古典智慧悄然渗透到以美国为代表的西方文化中，对其社会的诸多方面，尤其是现代环保运动产生了显著的影响。本章节将对他们的主要著作进行细读，探讨他们是如何将中国古典生态思想，包括非逻辑论、天人和谐、道家"无为"等思想逐渐在西方推广开来的。特别要指出的是，铃木大拙和瓦茨两位禅宗传播大使，均认识到中国禅宗和道家思想，及日本禅宗和中国禅宗之间存在的血缘关系，所以传播禅宗时总离不开道家思想，谈论日本禅宗时也脱离不了中国禅宗。

一　东方非逻辑论思想的传播

　　西方二元对立的思维方式自柏拉图时期开始萌芽，对西方建构人与自然的关系产生了根深蒂固的影响。在西方历史传统中，一直以来占据主导地位的自然观念是：物质世界阻碍了人类追求幸福和自由，所以需要被征

① Michael P. Cohen, *The Pathless Way*: *John Muir and American Wilderness*, Madison, Wis.: University of Wisconsin Press, 1984, p. 120. 认为缪尔是"西方的道士"本身是由 George Session 提出来的。

服和改造。到了 20 世纪，"世界的禅者"铃木大拙（D. T. Suzuki，1870—1966）不遗余力地在西方推广禅宗所代表的非逻辑论思想，直接瓦解了西方几千年来建构物质世界的哲学基础，从本质上颠覆了西方长期坚持的二元对立的人与自然关系。

铃木大拙是日本著名禅宗研究者与思想家，是禅宗在西方的最重要的解说人。一般认为"铃木几乎是单枪匹马地将禅宗介绍给西方，并使得它渗透到西方知识（learning）和文化的各个方面。"此外，他的贡献也涉及了其他领域，包括"大乘佛教（包括楞伽经，华严经，净土宗）、中国思想、日本文化、佛教和基督教神秘主义的对比研究。"① 铃木大拙一生中曾担任东京帝国大学讲师、大谷大学教授、美国哥伦比亚大学客座教授等职。他早年在镰仓圆觉寺跟随著名禅师今洪北川学禅，从事佛教典籍的英译和西方哲学及神学著作的日译，熟悉西方近代哲学、心理学等方面的发展，多次在美国和欧洲各国教学与演讲。

铃木大拙一生著述等身，除日文著作外，还用英文撰写了大量有关禅宗的著作，出版了 30 多本英文著作。其中影响最大的包括：第一本用英文介绍大乘佛教的书：《大乘佛教纲要》（伦敦，1907）；第一本关于禅宗的著作《禅宗文集》（伦敦，1927）；《禅宗入门》（东京，1934）等。这些书均一版再版，在西方思想界引起了强烈反响。研究内容除禅宗思想外，还包括华严、净土等佛教思想。由于他对禅学的宣扬，西方世界开始对东方佛教产生兴趣，并引发了东方人对佛教的再度关注。他对于禅学最大的贡献在于编辑与翻译禅宗著作，并在自己论禅的著述中将禅学与科学、神秘主义相联系，从而激发了西方世界对禅学的普遍兴趣。通过传播禅宗及其他东方哲学思想，铃木帮助传播了东方传统的有机自然观。

铃木大拙相信中国禅宗和道家思想、日本禅和中国禅之间的紧密联系。事实上，在他学习禅宗的过程中，他阅读的很多经文材料都是由中国禅宗大师写的。在他的"自传"中，他回忆了去宁波参观当时享有盛名的太虚大师所在的寺庙的情景。当时铃木大拙还在大谷（Otani）大学学习。他写道："在那时我觉得不管付出多大的代价，都必须去看一个中国寺庙。"② 在他的中国之行中，他曾在不同的寺庙待过，观察僧侣们的生活，目的是更好地体会他所阅读的中国唐代禅宗的经文记录。在他成为禅

---

① Masao Abe，ed. *A Zen Life：D. T. Suzuki Remembered*，New York：Weatherhill，1986，p. xv.
② Abe，ed.，*A Zen Life*，p. 22.

宗大师之后，他关于禅宗的著书立说时常是从禅宗在中国的发展说起，中国古代禅宗经文成为他宣传禅宗学说的重要基础，由此也在很大程度上帮助传播了中国的禅宗历史与文化。

铃木大拙认为，自然在禅宗中占有重要地位。认识自然也就是认识自己，"自然的问题就是人类生活的问题。"① 人类与自然总是紧密相连的。铃木大拙注意到西方对自然的建构和禅宗的自然观有着天壤之别。西方遵循二元对立思维，而东方讲究非二元对立。铃木将西方对待自然的态度做了如下概述：

1. 当人努力去接近上帝时，自然对人类来说是可憎的，会把人拉下来。

2. 自然和上帝之间是对立的战争状态，自然和人类也同样处于战争状态。或者说，在上帝的命令下，人类总是拼命去施行对自然的统治。

3. 人类没有办法以亲善的、友好的精神去接近自然。他们相互摧毁。自然不可能帮助人类实现精神上的进步。

4. 自然是一个物质世界，物质世界就是供探索和剥削的。

5. 在另一层意义上，物质世界是残酷的事实，是自为对自在的对抗。智力不可能对它做任何事情，而是必须接受它，并充分利用它。

6. 自然与人类之间的二元对立意味着仇恨，甚至是完全的不可调和，因此，相互破坏。找不出任何表明或暗示人类是自然的一部分或等同自然的观点。对西方人的大脑而言，人类和自然是分离的。②

在铃木大拙来看，自然在西方人的观念中是彻头彻尾的敌人，人类和自然永远不可能和谐共处。正是因为这种完全敌视、势不两立的态度，西方人对自然进行了肆意践踏和蹂躏，从而导致了许多现代疾病的产生。他写道："自然与人类之间的对立问题，在我来看，起源于圣经里造物主赋予人类权利去主宰所有的事物。正是因为这个故事，西方人谈论如此之多

---

① D. T. Suzuki, *Zen Buddhism: Selected Writings of D. T. Suzuki*, ed. William Barrett, Westminster, MD: Doubleday Publishing, 1996, p. 278.

② Suzuki, *Zen Buddhism: Selected Writings of D. T. Suzuki*, pp. 279-280.

的征服自然……这个征服的观念来自人类和自然之间的关系被认为是权利之争，这个关系包含相互对立和破坏。"①

　　铃木大拙认为，禅宗对人与自然关系的建构是非二元对立的："虽然将他自身同自然分开，人仍然是自然的一部分，因为分开本身表明人是依赖自然的。"自然对人没有任何敌意。相反，"在人类与自然之间友好的理解总是存在。人类来自自然，以便认识在他里面的自然；也就是说，自然走进自己，以便懂得在人里面的它。"② 简而言之，人和自然是你中有我、我中有你的关系。

　　毫无疑问，铃木大拙对西方和禅宗自然观的对比解读对西方人而言无疑是当头棒喝。"在他的一生中，特别是在其成熟时期，铃木大拙直接批评主宰西方的二元对立的、概念化的分析思维模式，反复强调返回到基本体验的重要性，即回归到主体和客体、有和无、生和死、好和坏的对立之前的状态——为的是悟到最具体的生命和世界的本原。铃木大拙不厌其烦地对禅宗进行解释，仅仅是因为他相信禅不是别的，就是这种基本的非二元对立的悟。"③

　　作为禅宗的最有影响的解释者，铃木大拙的非逻辑论思想对西方的影响是不可估量的。早在1956年，美国历史学家林恩·怀特（Lynn White）就对铃木大拙的持久影响做了以下预言："也许铃木大拙在1927年出版《禅宗文集》在后世看来可以和在13世纪把亚里士多德的作品译为拉丁语的穆尔贝克的威廉（William of Moerbeke）和15世纪将柏拉图的作品译为拉丁语的费琴诺（Marsiglio Ficino）相媲美。"④ 在西方现代生态运动诞生以前，铃木大拙就极富远见地看到了西方的人与自然关系建构中存在的深层次问题，预测到了可能日益恶化的生态危机。由他倡导的禅宗自然观被后来很多环保人士所信奉。他指出基督教是促使人类主宰自然思想形成的根源，其观点后来在怀特的经典文章《我们生态危机的历史根源》（*The Historical Roots of Ecologic Crisis*）中得到响应。怀特在该文中一针见血地指出：生态危机的根源在于西方近代科学倡导的、同时也是因循基督

---

① Suzuki, *Zen Buddhism: Selected Writings of D. T. Suzuki*, p. 276.
② Suzuki, *Zen Buddhism: Selected Writings of D. T. Suzuki*, p. 283.
③ Abe, *A Zen Life: D. T. Suzuki Remembered*, p. xvi.
④ Lynn White, Jr., *Frontiers of Knowledge in the Study of Man*, New York: Harper and Brothers, 1956, pp. 304-305.

教传统的人类中心主义,其本质是将自然看成供人利用的资源和工具。[1]因此我们不能完全依靠科技来解决生态危机,更不能继续遵循二元对立思维主导下的人与自然之建构模式,而是需要"找到一种新的宗教,或者重新反思旧的宗教"[2]。受怀特影响,西方不少生态研究者们纷纷将目光转向东方,从东方传统有机自然观中寻找医治现代生态危机的灵感。因为怀特对铃木大拙的评价如此之高,有理由相信他在写这篇文章时受到了铃木大拙禅宗自然观的影响。

二 东方天人和谐及道家"无为"思想的传播

艾伦·瓦茨通常被称为是"东方思想的最重要的西方阐释者"[3],又被称为20世纪"对禅宗解释得最清楚的西方人"[4]。如前所述,瓦茨并不严格区分道家和佛教思想,他认识到中国禅宗作为"亚洲贡献于世界的最珍贵的礼物之一",是印度佛教和中国道家思想的杂合,并认为老子应该是禅宗的祖先。因此,很多时候当谈到禅宗时,瓦茨首先会对道家思想做一个基本介绍,以帮助西方人更好地理解禅宗。如果说铃木大拙的主要贡献在于为西方重构物质世界提供了新的哲学基础,深受其影响的瓦茨则借助东方哲学对西方现代文明及科学发展所造成的物我分离进行了深刻反思,指出这种物我分离是造成现代西方人无法获得幸福感的根源,并积极推广东方的天人和谐及道家"无为"思想。

瓦茨是一位多产的作家和演说家,也是第一个向西方读者系统阐释禅、道智慧的西方人。1915年1月6日,瓦茨出生于伦敦郊外。母亲是名教师,教授到亚洲传教的传教士的孩子。父亲是个商人,常带瓦茨去伦敦的一家佛教协会。受其父母影响,瓦茨从小就对亚洲的艺术、文学和哲学着迷。他的父母认识到他聪明好学的天性,鼓励他从事写作。瓦茨十几

---

[1] Lynn White, Jr. , "The Historical Roots of Our Ecologic Crisis", in *The Ecocriticism Reader*: *Landmarks in Literary Ecology*, eds. , Cheryll Glotfelty and Harold Fromm, London: University of Georgia Press, 1996, pp. 3–14.

[2] Lynn White, Jr. , "The Historical Roots of Our Ecologic Crisis", in *The Ecocriticism Reader*: *Landmarks in Literary Ecology*, eds. , Cheryll Glotfelty and Harold Fromm, London: University of Georgia Press, 1996, p. 12.

[3] 转引自这本书的封底: Alan Watts, *Eastern Wisdom*, *Modern Life*: *Collected Talks* 1960–1969, Novato, CA: New World Library, 2006。

[4] "Watts, Alan 1915–1973. " *American Decades*, ed. , Judith S. Baughman et al. , Vol. 6: 1950–1959, Detroit: Gale, 2001, pp. 394–395.

岁时便成为佛教协会杂志《中道》（*The Middle Way*）的编辑。1932 年，他出版了自己撰写的第一本小册子《禅宗概论》（*An Outline of Zen Buddhism*）。1938 年，移居美国。1940 年，出版了《幸福的意义》（*The Meaning of Happiness*）一书。在纽约待了一段时间后，瓦茨搬到了芝加哥，进入西太平洋神学院。1944 年，被任命为圣公会牧师。1950 年春天，瓦茨离开了教堂和芝加哥，前往纽约州北部，在米尔布鲁克郊外的一个小农舍安顿下来，开始撰写《不安的智慧：一个焦虑时代的讯息》（*The Wisdom of Insecurity：A Message for an Age of Anxiety*）。

　　1951 年，瓦茨搬到了旧金山，开始在加州综合研究所（California Institute of Integral Studies）教授佛学课程。他的课程吸引了不少人，很快发展成为面向公众的晚间讲座，并延伸到当地的咖啡馆，那里经常有垮掉派诗人和作家光顾。1953 年，应伯克利 KPFA 电台的邀请，瓦茨开始做一档名为"亚洲大书"的广播系列节目。1956 年，他又推出了"远超西方"的节目，在旧金山湾区的观众中颇受欢迎。到了 60 年代早期，瓦茨的电台演讲在美国全国范围内播出，吸引了大批听众。在旧金山禅宗中心的"Zenefit"上，瓦茨发表了激动人心的讲演，不久以后又在 *Oracle Alternative* 报纸上发表了一篇关于"变革"的文章，很快被公认为是反主流文化革命运动的精神领袖。瓦茨出版于 1966 年的《关于不知道自己是谁的禁忌》（*On the Taboo Against Know Who You Are*）非常畅销，随后受邀到美国各地多所大学发表演讲，并举办研讨会。到了 60 年代末，瓦茨搬到旧金山某海滨社区的一艘渡船上居住，那个社区里住着波西米亚人、艺术家和其他文化叛逆者。他的渡船很快成为一个备受欢迎的目的地。为了能有更多的时间专注于写作，他搬到了塔玛帕斯山附近山坡上的一间小木屋里，边写作边继续从事巡回演讲。1973 年 11 月 16 日，瓦茨在睡梦中去世。

　　瓦茨之所以能够成为反主流文化革命运动中的重要人物，与他对道、禅思想的大力推广息息相关。第二次世界大战结束以后，在美国的旧金山和纽约地区，逐渐出现了一群年轻诗人和作家的松散集合体，被称为"垮掉的一代"，他们中的不少人后来加入美国五六十年代的反主流文化运动，对主导社会的传统价值标准进行挑战，反对一切世俗陈规和垄断资本统治，抵制对外侵略和种族隔离，讨厌机器文明，喜欢寻求新的刺激，追求绝对自由，对充满异域色彩的东方宗教产生浓厚兴趣。瓦茨对禅、道思想的通俗化阐释正好满足了这些反主流文化运动者对非主流文化的需求，推动了禅、道思想在美国的大行其道。

在生态问题成为大众话题之前，瓦茨就已经把人类与自然的关系作为人一生中的一个重要方面来讲述。瓦茨一生著作等身，其生态思想散见于大部分作品之中：《幸福的意义》（*The Meaning of Happiness*，1940），《禅之道》（*The Way of Zen*，1957），《自然、男人、女人》（*Nature，Man and Woman*，1958），《道：水之道》（*Tao：The Watercourse Way*，1975），等等。① 作为首个全面系统地向西方传播禅宗和道家自然观的西方人，瓦茨将东方传统思想进行了通俗化的解释，极大地促进了东方生态思想在西方的普及。但由于瓦茨一生我行我素，目前国内外学术界均未给予他足够关注。

和很多西方人一样，瓦茨对中国风景画中所展示出的天人和谐印象深刻。在他看来，中国画完全体现了人是自然的一部分的道家哲学。在评论名为"在月光下饮酒的诗人"的中国风景画时，他这样写道：

> 当你欣赏任何一幅此类的画作时，你首先看到的是广袤的风景。只有在你非常仔细地、几乎是用放大镜寻找之后，你终于发现在画作的某个角落有个诗人在那儿饮酒。如果是一个西方画家来画和"在月光下饮酒的诗人（*Poet Drinking by Moonlight*）"相同的主题，诗人将会成为中心人物，占据整个画作，而风景仅仅是背景。当然有些中国画家擅长画家庭肖像以及祖先端坐于宝座上的非常正式的画作，不过受到道家和禅宗启发的画家们会把人描绘成自然的组成部分。②

在瓦茨看来，远东的艺术是自然的作品，而不是征服自然。但是在西方，即使"文艺复兴时期的艺术对作为泥土的自然也几乎或完全没有兴趣。自然只是被从人的角度来看待；风景仅仅是画作中的背景。西方从来

---

① . Alan Watts, *The Meaning of Happiness：The Quest for Freedom of the Spirit in Modern Psychology and the Wisdom of the East* , New York：Harper Colophon Books，1968；*The Way of Zen*，New American Library，1957；*Nature，Man and Woman*，New York：Pantheon Books Inc. , 1958；*The Philosophies of Asia*，Boston：Tuttle Publishing，1999；*The Tao of Philosophy：The Edited Transcripts*，Boston：Tuttle Publishing，1995.

② Alan Watts, *Eastern Wisdom，Modern Life，Collected Talks 1960 - 1969* , Novato，CA：New World Library，2006，p. 116.

没有出现过具有中国风景画那种意义和情愫的专门画自然的重要的
画派。"①

早在 1940 年，在《幸福的意义》一书中，瓦茨就提出一个观点：现
代人的不幸福感源于人的灵魂同自然的分离。这种分离是"一种由文明
发展带来的现象"②，但更主要是一种西方现象，因其根源在于西方传统
中的二元对立思维方式。同铃木大拙一样，瓦茨认为，这种人与自然的分
离可追溯到中世纪天主教哲学，这种哲学将"永生的灵魂只是给了人类，
并将其余所有的生物供人使用"③。结果是，"西方人谈征服这个，征服那
个"，"他们令人惊讶和恐怖的技术能够将楼房升到空中一千英尺高，但
是他们的道德准则却允许他们在几个月内摧毁整片森林。"④ 这种现代西
方人的疾病在亚洲并不存在，因为这样的人类中心主义思想并不得到佛教
或者印度教的认同。为了摆脱这种不幸福感，西方人必须学习东方智慧，
寻求与自然的"合一而非分离"⑤。

瓦茨认为，东方哲学中体现的天人和谐是西方传统中缺乏的。他写道：

> 道家、儒家和禅宗均传达出完全以宇宙为家的思想，人类将自己
> 看作是其生存环境的有机组成部分。人类的智力并不是在远处的、被
> 囚禁起来的精神，而是完全具有内在平衡的有机自然世界的一部分，
> 这些原则最早在《易经》里得以探讨。天和地是这个有机体内的相
> 像的成员，自然是我们的父亲和母亲，因为自然之道原本体现为阴和
> 阳——男人和女人，肯定和否定，通过动态平衡，维持世界的秩
> 序……我们认为的尖锐对立：精神与自然，主体与客体，好与坏，艺
> 术与媒介，对这个文化来说相当陌生。⑥

瓦茨认为，西方的二元对立思维、进步观念及技术力量都促使人类疏
离自然。而且，"西方通过科学和技术改变自然面貌的实验根植于基督教

---

① 转引自 David Stuart, *Alan Watts*, Radnor, Pennsylvania: Chilton Book Company, 1976,
p. 105。
② Watts, *The Meaning of Happiness*, p. 10.
③ Stuart, *Alan Watts*, p. 71.
④ Watts, *The Meaning of Happiness*, p. 70.
⑤ Watts, *The Meaning of Happiness*, p. 11.
⑥ Watts, *The Way of Zen*, p. 170.

的政治宇宙观。"① 如同基督教认为自然是上帝所造，17 世纪以来蓬勃发展的西方近代科学将世界看成一个人造体："牛顿概念已浸透到我们普通常识的根基。不是将世界看成是一个生命体，而是将其看成是一个建构，一个人工制造，由此人必须通过分析它的各个组成部分来了解如何操作这台机器。通过把各个部分分割，我们把宇宙分解得支离破碎，我们把所有进行中的事情看成是由一点点的信息组成的。"② 瓦茨认为，在研究自然时采用分析和抽象的模式助长了"将自然视为孤立的原子组合及非整体的观念，当科学变成技术，人类开始控制自然，这种观念的劣势便显现出来"。③

瓦茨在道家思想中看到了巨大的生态价值："要懂得人并不是自然界的一个受到挫折的局外人，中国哲学中的道家思想传统可以给我们提供最有价值的启示，道家思想传统的影响同时渗透在禅宗和新儒学中。"④ 将道家思想的宇宙观和西方基督教代表的世界观进行对比时，瓦茨看到了东西方的根本差异：

> 道和通常意义上的神之间的重要差异是，神制造世界（为），而道的世界是"无为"的——和我们说的"生长"大致相似。因为制造东西是将各个单独的部分拼凑到一起，类似机器，或者事物的形状构造像雕塑一样是由外向内。而生长出来的事物是由里向外将自身分成部分。⑤

对他而言，道家的自然观"无为"体现的是"一种自我调整的、自治的、真正的民主有机体的总和。它们聚在一起，这个总和是道"。⑥ 因为宇宙在不断地生长，而不是由神制造出来的，又因为人是自然的一部分，所以，人类应该顺应自然的有机法则，而不是去控制它。

瓦茨对道家世界观的认同特别反映在他的遗作《道：水之道》之中，该书是瓦茨和著名太极大师、哲学家黄忠良（Al Chung-liang Huang）共

---

① Watts, *Nature, Man and Woman*, p. 52.
② Watts, *The Tao of Philosophy*, pp. 85-86.
③ Watts, *Nature, Man and Woman*, pp. 60-61.
④ Watts, *Nature, Man and Woman*, p. 8.
⑤ Watts, *The Way of Zen*, p. 29.
⑥ Watts, *Eastern Wisdom, Modern Life*, p. 116.

同合作完成的。在该书前言，瓦茨写道：

> 大约在公元前五到四世纪，一些中国的哲学家著书立说以解释关于生活的想法和道理，形成了我们现在所知道的道家思想——关于人顺应自然世界的发展或潮流的原则，这些原则我们可以在流动的水、升腾的气、跳动的火焰中找到，随后被那些石头、木头及后来许多不同的人类艺术形式所记录或雕刻。他们所说的对我们的时代而言具有不可估量的重要性，在这个时代我们认识到，使用技术力量去统治自然并征服它的努力可能会导致最严重的灾难。①

瓦茨认为过分使用技术导致了不断恶化的生态问题，他对此深表担忧：

> 的确，西方科技的整个目标就是"让世界变得更美好"——只有欢乐，没有痛苦，只有财富没有贫穷，只有健康没有疾病。但如今显而易见的是，我们在努力实现这个理想的时候，残暴地使用诸多武器，如滴滴涕、阿莫西林、核能量、机动车辆运输、计算机、集团化的农业、筑坝，通过法律手段迫使每个人达到表面的"好和健康"，但实际上这种努力所带来的问题比它们能够解决的问题更多。②

瓦茨认为，科学带来的害处比好处更多，但他也并未完全否认科学的价值，而是主张在治理自然的时候遵从"道"，以便更明智地使用现代科技。从道的角度来看，"生活的艺术更多在于航行而不是战争，因为重要的是要懂得风、潮水、水流、季节、生长和腐化的主要原则，这样人便可以使用他们，而不是与他们作斗争。"基于此理解，瓦茨认为，道家对于技术的态度值得推广："道家并不反对使用技术本身。真的，庄子的写作中充满了对通过'顺应规律'的原则而达到精湛的技艺和技巧的描述。因此要说明的一点是，技术只是在某些人手里才具有灾害性，那些人没有

---

① Alan Watts, *Tao: The Watercourse Way*, New York: Quality Paperback Book Club, 1994, p. xiv.

② Watts, *Tao: The Watercourse Way*, p. 20.

认识到他们和宇宙遵循同一过程。"①

在该书的前沿，瓦茨承认他借鉴了李约瑟的《中国科学技术史》中的一些观点。而在写作过程中，他和李约瑟也有书信往来，并从李约瑟那里得到了极大鼓励。此外，他也充分吸取了老子、庄子、铃木大拙的诸多观点。

三　道家科学思想的传播

自17世纪西方近代科学成为一门独立学科以来，科学与宗教乃至人文就逐渐分离，并逐渐发展成为两个敌对的阵营。如果说铃木大拙和瓦茨从宗教哲学角度对西方的人与自然二元对立思维进行的批判还不足以触动信奉唯科学主义者的神经，科学家出身的英国人李约瑟将从道家科学的角度对西方的唯科学主义进行尖锐批判。

1937年，年仅37岁的李约瑟已经是英国剑桥大学鼎鼎有名的化学教授。某一天，在他的实验室里，李约瑟首次见到了前来求学的、来自中国的鲁桂珍，从此两人结下了一段旷世奇缘，而他的人生轨迹从此也与中国结缘：学习汉语，练习书法，研究中国科技史，多次到中国实地考察，毕生投入到撰写中国科技文明史的伟大事业之中。李约瑟一生担任了许多重要角色，但最被后世铭记的是他作为中国科学和技术的历史学家的身份。1948年，在中国助手的帮助下，李约瑟开始进行题为"中国科学与文明"的庞大研究项目。反映该项目研究成果的第一本书于1954年出版，在他1995年去世之前，相继有18本著作出版。作为一个具有里程碑意义的工程，这套旷世巨著"被公认为是西方历史上关于中国解释的最伟大的书"②。瓦茨将此研究描述为："这个时代最壮丽的、具有历史意义的事业。"③该套丛书的出版不仅向西方揭示了中国在古代科学方面的丰富遗产，帮助西方人重新认识了中国曾经有过的辉煌的科学与文明，也纠正了长期以来在西方广为流传的一个误解，即中国在历史上根本没有科学而言。李约瑟还提出了一个发人深省的问题：为什么科学传统曾如此发达的中国会在15世纪以后一蹶不振，没有发展出可与西方分庭抗礼的近代科

---

① Watts, *Tao：The Watercourse Way*, pp. 20–21.

② Simon Winchester, *Bomb, Book and Compass：Joseph Needham and the Great Secrets of China*, London：Viking, the Penguin Group, 2008, p. 10.

③ Watts, *Tao：The Watercourse Way*, p. xv.

学？这个问题后来被称为"李约瑟问题"，至今仍是学术界广泛讨论、悬而未决的问题。

李约瑟热爱中国文化，尤其对道家思想情有独钟，常自称为是老子李耳的信徒。李约瑟可谓是在世界范围内宣传道家科学思想的第一人。他将儒家与道家思想作比较，认为儒家思想虽然注重理性，反对宗教中的超自然成分，有利于科学发展，但由于儒家思想过分注重个人修养和社会秩序，专注于对"事"的研究却忽视了对"物"的研究。而道家对中国科技的发展有着重要贡献，"道家对自然界的玄思洞识，完全可与亚里士多德以前的希腊思想媲美，而为一切中国科学的根基。"①

在丛书的第二辑《科学思想史》，李约瑟花了许多笔墨来论述道家思想对科学发展的影响。依据诸多第一手史料，李约瑟作出如下论断：五行理论、阴阳理论、《易经》等道家思想构成了中国科学的理论基础。与此同时，古代不少道士在地理、采矿业、化学等方面作出了创新性贡献。因此，李约瑟认为，道家思想是近代科学的先驱，并总结如下：

　　一、尽管道家思想中有政治上的原始共产主义，宗教上的神秘主义和一些追求长生不老的修炼方术，然而，它却在很多方面发展了科学态度。道家对于自然的猜想与洞察，是中国一切科学思想的基础。
　　二、道家认识到事物变化的普遍性，这是他们深刻的科学见解之一。
　　三、道家的科学思想与民主思想是结合的。他们攻击封建制度，他们反对知识主要是反对封建的知识，并不是反对关于自然的知识。
　　四、科学的产生必须要有学问者和手工业者结合，道家和儒家不同，他们与手工业者接近。
　　五、道家要求长生的思想对科学发展有过巨大的作用。例如中国炼丹书的起源，即较世界任何各地为早。②

李约瑟指出：道家的"无为"思想是指依据自然界内在的原则来做该做的事，不做不该做的事，这是道家科学区别西方科学的典型特征。和西方科学鼓励人去积极征服自然的原则不同，道家的"无为"概念鼓励

---

① 李约瑟：《中国古代科学思想史》，陈立夫等译，江西人民出版社1999年版，第2页。
② 王钱国忠：《李约瑟传》，上海科学普及出版社2007年版，第175—176页。

用顺势、柔和的方法改造自然，强调按照自然法则而不是人的意志来改造世界。李约瑟认为，道家科学所倡导的"无为"思想可以克服西方近代科学过分强调征服自然的缺陷。

李约瑟认为西方科学发展并不令人满意，最大的缺点是忽视了人的精神生活的提升。因此，他对中国"天人合一"的人文思想表示赞扬，并认可"天人合一"的思想能促进"开物成务"的科学发展的说法。[1] 李约瑟盛赞中国的有机论思想，认为是中国两千多年的哲学思辨之最高综合。在一篇名为《历史和人类价值：从中国人的角度看世界科学和技术》（*History and Human Values：A Chinese Perspective for World Science and Technology*）的文章中，李约瑟充分肯定了由中国传统的整体思维方式衍生出来的有机自然观和辩证逻辑对中国古代科技发展所起的巨大促进作用，并指出了由西方形而上学的思维方式衍生出来的形式逻辑、唯科学主义及机械唯物论的危害性。[2] 作为一名科学家，李约瑟在承认西方科学是"最高文明的一个组成部分"的同时，也明确指出其弊端："真是太显而易见的事情了，现代科学和技术，无论是在物理的、化学的，还是生物的领域，现在每天都在进行着对人类及其所处的社会带来巨大的潜在危险的发现。"[3] 要控制这种潜在危险，要采取的措施"必须是基本的伦理或政治的"，而不是依赖科学本身。在这个意义上，他认为，中国古代哲学中包含的有机世界观可能会对世界是个无价之宝。第一，中国的内在伦理可能会帮助西方解决由科学发展带来的问题，保障人类的幸福生活。第二，在颂扬古代中国人创造出巨大的科学成就的同时，他也认为中国人对自然的态度"更具有耐心，少了征服性，能更柔性地对待自然资源"[4]。换言之，尽管人类不可能完全放弃科学以重返科学出现之前的无知状态，但我们仍然可以通过采用顺应自然法则的科学手段来改造世界，尽量降低对自然的负面效应。

有意思的是，李约瑟写这篇文章的时候，已经阅读了《物理学之道》，并注意到卡普拉和他一样都倡导现代科学和东方传统智慧之间的联

---

[1] 王钱国忠：《李约瑟传》，上海科学普及出版社 2007 年版，第 174 页。

[2] 王钱国忠：《李约瑟传》，上海科学普及出版社 2007 年版，第 251 页。

[3] Joseph Needham, "History and Human Values：A Chinese Perspective for World Science and Technology," Inaugural Martin Wickramasinghe Lecture, Martin Wickramasinghe Trust, 1978, p. 2.

[4] Joseph Needham, "History and Human Values：A Chinese Perspective for World Science and Technology," Inaugural Martin Wickramasinghe Lecture, Martin Wickramasinghe Trust, 1978, p. 23.

姻。卡普拉的《物理学之道》中也引述了不少李约瑟的观点。总之，李约瑟的研究对西方学者重新评价古代中国的科学观起到了风向标的作用，推动了西方社会对道家思想的积极正面的认识。在他的努力下，传统上一般认为道家思想无科学可言的固有认识被打破。更重要的是，受他的启发，很多西方学者开始对道家的生态价值进行研究。

四　西方科学的最新发展与东方神秘主义的契合

如何说李约瑟纠正了长期以来西方学者对建立在道家哲学基础之上的中国科学的误解，美国粒子物理学家卡普拉则在此基础上更进一步：将东方古代神秘主义和建立在现代物理学上的新的科学观联结在一起。

卡普拉是奥地利籍物理学家，1996 年在奥地利获得理论物理学博士学位后，先后在巴黎大学、伦敦帝国学院、加州大学、斯坦福大学等名校做研究。后执教于加州大学伯克利分校，1995 年在该校创立了生态教育/素养研究中心，并担任该中心的主任。《物理学之道》(*The Physics of Tao*) 是他于 1975 年出版的第一本专著，也是他目前最有影响力的专著，问世以来已再版多次，并被译成 20 多种语言出版。除此之外，他还著有《转折点》《不平凡的智慧》等。

卡普拉是目前美国最著名的生态研究学者之一，积极倡导学习古典东方智慧来解决西方现代生态危机。和李约瑟一样，他本是科学家出身，但对架构东西文化桥梁有着浓厚的兴趣。卡普拉的《物理学之道》分析了现代物理学和东方神秘主义传统之间的契合。在他看来，建立在量子理论和相对论基础上的现代物理学颠覆了主宰西方四个多世纪的、建立在古典物理学基础上的机械论世界观，而新的现代科学观与从印度教、佛教、禅宗、道家学说中衍生出来的古代东方神秘主义的世界观非常接近，具体体现在以下诸多方面：所有事情和事件在宇宙中融合为一；所有相互依存的对立面之间的动态的相互作用；空间和时间的相对性；大一统的宇宙的动态本性：运动、流动和改变；空和形，虚拟颗粒和"物理真空"之间的动态统一；次原子世界的连续能量的宇宙之舞蹈——有节奏的创造和破坏的过程；作为新的公案的夸克对称；在不断变化和转化的世界里的所有现象之间存在着动态的相互关系；每一事物和其他事物之间的相互渗透等等。卡普拉向我们展示了一个非机器构造的物质世界，一个和谐的有机体，其中的每个原子及其组成部分只能通过它们之间的相互关系来认识。

人，作为观察者，也是这个宇宙整体的有机组成部分。这个新的世界观，将现代物理学和古代东方智慧相连，促成了有机科学世界观的形成。

卡普拉认为，无论是道家、道教还是印度教、佛教，"他们的信徒的最高目标是认知所有事物的统一和相互联系……"并指出，"东方哲学有机的'生态学'的宇宙观无疑是它在西方，尤其是年轻人中广泛流传的主要原因之一"①。卡普拉相信在道家思想中蕴藏着丰富的生态智慧。在他关于东方神秘主义传统的论述中，卡普拉从李约瑟和铃木大拙的著作中吸取了不少观点。并且，在书中，他承认瓦茨对他的启发也很大。通过将"道"一字放在书名中，卡普拉帮助培养了对道家自然观的兴趣。现在他的这本书"被认为是绿色文学的经典读本之一"②，对西方现代生态运动产生了深远影响。卡普拉由此被认为是积极推广道家生态价值的学者之一。

在他的第二本名为《转折点》的专著中，卡普拉认为，整个世界面临着深层次的危机，影响到"我们的健康，生存，我们生活的环境和我们社会关系的质量，我们的经济，技术和政治"③。这些从广义上看都可叫作生态危机。真正存在的问题是：我们传统的观察世界的方式是建立在机械论基础之上的，在社会快速变化的今天，已经不可能再用机械论思想来解释新出现的各种社会问题。要解决危机，必须摆脱传统的二元对立的思维方式。正如从古典物理学到现代物理学的范式转变一样，我们对现实的观察必须从传统的机械论视角转变为整体主义视角。卡普拉依据《易经》里的阴阳框架进一步阐明他的观点。阴阳作为道家学说的两个重要概念，表面上看与西方的二元对立类似，也是代表了两种力量或两个实体的存在，但它和二元对立的本质区别在于：阴、阳之间的关系是既对立又同一的，两者通过不断的相互转换达到动态平衡，而二元对立代表的是永远固定不变的对抗。卡普拉认为，传统的笛卡尔的世界观只是宣扬从阳性的角度看世界，重理性知识，轻直觉智慧；重科学轻宗教；鼓励竞争而不是合作，对自然资源进行剥夺而不是保护等。这种崇阳而不尚阴的文化导致了深层次的文化失衡，也是目前西方生态危机的根源所在。生态危机是

---

① F. 卡普拉：《物理学之道》，朱润生译，北京出版社 1999 年版，第 10—11 页。

② Peter Hay, *Main Currents in Western Environmental Thought.* Bloomington, IN: Indiana University Press, 2002, p. 96.

③ Fritjof Capra, *The Turning Point: Science, Society, and the Rising Culture.* New York: Bantam Books, 1988, p. 21.

多层面的危机，我们必须顺应自然发展的规律而不是反对它；我们需要与自然合二为一。

作为最有影响的生态研究者之一，卡普拉在深层生态学领域发挥了先锋作用。通过将西方现代物理学和古代东方智慧相结合，他架构起了一座能够跨越东西方鸿沟的桥梁。古代东方智慧依靠直觉获得的认识，西方现代物理学通过现代科学方法取得了共识，可谓殊途同归。

第四节　西方现代生态话语中的中国元素

"天人合一"是中国文化中一个极其古老而又重要的概念，在哲学、美学、民俗学等领域均占据着至关重要的地位。与此同时，"天人合一"也是中国传统上处理人与自然关系的核心观念，坚持人与天地万物融合为一体，和谐共生。在 20 世纪 60 年代西方现代生态危机爆发后，西方不少生态研究者认为西方传统所倡导的人类中心主义思想和现代工具理性是导致生态危机的根源，于是将注意力转向东方，希望能从东方传统思想中找到医治现代生态危机的良药，由此，"出现明显的向'东方生态智慧'回归的倾向。其中，中国传统的'天人合一'思想作为一种具有独到的深刻思想内涵的哲学命题，它所具有的现代生态伦理价值，即对于维护现代人类所处的整个生态系统的平衡，协调人与自然的关系所具有的现实道德意义，正越来越受到人们的重视"①。

玛丽·伊夫琳·塔克（Mary Evelyn Tucker）是美国著名过程思想家，也是推动生态与宗教对话的领军人物。在《世界观与生态学》（*Worldviews and Ecology*）一书中，塔克指出，东方宗教的某些方面可为重新评价人类与自然的关系提供希望。当我们在人类与地球的关系中寻求一种新的平衡时，很明显，来自其他宗教和哲学传统的观点可能有助于形成新的思维方式，并更适于在广袤大自然的节奏和不可避免的限制之间达成平衡。随着我们基于自然的世界观有了更清晰的定义，我们希望我们的行为既能反映道家对自然生态的欣赏，也能体现儒家对社会和政治生态的

---

① 王正平：《环境哲学——环境伦理的跨学科研究》，上海教育出版社 2014 年版，第 17 页。

承诺。① 本节将聚焦在中国土生土长的两大哲学思想，即道家和儒家思想，深入阐述两者对西方现代生态话语的影响。

一　道家思想的生态化阐释

20 世纪之前，道家思想在西方并不受待见，因其一直处于儒家学说的阴影之下。但自 20 世纪以来开始大行其道，影响力不断攀升，甚至赶超儒家思想，其中一个重要原因是源于其蕴含的现代伦理生态价值。道家自然观的"无为""顺应自然"等思想是对主张物我对立的西方近代科学的、机械的自然观的颠覆。

（一）道作为新的哲学基础

西方现代生态危机爆发后，休斯顿·史密斯（Huston Smith，1919—2016）在其 1972 年发表的《道：一个生态信念》一文中倡导将道家思想作为新的哲学基础来解决西方的生态问题。② 史密斯来自一个来华传教的美国传教士家庭，在中国苏州出生、长大，17 岁时回到美国，1945 年在美国芝加哥大学获得哲学博士学位，之后成为一名大学教授，大部分学术生涯在圣路易斯华盛顿大学（1947—1958）、麻省理工学院（1958—1973）以及雪城大学（1973—1983）度过。1983 年，史密斯从雪城大学退休并移居加州伯克利，成为加州大学伯克利分校宗教研究机构的访问教授，直至去世。史密斯是比较宗教哲学的领袖人物，被公认为是宗教史权威及世界宗教学研究最具影响力的人物之一。

在这篇文章中，史密斯指出：西方人有必要转变对待自然的态度，因为西方目前的生态困境部分源于长期以来固有的自然观念。从认识论的角度看，史密斯认为理性观念影响着整个西方文化，西方文化提倡"客观的真理，客观的知识，以及将理性看成分离和控制的观念"。西方文明的进步使人类与自然世界产生了距离，使人类对包括自然世界在内的一切事物进行物化，这是现代西方文化最鲜明的特征，也是导致生态危机爆发的原因。为了解决生态危机，史密斯主张学习中国人的自然观，将宇宙看成

---

① Mary Evelyn Tucker and John A. Grim, *Worldviews and Ecology*, Lewisburg, Pa.: Bucknell University Press, 1993, p. 158.

② Huston Smith, "Tao Now: An Ecological Testament," in *Earth Might be Fair: Reflections on Ethics, Religion, and Ecology*, ed. Ian G. Barbour. Englewood Cliffs, New Jersey: Prentice - Hall, Inc., 1972, pp. 62-81.

是由一个个相互依赖的部分组成的有机整体。他特别提到要采用道家思想中的"道"作为新的生态信念。在他看来，"道"的观念具有以下优点。首先，它提倡相对性而不是绝对性。其次，它认为世界是相互渗透、互为依存的。阴阳鱼符号表明伟大的创造力和伟大的同情心之间应该很好地维持平衡。在阴阳之间没有二元论的思想，也没有严格的划分，而是以因陀罗之网为象征的不断流动。因此，道家自然观可修正长期以来主宰西方的二元对立的人与自然关系。

贝尔德·克利考特（J. Baird Callicott，1941—）是美国环境伦理学的先锋人物，1971 年开始教授世界上第一门环境伦理学课程，1994 年至2000 年间担任国际环境伦理学会副会长及会长。他的教学和研究一直处于环境哲学和伦理学新领域的前沿。他撰写的专著 *Earth's Insights* 被认为是环境伦理学的经典著作之一。在其中，他写道："当代西方环境伦理学家在探寻东方思想传统的过程中，主要借鉴了道家的思想。"①

（二）道家思想与深层生态学

道家思想与西方深层生态主义学派的诸多观点有着惊人的一致性，所以深得深层生态学家们的青睐。克利考特称道家思想为"传统的东亚深层生态学"②。总体而言，道家思想在以下三方面与深层生态学观点相吻合：第一，人类在自然世界中并不享有特权。第二，坚持"无为"和"顺应自然"，相信自然是可以自我调节的，相信人类的强力干预是不必要的，也是不受欢迎的。第三，崇尚简单的生活，拥有最少的科技和物质。下文将作具体阐述。

1. 深层生态学理论概述

"深层生态学"（Deep Ecology）一词由挪威生态哲学家阿恩·奈斯（Arne Naess）首创。1972 年在匈牙利布加勒斯特的一次会议上，奈斯首次使用"深层生态学"一词。1973 年，他将自己的演讲写成了一篇题为《浅层和深层，长期的生态学运动：总结》（*The shallow and the deep, long-range ecology movement. A summary*）③ 的文章予以发表。根据奈斯的阐

---

① J. Baird Callicott, *Earth's Insights*, Berkeley and Los Angeles: University of California Press, 1994, p. 67.

② J. Baird Callicott, *Earth's Insights*, Berkeley and Los Angeles: University of California Press, 1994, p. 67.

③ Arne Naess, "The shallow and the deep, long-range ecology movement. A summary", *Inquiry: An Interdisciplinary Journal of Philosophy*, Vol 16, No. 1–4, 1973, pp. 95–100.

释，"深层生态学"是相对于"浅层生态学"（Shallow Ecology）而言的。"浅"与"深"用来指对待环境问题的两种立场或态度。持浅生态学立场的人并没有在非人类的生命形态中看到内在价值，也并不认为现有的文明形态和消费经济体系存在任何问题。他们认为，面对生态危机，应该采取一些必要的解决措施，但全然不必从哲学或宗教层面来思考生态危机，对于人与自然关系的基本看法也无须作出任何改变。人类应该利用自然，尽管需要谨慎行事。因此浅层生态学强调节约自然资源、减少空气和水污染，以及采取其他政策来促进人类健康和福利。

而深层生态学的立场截然不同，其中形容词"深"用来表示一种"探究的方法"，指要突破"浅层生态学"的认识局限，对所面临的环境问题不是简单地寻求修修补补，而是要从思想上改变我们对待自然世界的态度。正如奈斯所言，深层生态学的本质是问深层次的问题。

> "深"强调我们问为什么，怎么样，问其他人没有问的问题。例如，生态学作为一门科学，没有问什么样的社会对于保持一个特定的生态系统而言是最好的——这被认为是价值理论问题，是政治问题，是伦理问题……①

深层生态学主张观念、价值观和生活方式的根本转变。深层生态学的基本前提是相信自然的内在价值，对工业唯物主义和技术进行批判，强调生态原则在人类道德评价和行为中的应用。1984 年，奈斯和美国深层生态学的奠基人之一乔治·赛辛司（George Sessions）共同写下了关于深层生态学的八项声明，全面阐述了深层生态学的观点。深层生态学的核心概念包括："生物中心平等"（biocentric equality）或"生物圈平等主义"（biospherical egalitarianism）。深层生态学认为，有生命的（和无生命的）世界是由相互联系、相互依存、相互构成的生物共同组成的。在生物圈里的万事万物，包括人类和人类之外的所有生物，属于这个整体的一部分，都具有内在价值（intrinsic worth），都有平等的权利去生存和发展。

基于以上观念，奈斯提出了"自我实现"（Self-realization）的观点。在此生物圈里的自我不再是西方传统意义上的"自我"（ego, self），而

---

① Bill Devall, and George Sessions, *Deep Ecology*, Salt Lake City: Gibbs Smith, Publisher, 2007, p. 74.

是"深广的生态自我"。人不再是孤立的个体,而是无所不在的关系物;自然也不再是与人分离的僵死的客体,而是"扩展的自我"。"自我实现"不只是某个个体的自我完成,而是需要在更大的自我实现中获得自身发展和自我实现的个体形式,自我实现也是所有事物的潜能的实现。与包罗万象的自我实现密切相关的是,如果我们伤害了自然的其他部分,那就等同于我们伤害了自己。

2. 道家思想与深层生态学的会通

深层生态学虽为奈斯提出,但常被看作一个伞形术语,用来描述不同派别的倡导非人类中心主义的环境伦理学。在《当代环境思想的东方转向及其问题》一文中,雷毅指出:"在当代环境运动由浅层向深层转换过程中,一些生态主义者为摆脱环境运动及其意识形态面临的困境转而求助东方古老的生态智慧。"① 东方文化之所以吸引西方深层生态学者,是因为"东方文化强调以主客交融、有机的、灵活的和人性的方式来认识和对待自然,它追求的目标是人与自然的和谐与统一。这与西方文化传统强调人与自然、科学与价值的分离,事实与价值之间的不可逾越形成鲜明对照"②。而在中国道、儒思想中,尤其受到推崇的是道家思想。奈斯认为,道家思想与其他宗教共同成为深层生态学的哲学基础。他指出:"截至目前,从事深层生态运动的人透露他们的哲学或宗教渊源主要是基督教、佛教、道家思想、巴哈伊教或其他哲学。"③ 在奈斯来看,要解决生态危机,必须从观念上彻底改变以往人类对待自然的态度,借助包括道家哲学在内的非西方主流哲学来建构一套全新的旨在重构人与自然和谐关系的价值体系,以此取代现代西方工业社会的主导价值模式,而道家思想中有以下三方面值得借鉴:

首先,关于人类在自然界中的位置问题,道家思想中的"道"与深层生态学的"大我"有异曲同工之妙。

"大我"的"自我实现"是奈斯提出的深层生态学的核心理念,是实现"生物圈平等主义"、重建人与自然和谐关系的基本前提。在奈斯看来,

---

① 雷毅:《当代环境思想的东方转向及其问题》,《中国哲学史》2003 年第 1 期。

② 雷毅:《当代环境思想的东方转向及其问题》,《中国哲学史》2003 年第 1 期。

③ Arne Naess, "The Deep Ecological Movement: Some Philosophical Aspects," from *Deep Ecology for the 21st Century*, ed. George Sessions, Boston: Shambhala Publications, 1995, p. 79.

自我实现是环境规范赖以产生的体系之基础。成熟的人类个体具有宽广的自我，承认自我实现的权利是万事万物都拥有的，并寻求建立一种社会秩序，或者更确切地说，是一种生物圈秩序，允许各种生物最大限度地发挥自我实现的潜力。①

奈斯认为自我实现与道家思想中的"道"有深度契合。"自我实现是生命潜能的实现……当我们认同宇宙时，我们的自我实现能力会随着个体、社会、甚至物种和生命形式自我实现方式的增加而不断增强。因此，宇宙越具多样性，我们获得的自我实现的空间就会越大。个体和整体之间的这种看似二元性，蕴含在我所称的"大我"和中国人所称的"道"之中。"②

深层生态学派在美国的两位先锋人物比尔·德韦尔和乔治·塞辛司在他们的奠基之作《深层生态学》一书中也指出：东方古典思想，其中《道德经》是重要来源之一，极大地激发了当代深层生态学者。③ 他们认为：道的形象就是有机的自我，"道家的生活方式是基于同情、尊重和对一切事物的爱。这种同情源于自爱，而自我是更大的自我的一部分，并不是对个体本我的自爱。"④ 的确，在道家思想中，"道"是天地之母，万物之宗，是浑然一体的宇宙本体，孕育并滋养着万物，并成为天地万物生生不息的源泉和动力。如果"大我"能达到"道"的境界，我们赖以生存的地球便真正能成为生态和谐的美好世界了。

深层生态学家们希望借助现代生态学和东方传统生态智慧来颠覆长期主宰西方的机械论思想，因两者均强调整体主义和有机论思想，对宇宙和生命的观念有诸多契合之处。在雷毅来看，西方深层生态运动对东方传统生态智慧的关注，主要在于它为现代生态学提供了一种形而上学的表达。这就是为什么他们推崇道家、佛教，而不太重视儒家的缘故。在深层生态

---

① Naess, "The Place of Joy in a World of Fact," in Sessions, *Deep Ecology for the 21st Century*, p. 257.

② Bill Devall, and George Sessions, *Deep Ecology*, Salt Lake City: Gibbs Smith, Publisher, 2007, p. 76.

③ Bill Devall, and George Sessions, *Deep Ecology*, Salt Lake City: Gibbs Smith, Publisher, 2007, p. 100.

④ Bill Devall, and George Sessions, *Deep Ecology*, Salt Lake City: Gibbs Smith, Publisher, 2007, p. 11.

主义者看来，道家与佛教思想中的反等级态度和生态中心主义平等观念十分明确并且前后一致，而儒家则有明显的等级观念和人类中心主义倾向。因此，儒家思想在深层生态学者们那里并不受待见。①

其次，道家思想中的"顺应自然"观念可为深层生态哲学奠定基础。塞尔凡（Richard Sylvan）和本尼特（David Bennett）认为道家思想可以进一步丰富和完善深层生态学的相关理论。他们从诸多方面对道家思想与深层生态学进行了详细对比分析，然后得出如下结论："中国古代道家哲学可为深层生态学提供诸多启示，特别是在那些尚未完全阐明的领域。最值得注意的是，道家强调遵循'道'的必要性——本质上是'顺应自然'——为创建更完善的生态生活哲学奠定了基础。"② "顺应自然"思想是对西方传统中人与自然关系模式的否定。西方传统上认为人类凌驾于地球及其他生物之上，享有至高无上的主导地位，可对地球上的一切行使支配权，由此也助长了人类肆意蹂躏自然的行为，这也是产生现代生态危机的根源所在。虽然在生态危机爆发后，西方社会对传统上人与自然关系的建构模式进行了反思，将人类从地球的主宰者重新定义为看护者，但其中蕴含的人类优越感依然存在。在奈斯和赛辛司 1984 年发布的深层生态学的八项声明中，第六条明确指出："目前人类对非人类世界的干涉是过度的，而且情况正在急剧恶化。"但"顺应自然"的观念恰好是倡导尽量减少对自然的干预，任其自由地发展。塞尔凡和本尼特认为道家思想中没有人充当地球"管家"的概念，因为道家思想提供了一种'顺其自然'的方法来处理人类与自然的关系，强调对管理和相关生活方式的"放手"态度，对于道家而言，自然或多或少是顺理成章的，不需要额外的人为的干涉。③ 因此道家的"无为"思想倡导的是真正环境友好型的生产和生活方式。

最后，道家思想和深层生态学者都崇尚简单生活。塞尔凡和本尼特认为：西方对权力、名誉、竞争、财产、过剩物品、无用的（小的）知识

---

① 雷毅：《当代环境思想的东方转向及其问题》，《中国哲学史》2003 年第 1 期。

② Richard Sylvan, and David Bennett. "Taoism and Deep Ecology." *Ecologist*, Vol. 18, Nos. 4/5, 1988, p. 148.

③ Richard Sylvan, and David Bennett. "Taoism and Deep Ecology." *Ecologist*, Vol. 18, Nos. 4/5, 1988, p. 155.

的追求，一直以来都被道家思想所排斥。① 正如奈斯和赛辛司在深层生态学的八项声明中的第七条倡导的那样，应追求"对生活质量的欣赏（安于固有价值境界），而不是追求越来越高的生活水平"。道家思想一向鼓励人们清心寡欲，安贫节俭，与西方主流文明观点和主导生活方式形成鲜明对照。它抛弃或颠覆了许多主流价值观，以及大多数主流的组织和通行的做事方式。② 对于每个个体来说，"见素抱朴，少私寡欲"（《道德经》第十九章）是建立生态和谐世界的前提。这也是道家思想与西方深层生态学所倡导的废舍离生活方式的共通之处。

（三）道家与生态女性主义

作为一个术语，"生态女性主义"由"生态运动"和"女性主义"两个术语合并而成，由法国女性主义学者弗朗索瓦·德·奥波妮于 1974 年首次提出。作为一种哲学思潮，生态女性主义是女性主义和环境主义结合的产物，是随着 20 世纪六七十年代西方环境保护运动的发展而逐步发展起来的，并随着环保运动和绿色革命的发展日臻成熟。生态女性主义者从女性主义的视角来看待生态危机，认为自然和女性均受到了男权社会的压迫，女性的受压迫和被支配与地球或自然的受压迫和被支配如出一辙。奥波妮希望通过明确这些关联性，将地球从"男性系统"的破坏性影响中拯救出来，恢复其应有的地位。

在西方历史上，地球曾被赋予"女性化"的特征并受到尊崇。在古希腊时期，地球母亲仍然是一个伟大的称呼，女性被认为更接近自然，间或受到高度尊重。然而，随着西方社会的发展，妇女与自然的紧密相连逐渐变得极具负面色彩。在大多数西方文化中，凡是被认为女性化的或接近自然的，其价值比男性化或超越自然的价值要小。生态女性主义者力求重塑大地"母亲"的形象，主张把自然看成生命有机体，而不是人类肆意掠夺和剥削的对象。

在《自然之死》（*The Death of Nature*，1980）一书中，卡罗琳·麦茜特（Carolyn Merchant）研究了西方自 1500—1900 年间关于自然世界的思想和信仰的发展，揭示了等级二元论思想是如何嵌入到西方的科学和宗教中，

①　Richard Sylvan, and David Bennett. "Taoism and Deep Ecology." *Ecologist*, Vol. 18, Nos. 4/5, 1988, p. 152.

②　Richard Sylvan, and David Bennett. "Taoism and Deep Ecology." *Ecologist*, Vol. 18, Nos. 4/5, 1988, p. 158.

并成为西方思想、价值观和态度的基础的。妇女和自然之间的消极联系被认为是"自然的"，结果是妇女和自然都成为被剥削和被统治的对象。自然和人类文化之间的关系对于生态女性主义者来说是存在问题的，因为自然被女性化，妇女的文化角色和地位也随之降低。生态女性主义者拒绝人类文化的男性精英模式，因为这种模式将女性群体和自然排除在外。

西方文化对女性的贬损深受基督教的影响。从历史上看，基督教将女人和自然联系在一起，认为她们天生腐败。例如，一些基督徒认为地球是魔鬼的门户，魔鬼通过女人进入世界，女人比男人离地球更近。基督教领袖们一直教导人们，男人是精神的，女人是肉体的；男人，而不是女人，才是上帝的形象；女性在智力上像孩子一样需要被控制；自然也必须被控制。自然是混乱和不受约束的，因为女性更接近自然，所以让女性受教育是不应该的。有许多教义把女人和自然连接起来，认为女人比男人和上帝更低一等。这些教义中最糟糕的一条宣称，地球被认为与上帝无关，女人和自然要为男人和上帝服务。

自由女权主义（Liberal Feminism）、激进女性主义（Radical Feminism）和社会女权主义（Socialist Feminism）均致力于改善人与自然的关系，均以不同的方式促进了生态女性主义的产生。自由女权主义与环境保护主义改革的目标是一致的，力求通过新的法律法规来改变人类与自然的关系。激进生态女性主义者基于对父权制的批判来分析环境问题，并提供了可以解放女性和自然的选择。社会生态女性主义以资本主义父权制为基础进行分析，认为市场经济将二者作为资源任意使用，因此倡导通过社会主义革命彻底改变妇女和自然的受支配地位。

斯普瑞·特奈克（Charlene Spretnak）、卡洛琳·麦茜特、沃尔·普朗伍德（Val Plumwood）、范达娜·席瓦（Vandana Shiva）等生态女性主义理论家对传统的西方观点提出质疑，认为应该重新思考人类/自然关系、技术的无限制发展及解析性知识的价值。她们对西方文化中这些根深蒂固的性别偏见提出挑战，认为这些偏见扭曲了人类与自然及两性之间的价值观。由此，她们提出应分辨如下三组关系：直觉知识和理性知识；女性的灵性在自然界中的角色；女性与自然之间的生物学意义上的"母性"联系。

生态女性主义者关注的问题在道家思想里都能找到符合他们想法的答案。生态女性主义者反对理性分析，这在道家思想中找到了强有力的支持。普朗伍德认为西方世界对理性知识的依赖是其环境问题的主要根源。①道家思想将关于理性事实的小知识和伟大的知识区别开来，认为伟大的知识是基于直觉、经验和反思的知识，是知识的最高形式。没有内在的直觉智慧，理性是不完美的；逻辑的正确性必须用洞察力来调和。道家思想中的重直觉思想与女性生态主义者的观点不谋而合。

在《东西方女性哲学的潜流》(*The Undercurrent of Feminine Philosophy in Eastern and Western Thought*)一书中，桑德拉·华珊嘉（Sandra Wawrytko）从女性主义视角审视了《道德经》中关于自然的女性角色、直觉知识和女性灵性问题。华珊嘉认为，困扰逻辑思维的混乱恰是直觉知识不可或缺的一部分。她声称，直觉知识，历史上常与女性相联系，包含对现实数据的甄别与接受，这种知识形式注重在一个更广阔的视野下看待变化和机缘等因素，通过这个视野来思考问题，即使是微不足道的事件也可以在整体的背景下理解。她将这一观点与道家哲学中的阴阳变化进行了比较。"这是一个与女性原则非常一致的解释，因为变化被视为一个循环过程，而不是男性视角的线性进展。"②中国哲学认为阴阳是持续的过程，而不是静态的实体；所有的自然都被看作是动态和关系过程的集合。道家认识论将外在事实和逻辑正确性的重要性最小化，取而代之的是一种自发的知识——一种内在的、直觉的女性接受能力。"女性模式"的认识并不排除对事实的需要，而是将之看作直觉知识的补充。阴和阳不是理性主义者认为的二元对立关系，而是互为补充、相互转化的对立统一关系。在华珊嘉看来，直觉知识关注的是经验层面的"在这里——现在"，这与注重预期未来目标的理性方法有显著区别。这种女性化的方法与道家思想非常相似。历史上与女性相关的特质，如屈服、信任、教养、想象力和直觉，如同接纳、接受、创造力、智慧等品质，均被道家思想高度推崇。③因此，生态女性主义和道家学说都是在挑战理智、理性和逻辑正确性的至高无上地位。道家阴阳思想为西方生态女性主义者努力消除长期主宰西方的男女二元对立关系提供了良好的理论参照。

---

① Val plumwood, "Nature, self, and Gender: Feminism, Environmental philosophy, and the Critique of Rationalism", in *Environmental Philosophy*, eds. Michael Zimmerman etc, Upper Saddle River, N. J.: Prentice Hall, 1998, p. 291.

② Sandra Wawrytko, *The Undercurrent of Feminine Philosophy in Eastern and Western Thought*, Washington, D. C.: Umiversity Press of America, 1981, p. 65.

③ Plumwood, "Nature, Self and Gender," p. 300.

二　儒家思想的生态转向

西方现代危机爆发后，哈佛大学的美籍华裔教授、当代新儒家的重要代表人物杜维明（1940—）提出了新儒家人文主义的生态转向，并指出：在过去的 25 年间，中国台湾、中国香港、中国大陆的三位领衔的新儒学思想家钱穆、唐君毅和冯友兰不约而同地得出结论说，儒家传统为全人类作出的最有意义的贡献是"天人合一"的观念，因为这个"合一"包含了地球。①

杜维明从少年时代便开始研习儒家文化，曾师从唐君毅、徐复观；1961 年毕业于中国台湾东海大学中文系，次年去美国深造，获哈佛大学历史与东亚语言学博士学位。自 1981 年起任哈佛大学中国历史和哲学教授，2010 年始任哈佛大学亚洲中心资深研究员。杜维明一生致力于探索传统儒家思想的现代价值，20 世纪 80 年代开始密切关注弥漫全球的现代生态危机，由他提出的"包容性人文主义"对于人类重构人与自然的和谐具有重要的启示意义。

所谓"包容性人文主义"，是相对于"世俗的人文主义"而言的。对于儒家的世俗人文主义的批判早在 20 世纪后半叶便已开始，中国大陆、中国香港、中国台湾三位新儒家的代表人物冯友兰、钱穆、唐君毅均不约而同地重提了"天人合一"观，并视之为儒学传统对人类最有意义的贡献。对此，杜维明认为这"标志着一个回归儒家并重估儒家思想的运动。""就回归而言，人类——宇宙统一的世界观通过强调天人之间的互动共感唱出了不同于当代中国世俗人文主义的曲调。就重估儒家思想而言，通过强调人与天地之间的相互作用，这种世界观标志着儒学的生态转向。"②

在杜维明来看，"儒家人文主义是包容的而非排他的。它既不反精神，也不反自然；既是自然的，又是精神的。"是完全基于非二元对立思维模式的一种人文主义。杜维明认为，正是"天人合一"观赋予了儒家人文主义以包容性，"儒家的人文主义是包容的，它基于一种' anthropo-

---

① Tu, p. 243.

② Tu Weiming, "Beyond the Enlightenment Mentality," in *Confucianism and Ecology*：*The Inter-relation of Heaven*，*Earth*，*and Humans*, eds. Mary Evelyn Tucker, and John Berthrong, Harvard University Press，1998，p. 19.

cosmic'观念，即'以天地万物为一体'。"① "anthropocosmic"是杜维明创造的一个术语，前面的"anthro-"表示"人类的"，"cosmic"则表示"宇宙的"，将这两部分组合，用来表示"天人合一"的观念，与"anthropocentric"（人类中心主义的）形成鲜明对比。"天人合一"观不仅是儒家人文主义的依据，也是构建新人文主义，即"包容性人文主义"的理论根基，为解决现代生态危机提供了一个超越人类中心主义、工具理性乃至排斥性二分思维模式的新视野。

杜维明提出的儒家"生态转向"得到了耶鲁大学塔克教授的热烈响应。塔克教授是推动东西方生态与宗教对话的领军人物。由她主持编撰的《儒家与生态：天、地、人相连》（*Confucianism and Ecology*：*The Interrelation of Heaven*，*Earth*，*and Humans*）1998年由哈佛大学出版社出版，杜维明的文章《超越启蒙心态》（*Beyond the Enlightenment Mentality*）就是收录其中的第一篇。杜维明认为，在西方现代化进程中，坚持进步、理性和个人主义的启蒙思想发挥了关键作用。然而，它也有一些固有的负面效应，当它走向极端时，可能导致贪婪、不平等和过分追求自我利益。启蒙思想的这些阴暗面将是我们解决环境危机道路上的障碍，因此，杜维明倡导超越启蒙思想，挖掘儒家丰富的资源，因为儒家可为我们提供一种"天人合一"的（anthroposomic）宇宙观，帮助我们来反思与自然的关系。最重要的是，儒家学者通过将人类置于一个相互联系、不断变换的网络中来定义人类，这个网络需要与家庭、社区、社会、国家、世界和宇宙不断互动、交流、协商和协作。与人类中心主义观念相比，这种人类与宇宙万物相互联系的观点肯定会增强人类对自然的亲近感。

在塔克和耶鲁大学环境学院的约翰·格瑞姆（John Grim）共同为该书撰写的序言中，有这样一段话：对许多人来说，环境危机如此之复杂、并波及如此广的范围，并不仅仅是某些经济、政治和社会因素导致的。这也是一种道德和精神危机，为了加以解决，需要从更广泛的哲学和宗教视角来理解我们是"自然的生物，嵌入生命周期并依赖于生态系统。因此，

---

① Tu Weiming, "Beyond the Enlightenment Mentality," in *Confucianism and Ecology*：*The Interrelation of Heaven*，*Earth*，*and Humans*, eds. Mary Evelyn Tucker, and John Berthrong, Harvard University Press, 1998, p. 19.

需要根据当前的环境危机重新审视宗教"①。在塔克看来，中国的儒家和道家宣扬的"天人合一"自然观可以为解决环境危机提供新的视角。她认为：

> 东亚的儒家和道家传统在某些方面仍然是世界宗教中最具生命力的。这些传统以神、人类和自然世界之间的无缝连接为典型特征，被描述为一种天人合一（anthropocosmic）的世界观……这是一种突出连续的、创造的宇宙观，强调自然通过季节更迭和农业周期而进行动态运动。这种有机宇宙论是建立在"气"（物质力量）的哲学基础上的，这为理解物质与精神的深刻联系提供了基础。在关注道的运动的同时，与自然和他人和谐相处，是儒家和道家个人修养的目的。②

在上述这段论述中，塔克教授专门借用了杜维明提出的"anthropocosmic"来描述环境危机背景下人类应该具有的"天人合一"思想。

儒家"包容性人文主义"通过强调人与天与地的相互作用，实现了儒家的"生态转向"，其观点与深层生态学提出的"大我"（Big Self）也如出一辙，都是为了克服西方文明传统中长期以来更重视个人利益和发展、但却严重忽视建构个体与他者及自然之间的和谐关系的缺陷，有助于西方学者从不同于西方传统的视角来反思环境危机的根源，寻求解决这种文化危机的有效方案。

小　结

本章主要探讨了 20 世纪以来蕴含在道、儒思想中的中国传统自然观在以美国为代表的英语国家的译介与传播，重点聚焦四位引领中西生态对话的代表人物，其中铃木大拙和瓦茨来自宗教哲学领域，李约瑟和卡普拉来自科学领域。虽然来自不同的领域，但他们均不约而同地推崇中国传统的有机自然观及非二元对立的思维方式，均注意到了建立在二元对立基础

---

①　Mary Evelyn Tucker, and John Berthrong, eds. *Confucianism and Ecology: The Interrelation of Heaven, Earth, and Humans*, Harvard University Press, 1998, p. xvi.

②　Mary Evelyn Tucker, and John Berthrong, eds. *Confucianism and Ecology: The Interrelation of Heaven, Earth, and Humans*, Harvard University Press, 1998, p. xxvii.

之上的西方自然观鼓励了对自然资源的肆意破坏，导致了人与自然的疏离及生态环境的不断恶化，均认为中国传统的有机自然观能给现代西方以启迪。在 20 世纪 60 年代西方现代生态危机爆发后，不少西方生态研究者纷纷转向东方，希求从东方传统的"天人合一"有机自然观中找到医治现代生态危机的良药，由此，中国传统有机自然观在很大程度上丰富了西方现代生态话语。

第三章

中国传统自然观西渐的诗歌路径

20世纪中国古典诗歌和美国现代诗歌的跨时空对话在很大程度上促进了美国现代诗歌中人与自然关系建构的东方转向，充分彰显了中国传统有机自然观的价值。本章将从跨生态文明视角来重新审视中美诗歌对话，探讨美国诗人是如何发现中国"天人合一"传统有机自然观的生态价值，并逐步移植到美国现代诗歌之中的。费诺罗萨和庞德可谓是美国诗歌领域引领中西生态对话的先驱，在他们之后，王红公、加里·斯奈德等均将追随他们的脚步，在美国诗歌中不断植入中国传统有机自然观思想。现有研究大多探讨他们是如何吸收中国元素来引导英美诗歌的现代派转向的，却忽略了他们作为生态批评先驱的作用。本章将聚焦上述四位在美国诗歌领域引领中西生态对话的先驱人物，探讨他们是如何独具慧眼，发现了东方传统有机自然观的价值，并努力将之介绍给英语世界读者的。

第一节　英语现代诗歌中的中国元素

如前所述，与中国诗人相比较，西方诗人对自然的关注晚了一千多年。中国的山水诗歌起源于公元4世纪，但西方诗人真正开始关爱自然始于欧洲浪漫主义时期，与西方近代科学的蓬勃发展息息相关，很大程度上是出于要反对近代科学理念而兴起，在人与自然关系建构上与近代科学的机械论思想形成鲜明对照。毫无疑问，自15世纪开始，培根、牛顿、笛卡儿等西方近代科学家共同建构起来的机械论自然观是西方近代科学技术得以诞生和发展的基础，这种自然观将地球看作犹如一座机械运转的时钟，能够被人类分解、分析、认识和控制。虽说这种倡导人与自然尖锐对立的自然观促使西方在工业文明和物质文明的发展方面远远领先于东方，但欧洲启蒙时代以来不顾一切追求资本发展的"进步"观念和唯科学主义思想也使得为数不少的西方哲学家和诗人对其所造成的人与自然的严重疏离感到极为不满。自欧洲浪漫主义运动开始，他们中的一些人开始从东方传统的有机自然观中寻求灵感，企图改良视自然为敌人的机械论思想，力求建构人与自然之间的和谐。大体而言，18世纪到19世纪的英国浪漫主义诗人深受印度佛教的影响。以爱默生（Ralph Waldo Emerson）和梭罗（Henry David Theoreau）为代表的美国超验主义者，一方面继承了英国浪漫主义传统，另一方面也直接受到了中国儒家及道家有机自然观的影响，由此开启了中国传统的有机自然观和美国人文学者的生态对话。

但西方学者真正注意到中国独特的自然观，并将之吸收到他们的诗歌创作中还是始于20世纪初中国古典诗歌和美国现代诗歌的跨时空对话。中国文化对美国诗人的影响大致可分为两个重要阶段：第一阶段是20世纪的前20年，具体而言是从1912年开始的，至1922年达到高峰。诞生于20世纪初的美国新诗运动堪称美国的诗界革命，以1912年哈丽特·蒙罗在芝加哥创办《诗刊》为标志。当时蒙罗聘请尚旅居伦敦的美国青年诗人庞德担任海外编辑，旨在发掘诗坛新人，推动美国新诗运动各个流派的均衡发展，《诗刊》成为宣传美国新诗的重要阵地。[①]《诗刊》注重广泛吸收国外影响，以此改良多年来沿袭欧洲的维多利亚诗风，其中中国的影响举足轻重。在这一阶段，庞德有幸得到了费诺罗萨（1853—1908）生前记录的中国古典诗歌的学习笔记，通过编辑整理，在1915年出版了包括李白、王维等中国诗人在内的诗歌英译选集《华夏集》，在美国诗坛产生了轰动效应，由此引领了美国诗人主动译介中国古典诗歌的第一个高潮。

美国译介中国古典诗歌的第二个阶段开始于20世纪中期，是随着"垮掉的一代"及美国诗坛反学院派诗歌运动发展起来的，而这一时期恰逢美国社会环保意识不断增强、环保运动轰轰烈烈爆发的时期。赵毅衡认为：20世纪50—60年代，中国古典诗歌中传达的独特的自然观吸引了不少西方诗人的眼光。他写道：

人与自然的理想和谐状态和相互依存在中国风景诗歌中得到了最

---

① 赵毅衡：《诗神远游》，2003年版，第15页。

好的体现，几乎所有的投入到环保运动的当代美国诗人——Gary Sny-
der, James Wright, Lew Welch, Robert Bly, Philip Whalen, Donald
Hall, John Haines, Sam Hamill 等——均无一例外地对中国诗歌感兴
趣。而所有这些诗人多年来自我流放，当和尚，隐士或者农民，也绝
非偶然，他们是在效仿数个世纪之前的陶潜、寒山、林逋和王维。[1]

在 20 世纪中美诗歌的跨时空对话中，可以清楚地看到美国诗人对体
现"天人合一"的中国有机自然观的肯定，而这正是西方近代科学文化
中所缺乏的。受中国传统生态思想浸染的中国古典诗歌，特别是中国山水
诗歌，也因此受到西方特别是美国诗人的无比青睐。钟玲注意到：美国诗
人在 20 世纪中美诗歌对话中，选择山水诗来翻译。山水诗歌影响了他们
的创作以及生活方式。[2] 谢灵运、陶渊明等诗人的山水田园诗广受好评。
王维通常被认为是英语世界翻译最多的中国诗人[3]，原因之一是他诗歌中
体现了"天人合一"的生态观。正是这种"取长补短"的翻译需求促进
了美国诗人对中国诗歌的主动译介。在中美诗歌对话的第一个阶段，费诺
罗萨和庞德可谓领军人物。到了第二个阶段，王红公和斯奈德发挥了重要
引领作用。他们作为中美诗歌领域交流的使者，共同在中美之间架起了一
座桥梁，在译介中国古典诗歌与诗学观念的同时，也开启了中国传统自然
观在诗歌领域的西渐之旅。

第二节　盛赞东方传统自然观的第一人

费诺罗萨是艺术历史学家，也是一位亚洲艺术策展人。其父亲是受过
西班牙古典音乐训练的音乐家，母亲出生于波士顿一个声望显赫的家族。
1874 年，费诺罗萨从哈佛大学毕业后到剑桥大学学习哲学和神学，然后
去波士顿美术馆的艺术学院就读。1878 年，受邀前往日本，本来是在东

---

[1]　Zhao Yiheng, "The Second Tide: Chinese Influence on American Poetry", in *Space and Boundaries in Literature*, eds. Roger Bauer and Douwe Fokkema, Proceedings of the xnth Congress of the International Comparative Literature Association. Munich: Iudicium, 1990, p. 390.

[2]　钟玲：《中国诗歌英译文如何在美国成为本土化传统：以简·何丝费尔吸纳杜甫译文为例》，《中国比较文学》2010 年第 2 期。

[3]　Olive Classe, *Encyclopedia of Literary Translation Into English*, Vol 2. Taylor & Francis, 2000, p. 1485.

京帝国大学（Tokyo Imperial University）教授政治经济学和哲学，但却对日本传统文化产生了浓厚兴趣。当时日本恰逢明知维新时期，正自上而下进行着具有资本主义性质的全面西化与现代化改革运动。这期间也是日本传统文化与西方现代文化激烈碰撞的时期。在日本期间，费诺罗萨十分钟情于日本的传统艺术，并逐渐成为该领域的专家。当他看到当时的日本大规模盲目地学习西方，而视日本传统文化为糟粕时，感到非常痛心。于是，他积极投身于保护日本的传统文化艺术工作中，参与创办了东京美术学院（Tokyo School of Fine Arts），受到了日本政府的嘉奖。在此过程中，他认识到日本文化在很多方面是对中国文化的继承，由此对中国传统文化产生了无限向往。有一次，在对日本国宝进行清点时，他发现了几个世纪前被带到日本的中国古卷轴，这一发现启发他学习中国艺术和书法，最终他发现日本画和中国画起源于同样的审美传统。他曾结识过一些汉学家，如森槐南（Mori Kainan）等，跟着他们学习汉语和汉诗。

费诺罗萨于 1890 年回到美国，担任波士顿美术馆的东方艺术策展人。在任期内，他组织了美术馆的第一次中国画展览。他在亚洲艺术研究方面成绩斐然，曾出版《东方与西方：发现美国及其它诗歌》（*East and West*：*The Discovery of America and Other Poems*，1893）、《中国与日本艺术的纪元》（*Epochs of Chinese and Japanese Art*，1912）等著作。1897 年，费诺罗萨回到日本教授英语文学，三年后返回美国。1908 年，他在伦敦去世。

在费诺罗萨来看，"日本是通向中国人思想的钥匙，""今天的日本文化，大体而言，接近中国宋代的文化。"① 所以保护日本的文化也就是在保留中国传统文化的精华。在中国文化中，特别吸引他眼球的是中国传统的天人和谐的自然观。

一　发现东方传统有机自然观

尽管理雅各（James Legge，1815—1897）和翟理斯（Herbert A. Giles，1845—1935）是翻译中国哲学和文学作品的先驱，但他们对中国传统的自然观并未产生多大兴趣。费诺罗萨应该算是第一个在其写作中对中西自然观进行对比，并大力赞颂东方特别是中国传统的天人和谐自然观

① Ernest Fenollosa & Ezra Pound, *The Chinese Written Character as a Medium for Poetry*, A Critical Edition, eds. Haun Saussy, Jonathan Stalling, and Lucas Klein, New York：Fordham University Press, 2008, p. 43.

的西方学者。在此先举一例为证。众所周知，王维是中国古代最著名的自然诗人之一。他的诗歌被道家和禅宗的自然观所浸染，充分体现了"物我两忘"的理想境界，超越了自我和物质世界的二元对立。但他诗歌中所体现的独特的东方有机自然观思想却被费诺罗萨之间的汉学家所忽视。翟理斯在他的《中国文学史》（*A History of Chinese Literature*，1901）中并没有对王维给予任何特别的关注。关于这一点，钱兆明（Zhaoming Qian）曾作如下评论："翟理斯，无论如何，看起来似乎对王维的评价相对低，整本书中只留了一页讨论他的两首抒情小诗。……与翟理斯不同，费诺罗萨对王维这位画家诗人给予了足够关注……很明显，因为费诺罗萨的影响，庞德在其 1915 年列出的中国诗人名单中，将王维排在前八名著名诗人之列。这个名单也代表了他对《华夏集》的选择。"① 由此可见，如果不是费诺罗萨独具慧眼发现王维，王维也很难进入庞德的视野。如今，由于王维诗歌具有的独特生态价值，通常被认为是翻译得最多的中国诗人。②

　　费诺罗萨对东方自然观的理解和吸纳主要来源于他对佛教的学习。在他看来，佛教是东方文明的瑰宝。③ 他也许是第一个跟从佛教大师真正学习（或者在一定程度上练习过）大乘佛教的美国人。④ 在日本期间，费诺罗萨先后跟着几位佛教大师学习佛道，并在 1885 年正式皈依。

　　费诺罗萨的佛教背景，特别是他对天台宗和华严宗的学习，对他理解东方自然观具有决定性的影响。日本天台宗起源于中国天台佛教，在 9 世纪由中国传到日本。石江山（Jonathan Stalling）指出费诺罗萨十分熟悉"天台关于'中间道路,'或者'三观'的中心教义：（1）万物存在皆为空；（2）一切事物都假借他物而存在；（3）所有事物都是终极现实的空和特定面貌的假的同一体"⑤。存在和非存在的综合是这个教义的核心。当我们通过这个视角去观察自然时，所有事物均相互依存，没有主体和客

---

① Zhaoming Qian, *Orientalism and Modernism*, Durham：Duke University Press, 1995, p. 93.

② Olive Classe, ed., *Encyclopedia of Literary Translation into English*, Vol 2, Taylor & Francis, 2000, p. 1485.

③ Rick Fields, *How the Swans Came to the Lake：A Narrative History of Buddhism in America*, Boston, Mass.：Shambhala, 1992, p. 165.

④ Rick Fields, *How the Swans Came to the Lake：A Narrative History of Buddhism in America*, Boston, Mass.：Shambhala, 1992, p. 158.

⑤ Jonathan Stalling, *Poetics of Emptiness：Transformation of Asian Thought in American Poetry*, New York：Fordham University Press, 2010, p. 49.

体之间的天壤之别。此外，费诺罗萨对东方自然观的吸纳也深受日本华严宗的影响。日本华严宗起源于中国华严佛教。华严宗教义中的核心是"因陀罗之网"的概念，即任何一颗珍珠都会反射网内/宇宙间的其他所有珍珠。费诺罗萨相信自然界存在于一个关系当中，并在不断地变化当中。他写道："在自然中没有完成，"[1] "在自然中所有的过程都是相互关联的。"[2] 显然，他的这种自然观和西方科学的、机械的自然观有着本质区别。

除了吸收东方佛教的思想之外，费诺罗萨花了很多时间专门学习儒家思想及中国古典诗歌。尤其值得注意的是，他曾在日本易经专家根本通明（Michiaki Nemoto）的指导下学习中国的宇宙观。据说他当时手头还有理雅各的《易经》译本，并对书中描写的人与自然的和谐观表现出了浓厚的兴趣。"在那本译作中，费诺罗萨一定遇到了一个排列有序的世界，这个有序的世界是由文中的关联宇宙论来规约的。"[3] 关联宇宙论认为整个宇宙存在着内在的和谐，万事万物均通过顺从自然规律的阴阳交替达到动态平衡。在这个宇宙中，人类处于一个重要的地位，人类世界和自然界遵从同样的自然法则。因此，人类应该观察学习自然，以自然为楷模，来完善自身的身体素质和道德品质。关联宇宙论在中国宇宙论思想中占据重要位置，自古以来对中国人的世界观有着深刻影响。

作为一个哲学家，费诺罗萨认为东方的有机自然观和非二元对立思维能够帮助修正西方逻辑思维阻止人类看到现实世界的缺陷。在他看来，西方传统中没有人与自然的和谐观念。他做了如下对比：

> 但是在中国，这种思想几乎从人类之初就有。易经哲学，得到了孔子的进一步强化，认为自然世界中所有的一切都是和谐的，人和自然同样和谐地相处，因为两者都由上天主宰。后来，随着中国中部和南部的山水之美被发掘出来，诗人画家们纷纷在他们的作品中展现这些优美的自然景观中的和谐之美，如同表现人的朴素美和情感的自然流露。再后来这种自然的语言成为富有精神性的、最细微的表达。没有哪种形式的灌木丛，或者岩石，或者陆地，或者水的运动，不具备

---

[1] Fenollosa and Pound, p. 46.

[2] Fenollosa and Pound, p. 46.

[3] 转引自 Stalling, *Poetics of Emptiness*, p. 70。

鲜活的个性特征，正如从一片清澈的天空中可以研究人类一样。那也
是为什么中国诗歌具有比喻性且富含典故，我们的诗歌倾向于戏剧
化，直接呈现斗争和悲伤——而他们的诗歌倾向于抒情，表现和人类
个体相关的所有忧伤和甜蜜，将其融入到自然和谐之中。①

　　费诺罗萨对自然在传统儒学中的特殊地位作出了正确观察，即自然界
中的物体被道德化后供人类效仿。他观察道："结构法则在精神世界和物
质世界中是一样的。人的品格的发展如同松树的生长，需要承受同样的压
力和纠结。"② 在他看来，人类不应该被看成是和自然相分离的，而是应
该被看成与自然相关联的一部分，这尤其反映在中国诗歌的形式中（包
括平行结构、节奏和语调）。③ 费诺罗萨认为中国古典诗词中丰富的平行
结构充分体现了东方文化中的天人和谐思想：

　　　　在汉语诗歌和散文中有多种形式的平行结构
　　　　但是其最伟大之处在于人和自然之间无尽的、亲密的对等。
　　　　其本身是一种新的语言，人对于自然，自然对于人
　　　　每一方都是一面镜子，是另一方的灵魂所在
　　　　希腊艺术和文学。从来没有这样
　　　　中世纪的基督教反对这个
　　　　这就是为什么中国和日本诗歌和艺术中一开始就充满了自然④

　　在费诺罗萨的笔下，中国诗歌当中的人与自然是相互依存的关系，而
且这种依存是精神层面的。就像镜子一样，彼此相互映射，彼此成为另外
一方的新的语言表达，彼此是另一方的灵魂依托。人与自然的和谐不仅体
现在平行结构当中，而且也体现在中国的风景艺术和花园艺术当中。所有
这些帮助共同建立了这样一种观念："生活即艺术。"他写道：

　　　　我们的诗歌表现的是人类的拼搏、恐怖、悲剧和努力。

---

① Fenollosa and Pound, p. 139.
② Laszlo Géfin, *Ideogram*: *History of a Poetic Method*, Austin: University of Texas Press, 1982, p. 17.
③ Stalling, *Poetics of Emptiness*, p. 67.
④ Fenollosa and Pound, p. 123.

而他们的诗歌主题表现的是许多不同层面的和谐。

这是为什么风景艺术在东方起源如此之早

这是为什么他们能解释动物和花的生活

因此他们很早就在园艺方面领先

因其融入到生活艺术之中①

相比东方而言，西方社会对自然界的关爱要晚很多。他评论如下：

在欧洲，人对自身与自然之间的差异及优越性的意识更加强烈，并对存在的差异感到更加骄傲。即使希腊人也将自然主要人格化了。比较而言，对其自身的最原始本真的情绪也没有表现出诸如华兹华斯和济慈所具有的那种热爱。整个中世纪狂热的基督教们谴责自然，就像人认为自己性格中的野性的一面是可憎的和可怕的。……直到近期欧洲人才开始关心自然本身；直到彭斯、华兹华斯、济慈的诗歌中，西方人才开始坦诚地看待自然的自发性，并视之为人类灵魂的起源和必然的栖息地。②

因为同时拥有东西方两种文化背景，费诺罗萨能够对两种截然不同的自然观进行深刻的对比分析，在当时那个年代是极具远见卓识的。虽然费诺罗萨从未提到"生态"这个术语，但字里行间都充满了从传统东方智慧中汲取的生态观念。

二　创立以自然为导向的汉字诗学

费诺罗萨的汉字诗学源于他对佛教和《易经》思想所代表的东方传统自然观的理解。他充分吸取了东方传统自然观构建中的整体思维模式，然后将此投射到对中国诗学和汉语语言的理解之中，在此基础上，阐述了许多改良西方诗学及语言的想法。

对费诺罗萨而言，自然界、汉语语言和理想诗歌是密切相关的，即理想诗歌应该跟自然界及模拟自然的汉语文字一样，充满生机和活力。汉字和汉语句子是"自然界中行为和过程的生动速写图画。他们代表了真正

---

① Fenollosa and Pound, p. 123.

② Fenollosa and Pound, p. 139.

的诗歌"①。费诺罗萨曾以"人见马"为例来阐明汉语句式结构。他写道："汉语语言建构遵从自然的法则。第一，是一个人站在他的两条腿上。第二，他的眼睛在空间移动：一个格外醒目的人，由眼睛及其下方的两条正在奔跑中的腿来代表，修调过的眼睛的图画，修调过的奔跑中的腿的图画，你看过之后就忘不了他们。第三，是一匹马站在他的四条腿上。"②费诺罗萨认为汉字中的图形文字可以重塑自然的过程。在他看来，汉字自身体现了内在的和谐，这种和谐来自于它们的构成顺应了自然界的固有法则。"汉字不仅是自然的象征，而且其排列遵循自然的句法，自然的顺序。"③ 的确，汉语中的图形文字是对现实世界中图像的模仿，而汉语句子中的各个组成部分通常也是遵循时间顺序来排列的，或者说是按照事情发生的自然顺序来排列的。从这个意义上来讲，费诺罗萨对汉语结构的认识是正确的，但与此同时，费诺罗萨对"人见马"的解释也很容易引起误会，毕竟所有汉字都是图形文字的观点是片面的。事实上，在现代汉语中，图形文字的比例已很小。

不过费诺罗萨对汉字的误读并没有妨碍他对现代诗学，特别是对如何描写自然提出真知灼见，因为他对汉字的理解同时也基于他对中国传统自然观的理解。在他看来，汉语是遵循自然之法则的语言，来源于自然，反映了自然的生生不息，所以是诗歌的最好媒介。他写道：

> 汉语语言中最有趣的事实之一在于：我们不仅可以看到句子的形式，而且还可以看到各种词性的生长，一个一个地发芽。象自然一样，汉语中的词是生动的，有形的，因为事情和行为并没有正式分开。汉语语言一开始自然地就没有语法。只是到了后来，外国人，欧洲人和日本人，开始残酷地强迫这种充满生机的语言符合他们的定义……④

的确，跟讲究形合的英语相比，汉语语法更具灵活性，语法规则要少得多，属于意合性语言。这也使得汉语语言更适合写出含蓄简练的诗歌。

---

① Fenollosa and Pound, p. 53.
② Fenollosa and Pound, p. 45.
③ Géfin, p. 107.
④ Fenollosa and Pound, pp. 50–51.

因此，为了描写真实的自然，西方诗人必须改进英语语言和英语诗学。费诺罗萨号召西方诗人把世界看成一个过程，一个不断变化的世界，而不是固定不变的现实，或是一个停滞的、支离破碎的世界。他不仅倡导观察自然本身，而且也呼吁抛弃英语中的逻辑和形式标记，从而写出贴近自然的诗歌，展现真实的现实世界。费诺罗萨提倡的以自然为趋向的诗学，为庞德后来创造表意文字法打下了理论基础。

三　主张中西自然观的融合

虽然费诺罗萨看到了东方传统自然观的优势，但他并没有全盘否定西方科学自然观对现代社会的意义。毫无疑问，科学是现代西方得以强大的来源，他对科学的态度是模棱两可的。一方面，他看到了西方科学方法的积极一面，即科学对查证事实的追求拓宽了人类的视野。同时，科学坚持自由探索，通过自我扩展而演化，从而建立起了世界范围内的相互包容的框架。另一方面，西方科学并没有摆脱从古人那里继承来的分析方法之魔咒，这种分析方法将"宇宙之综合"的纤维撕成了碎片。因此，费诺罗萨提出中西自然观融合的思想，即将东方的由整体思维模式衍生出来的有机的、天人合一的自然观和西方的由逻辑分析模式衍生出来的科学的、机械的自然观进行融合，做到取长补短。他写道："我们这边可以提供征服自然的力量，逻辑分析，自我个性张扬，聪明的妥协，精神或情感之平衡的补偿，以及在生活之斗争中的生存适应能力。而东方有关于灵魂，综合思维的真知灼见，对非自我的力量的重视，和谐而不是妥协，这种和谐即相互帮助，而不是竞争。"① 费诺罗萨的这些观点在今天仍有着重要的现实意义。如何在坚持科学发展追求物质文明的同时，也能努力做到与自然的和谐相处，仍是摆在全世界人民面前的一个亟待解决的棘手问题。

第三节　美国诗歌"东方转向"的引领者

埃兹拉·庞德是美国著名诗人，英美现代主义诗歌的鼻祖，美国意象派诗歌运动的先锋人物，同时也是20世纪中美诗歌对话最重要的引领者。他基于对中国古典诗歌、日本俳句的认识，阐发出他的意象派诗歌理论，

① 转引自 Lawrence W. Chisolm, *Fenollosa: The Far East and American Culture*, New York: Yale University Press, 1963, p. 125。

将英语诗歌从他认为已经腐朽不堪的维多利亚诗学中彻底地解放出来。庞德对现代英语诗歌的革新很大程度上来源于他对费诺罗萨诗学思想的继承。费诺罗萨的那些遗稿，由其遗孀玛丽·费诺罗萨（Mary Fenollosa）转交给庞德之后，为庞德提供了无尽的思想源泉，为美国现代主义诗歌奠定了理论基础。

一　对英语诗歌自然写作范式的突破

1913 年，庞德在英国期间开始阅读法文版的《四书》（*Les Quatre Livres de philosophie morale et politique de la Chine*）。庞德被书中所阐述的家国秩序所打动，认为儒家思想为有效治理国家提供了典范。① 在那期间，他结识了费诺罗萨的夫人玛丽·费诺罗萨，一位杰出的女诗人。1908 年 9月，费诺罗萨因心脏病突发在伦敦去世。玛丽经过仔细斟酌，最终决定委托庞德帮助整理已故丈夫的研究手稿及读书笔记等资料，坚信庞德是唯一能够按照丈夫遗愿完成"一部日本戏剧专著和一本中国诗人选集"的人。庞德得到费诺罗萨的遗稿后如获至宝，全身心投入整理工作中。虽然庞德与费诺罗萨从未谋面，但对东方文化的共同热爱让他们彼此在很多文学观念上惺惺相惜。经庞德整理出版的《汉字作为诗媒》（*The Chinese Written Character as a Medium for Poetry*）被公认为可以和贺拉斯的《诗艺》媲美，被称为"我们时代的《诗艺》"②。正如顾明栋（Ming Dong Gu）所指出的那样："在很多方面，费诺罗萨可以被看作是现代主义的先驱。"③ 如果不是他的遗作给予庞德灵感，美国现代主义诗歌极有可能会朝一个不同的方向发展。

虽然费诺罗萨在世时没来得及去宣传他的以自然为导向的诗学以及他的中西融合的观点，他的信徒庞德将帮助他去实现遗愿，并在此基础上建立起一种全新的观察和描写自然世界的诗学：表意文字法。庞德曾经说过："如果说我对文学批评作出了任何贡献的话，我的贡献在于介绍了表意文字法。"④ 对他而言，表意文字法是指将"看起来似乎不相关的，但

---

① 安妮·康诺弗·卡森：《庞德、孔子与费诺罗萨手稿——"现代主义的真正原则"》，闫琳译，《英美文学研究论丛》2011 年第 1 期。

② Hugh Kenner, *The Pound Era*, Berkeley: University of California Press, 1971, p. 231.

③ Ming Dong Gu, "Classical Chinese Poetry: A Catalytic 'Other' for Anglo-American Modernist Poetry," *Canadian Review of Comparative Literature*, Vol 23, No. 4, 1996, p. 1003.

④ Pound, *Selected Prose* 1909-1965, p. 333.

却能通过他们之间的关系来表达观念和概念的具体事物并置在一起"①。
"不相关的具体事物"即庞德所说的"闪光的细节"，如果将这些"闪光
的细节"并置起来，就能展现一个新的现实。庞德认为，表意文字法是
和表意思维方式相联系的，表意思维方式是典型的中国思维方式。从费诺
罗萨的手稿中，庞德找到了以下例子来证明中国人是如何定义"红"这
种颜色的：

> ROSE　　　　CHERRY
>
> IRON RUST　　FLAMINGO②

　　在庞德来看，中国人喜欢把在自然界中发现的具体事物放在一起来表
达抽象的观念。和建立在柏拉图形而上学之上的抽象思维方式不同，表意
思维方式和西方科学观察世界的方式，比如以生物学为代表的经验科学，
十分相似。科学家关注对自然世界具体而精确地再现，科学思维和表意思
维方式均与抽象逻辑和空洞论证格格不入。把表意思维方式用于诗歌创
作，就成为庞德所说的表意文字法。

　　对庞德而言，表意文字法不仅是一种思维方式，也是一种新的作诗方
法。尽管他也将此方法用于批评研究、音乐会的组织等，他的主要贡献仍
在于将表意文字法建构成一种新诗学，这种新诗学超越了西方传统诗学中
的比喻建构，是一种能够客观呈现现实世界的方法。大致来说，庞德的表
意文字法可作如下归纳：作为诗歌形式，表意文字法表现为对英语诗歌句
法的汉化；作为诗歌内容，表意文字法表现在能将诗人的注意力指引到自
然界，并呈现自然本身。庞德在诗歌创造中对表意文字法的运用特别体现
在《诗章49》中。《诗章49》又名七湖诗章。庞德从他姨妈那里得到了
一本图画书，包括八张水墨画，八首汉语诗歌，八首日本诗歌，这些图画
再现了湖南潇湘河岸的八个经典场景。前面的四分之三都是由庞德的中国
朋友曾宝荪翻译的汉语诗歌派生出来的。在很多方面，"《诗章49》是庞
德最美的，也许是最'中国化'的创造。而且，据他的女儿玛丽·德·
拉维尔兹（Mary de Rachewiltz）介绍，也是庞德在整个《诗章》当中最

---

①　Géfin，p. 27.

②　Ezra Pound，*ABC of Reading*，New York：New Directions Publishing，p. 22.

喜爱的诗歌。"① 实际上，《诗章 49》是庞德对中国诗的创造性翻译。在翻译过程中，他努力模仿中国古诗原有的诗情和句式结构。整首诗没有提到一个 "I"，语法形式标记也很少；讲究意象罗列和并置。这些句式特点在传统英文诗歌和翻译中都是没有的，庞德此举可谓是离经叛道。以下列诗句为例：

> 雨；空的河；一次航行，
> 凝固的云中的火，黎明前的大雨
> 船舱的屋顶下有一盏灯。
> 芦苇很重；弯着腰；
> 竹子像在哭泣②

在该诗章中，庞德为我们展示了一个充满道家思想的自然，即人和自然和谐惬意地相处。而且，通过采用表意文字法来编译中国的图画书，庞德基本上是汉化了英语的句子结构。他采取的主要手段包括：空间分隔；句子分割；意象叠加；避免使用系动词；尽量少用连接词；省略主语等。由此，庞德"避免了逻辑、指示、连接元素的侵入，接近非句式的或平列的结构，允许所有的意象在并置的关系中，在宇宙空间中默默地自我展现"。③

与西方传统的逻辑和形而上学的模式不同，表意文字法能更精确地描写现实和客观世界，因为它允许诗人去顺应自然过程的逻辑顺序，展现自然本身——即诗人用肉眼能够看到的世界。通过将各个来源于自然界的意象并置在一起，通过有意省略主语和尽量少用逻辑形式标记，诗人可以努力建构一个和谐的人与自然的关系，在此关系中，没有主客体间的尖锐对立，没有人类凌驾于自然之上的意志。由此，读者被带入一个活生生的现实世界，而不是被引入一个超验世界。在写诗过程中，诗人不遵循比喻的、逻辑的、分析的思维方式，而只需要像实证科学家那样去观察自然本身，然后将他/她从自然界中获得的物象并置，从而获得一个整体的、本

---

① Wai-lim Yip, *Pound and the Eight Views of Xiao Xiang*, bilingual ed., Taipei：Guoli Taiwan daxue chuban zhongxin, 2008, p. 132.

② Pound, *The Cantos of Ezra Pound*, p. 244.

③ Yip, *Pound and the Eight Views of Xiao Xiang*, p. 256.

真的现实。

有学者注意到庞德诗歌中表现出来的对自然的态度与华兹华斯的有着显著不同，认为华兹华斯对自然的关注仍然是局限于一个旁观者，而在庞德的诗歌中人是自然的一部分。换言之，华兹华斯对自然的描写仍然没有摆脱西方传统的二元对立思维的影响，而庞德则超越了这一点，他在《比萨诗章》中的自然描写是他对自然界直接观察的结果，表现出来有如下特征：

　　　——直接的，触手可及的，可直观感受的（这里没有二元对立），展现出来的是一个开放的生态系统，在此系统内，各种现象——从 DTC 哨兵到寄生药草——都可以相互作用。
　　　——零散的、不断变化的、脆弱的、动态的，许多不同的事情加在一起构成了非永恒。①

显然，庞德的自然观与西方科学的自然观，甚至浪漫主义诗人们的自然观都有着本质区别。中国传统的有机自然观对庞德自然观的形成产生了显而易见的影响。总而言之，通过正式建立表意文字法，庞德实现了费诺罗萨和西方形而上传统抗争的愿望，并引领美国现代诗歌在内容、特别是形式方面的生态转向，从此出现了一批追随庞德利用表意文字法进行诗歌创作，表现人与自然关系的诗人，其中包括威廉·卡洛斯·威廉斯（William Carlos Williams）、查尔斯·奥尔森（Charles Olson），加里·斯奈德（Gary Snyder），艾伦·金斯伯格（Allen Ginsberg）。②

二　对儒家自然观的生态阐释

庞德 1905 年移居意大利后，开始研读中国哲学，并认读中文。1926年左右，庞德写出了《诗章 13》，主要参考了著名法国汉学家鲍狄埃（M. G. Pauthier）的法译《四书》（*Les Quartre Litres de Philosophie Morale et Politique de la Chine*, 1841）。《诗章 13》从头到尾几乎是论语的摘引，用

① Richard Caddel, "Secretaries of Nature: Towards a Theory of Modernist Ecology," in *Ezra Pound*, *Nature and Myth*, ed. William Pratt, New York: AMS Press, 2003, p. 146.

② 具体请参阅 Laszlo Géfin, *Ideogram: History of a Poetic Method*, Austin: Uniuersity of Texas Press, 1982。

的是孔子与其门徒问答的形式。1928 年庞德开始翻译《大学》，是从鲍狄埃的法文本转译的，由西雅图的华盛顿大学出版社出版。庞德采纳了朱熹的观点，把《大学》前七段视为出自孔子本人之手。1934 年，在回答艾略特的问题"你信仰什么？"时，庞德回答说："我信仰《大学》。"这等于声称他是个儒家信徒。1938 年，庞德写出了"中国历史诗章"，即《诗章 52—61》，1940 年收录于《诗章 52—71》一书，由新方向出版社出版。1947 年，庞德的英译《大学》与《中庸》在新方向出版社的杂志（*Pharos*）上刊出。

庞德毫无疑问是 20 世纪儒学在西方的信使。① 毫不夸张地说，庞德用了毕生精力宣扬儒家的自然观和世界观，将其看成是拯救现代西方社会的良药。当他被关进圣·伊丽莎白医院，被问起宗教信仰时，他的回答是儒家学说。庞德对儒家思想统领下的中国历史、哲学与诗歌等推崇备至，并由衷地发出了如下感叹："中国在许多西方人的精神生活中已经取代了希腊。"② 在庞德的许多诗歌里，庞德全盘吸收了中国传统"天人合一"的思想，特别是儒家学说中关于道德化的自然的观念，在美国现代诗歌中加入了浓郁的中国元素，瓦解了西方诗歌中一直以来人物分离的自然观占主导地位的传统。

庞德对儒家学说的膜拜与他对基督教的态度息息相关。庞德年轻时就对基督教产生了强烈的不信任感，特别是对一神论思想深恶痛绝。在庞德看来，承认只有一个神存在无疑是最大的专制。庞德认为人类对自然界的剥削起源于人类社会的人文危机，而人文危机归因于基督教的专制主义，高利贷者对金融体系的操纵，以及政治和基督教对该操纵活动的纵容。而被基督教容忍的放高利贷行为不仅是人类危机的根源，同时也是对自然的犯罪（Usury is contra naturam, Canto 45）③，因为它不仅是与自然的增长相对立的，而且也与依靠感官进行的分辨行为背道而驰。当放高利贷行为被一个社会所容忍，整个社会就会被金钱所驱动，出现道德腐化，由此，人压迫人的战争以及人蹂躏自然界的事情就会产生。要解决此问题，不仅

---

① 具体请参阅 Feng Lan, *Ezra Pound and Confucianism*, Toronto：University of Toronto Press, 2005。

② 安妮·康诺弗·卡森：《庞德、孔子与费诺罗萨手稿——"现代主义的真正原则"》，闫琳译，《英美文学研究论丛》2011 年第 1 期。

③ Ezra Pound, *The Cantos of Ezra Pound*, New York：New Directions Publishing, 1993, p. 229.

需要建立新的经济秩序，还需要一种新的哲学和神学之上的道德和伦理观念的支持。"这种新的观念可以理清人的大脑和世界万物的关系，即人文和自然的关系，从而达到对抗高利贷腐化势力的目的。"① 因为庞德谴责基督教对放高利贷行为不作为，不进行任何抵制，他在儒家学说中找到了许多抗衡高利贷行为的理念，包括"天人合一"思想，顺从自然法则的农业经济模式，以及对"天"的尊崇。

庞德认为儒家的自然观象征伦理、理性、秩序。在他的《文化指南》一书中，他写道："孔子提供了一种生活方式，""一种对自然和人的态度，一种处理人和自然关系的系统。"在他看来，儒家思想对人与自然关系的建构是以整体思维为特征的，在儒家思想中没有人与自然的分离，而这种分离存在于希腊哲学中。庞德对儒家和希腊哲学的自然观做了如下比较："希腊哲学几乎是反自然的……儒家学派包含了没有斩断根基的智慧……希腊哲学，特别是后来的欧洲哲学，逐渐堕落到对神话学的攻击，而神话学是讲究整体的。"② 庞德甚至还用了孟子的一个寓言故事来帮助阐明他的观点："在任何时候孔孟的伦理和哲学思想都没有和有机自然观相分离。那个人因为田地的玉米长得不够快就帮忙把玉米往上拔，然后告诉他的家人他帮助玉米生长了，那是孟子讲的寓言故事。"③ 通过吸取儒家学说中关于人文和自然的观点，庞德"试图找到一种方法以克服将人文与自然分离的理论陷阱，这个陷阱一直以来控制着西方人文学者，他们认为'理性自我'至上，将人看成是世界的主人"④。

庞德对儒家自然观的采纳特别反映在他的《诗章 52》中。这个诗章以《月令》即《礼记》的第五章为主要参考。在中国封建社会，《月令》是许多历代皇帝的每日行动指南。皇帝奉天命来统治世界，而天就是世界的最高主宰。从现代社会发展的观点来看，这种皇帝奉天命治国的思想显然充满了神秘主义色彩，但庞德完全吸收了该思想。在该诗章中，庞德详细地描写了这种四季更迭是如何指导皇帝从事各项活动的。下面是他对于皇帝奉天命从事夏季活动的描述：

---

① Feng Lan, p. 160.

② Ezra Pound, *Selected Prose* 1909 - 1965, ed. William Cookson, New York：New Directions Publishing, 1973, pp. 86-87.

③ Pound, *Selected Prose* 1909-1965, p. 87.

④ Feng Lan, p. 159.

赤色的马车载着朱色的珠宝

迎接夏天

此月勿毁坏

此时勿砍伐

野兽们被逐出田地

此月只有单个动物聚集

皇后予盔甲于天子

日入双子星座

处女星座悬半空于日落之时

勿伐靛青树

无木烧成炭

大门皆打开，勿征税①

　　显然，庞德这里描写的自然已不再是普通的物质世界，而是道德化的自然，具有主宰世界的神秘力量。类似的例子在《诗章》中比比皆是。庞德之所以如此热衷于将儒家道德化的自然观介绍给西方读者，最重要的是 20 世纪上半叶西方社会出现的道德无序状态让他担忧，而人文危机直接导致了人类对物质世界的践踏和蹂躏。他希望儒家关于"天"的阐释能够帮助西方重建一个理想的社会秩序，在修复人与人关系的基础上建构起人与自然之间的和谐。

　　庞德对儒家思想中的"礼"坚信不疑。"礼"起源于古代农业社会祭拜上天的仪式。农业社会里人们靠天吃饭，通常通过这种宗教仪式来祈求上天保佑风调雨顺，农业大丰收。在庞德看来，这种祭拜仪式是人类与上天，即世界之最高统师或绝对主宰进行有效沟通的唯一渠道。在《诗章》中，庞德多次用到汉字——"靈"。"靈"字由三部分组成：最上面部分是"雨"，其本身是象形文字，中间四个点代表雨滴从天而降；中间是象形文字"口"，代表张口说话、祈祷等；最下面是"巫"字，在古代代表能与上天沟通的人。如此解释，整个字代表了巫师开口求雨。尽管学者们对庞德使用该字的目的各有解释，但一致认为整个"靈"字强调了人类

---

① Ezra Pound, *The Cantos of Ezra Pound*, p. 261.

与上天沟通的重要性。庞德将这个汉字译为"great sensibility"①，显然是暗示人类对上天代表的不可知的神秘力量的承认可以帮助人类更好地处理世界事务。

在他的《比萨诗章》中，庞德也表达了对儒家道德化的自然的认同。在此诗章中，庞德反复提到泰山，共达 17 次之多。以下是从其中选取的几例：从牢房看泰山@比萨；从泰山到日落；有一天，泰山上乌云密布；泰山脚下的风多么柔和（from the death cells in sight of Mt. Taishan@ Pisa; from Mt Taishan to the sunset; one day were clouds banked on Taishan; How soft the wind under Taishan）。② 庞德写《比萨诗章》时被关押在比萨的 DTC（Disciplinary Training Center）中。他唯一能做的就是读他带到监狱的几本儒家经典书籍。罗尔·F. 特里尔（Carroll F. Terrell）认为"庞德从他囚禁的地方看到的那座山让他想起了泰山"③。庞德笔下的泰山不仅雄伟壮丽，更重要的是儒家智慧的象征。而儒家思想是当时支撑他度过狱中艰难时光的精神支柱。庞德从没来过中国，更别提泰山了。但是他清楚地知道泰山和孔子的关系。孔子出生于曲阜，而曲阜与泰山毗邻。孔子一生中几次攀登泰山。在《论语》6. 23 中，孔子说道："知者乐水，仁者乐山。"在孔子看来，山体现了一个仁者必须具备的所有品质，即正义和无私。因为高山和上天最接近，高山通常被看作是连接天地的桥梁。通过这种联系，高山成为儒家思想中"仁"的象征。泰山的另一特点在于：在中国古代，泰山被认为是五大佛教名山之首。中国历史上有多名皇帝到泰山朝拜，感谢上天赐予他们"天之使命"，同时也祈求上天的保佑。据说从远古时期一直到宋代（960—1127），没有其他的山享受此殊荣。④ 在回顾了泰山在中国历史中的重要的宗教地位之后，我们可以理解为什么庞德在其《比萨诗章》中给予泰山如此多的笔墨。

三　对道家自然观的生态解读

在《中国诗章》中，庞德对道教进行了猛烈抨击，认为道士们对长

①　Chuangeng Zhu, "Ezra Pound: The One-Principle Text," *Literature and Theology*, Vol 20, No. 4, 2006, p. 402.

②　Pound, *The Cantos of Ezra Pound*, p. 447, 448, 450, 469.

③　Carroll F. Terrell, *A Companion to The Cantos of Ezra Pound*, Berkeley: University of California Press, 1993, p. 365.

④　Jianying Huo, "Supreme Mount Tai," *China Today*, No 4, 2007, p. 71.

生不老的追求实际上置很多人于死地。由此，很多评论者认为庞德对道家思想完全没有兴趣。但这个观点只是部分正确。事实上，庞德对道家的自然观有着浓厚的兴趣，只是他自己并没有意识到这一点。通过对他和方志彤（Achilles Fang）的书信往来的分析，钱兆明指出：庞德在 20 世纪 50 年代开始读《道德经》，并似乎开始改变他对道教的态度。"1951 年 11 月，在读了阿瑟·韦利翻译的道家的创始人老子之后，他问方志彤：'老子是否具有在《四书》（和他们之前的《诗经》和《书经》）里没有包含的思想？'（第 82 封信）。抓住这个机会，方志彤引出老子最有力的支持者庄周对明智的儒家学者们的重要性。"（第 83 封信）① 在 20 世纪 50 年代中期，庞德曾向威廉·麦克诺顿（William McNaughton）坦言："毫无疑问我错过了道教和佛教中的一些东西。显然，在这些宗教中有一些合理的，有意义的东西。"②

　　如果说庞德对儒家自然观的推崇主要是出于他的政治理念，即维持世界理性和秩序的需要，他对道家自然观的吸收则是源于他对人与自然和谐相处的极乐世界的向往。他对自然的热爱最初体现在他对意象原则的定义中："自然界中的物体总是最充分的象征。"③ 如同费诺罗萨，庞德被中国诗人在描写自然时表现出来的特殊的敏感所打动。在"中国诗歌（2）"一文中，他这样写道：

　　　　尤其是他们关于自然和风景的诗歌似乎超过西方作者，具体体现在两个方面，一个是在他们谈到与自然之情的共鸣方面，另一个是在他们描写自然场景方面。例如，他们描写在山崖边的向下垂着的树，或者是飞鸟的影子投射在一个高山湖泊中。Lie as if on a screen，李白如是写到。中国著名画作中的风景反复地出现在他的诗歌当中……④

---

① Zhaoming Qian, ed., *Ezra Pound's Chinese Friends*: *Stories in Letters*, New York: Oxford University Press, 2008, p. xviii.

② Zhaoming Qian, ed., *Ezra Pound's Chinese Friends*: *Stories in Letters*, New York: Oxford University Press, 2008, p. xix.

③ Ezra Pound, *Literary Essays of Ezra Pound*, ed. T. S. Eliot, New York: New Directions Publishing, 1935, p. 5.

④ Ezra Pound, "Chinese Poetry II," in *Ezra Pound's Poetry and Prose*: *Contributions to Periodicals*, prefaced and arranged by Lea Baechler, A. Walton Litz, and James Longenbach, New York: Garland Pub., 1991, p. 110.

庞德对道家自然观的兴趣尤其反映在他对王维、陶潜、庄子等的认同，这些人都是中国道家思想的典型代表。对于庞德和王维的关系，钱兆明认为："我们有证据表明他在 1916 年 8 月（或许是在 1917 和 1918）不仅研究了王维的诗歌，而且在 1916 到 1918 年间费了不少功夫去重新翻译费诺罗萨的王维译本……他的《诗章 4》就是源于王维的'桃源行'。"[1]事实上，王维的《桃源行》是依据陶潜的散文《桃花源记》改编的。庞德之所以选择将他的《诗章 4》由《桃源行》改编而成，表明了他追求天人合一的传统的农耕生活。

与此同时，庞德对庄子也具有特别的兴趣。1915 年 7 月，他在温敦·刘易斯主编的 *Blast* 2 上发表了两首诗。其中一首题目叫作"Ancient Wisdom, Rather Cosmic"，是对李白《古风》的一个改写：

> 庄周做梦，
> 梦见他是一只鸟，一只蜜蜂，一只蝴蝶，
> 他不确定为什么他应该想象变成别的，
> 因此他满足了[2]

庞德的改写是基于费诺罗萨的译稿上："Soshu dreamed of being a butterfly. / The butterfly became Soshu / Thus even a single body can change into another and back again. / So are the myriad things infinitely deep and uncertain beneath."[3] 李白的诗来源于庄周梦蝶的故事，最初出自于庄子的"齐物论"。在这个寓言故事中，庄子梦到了一只蝴蝶。依据主体——客体的框架，庄子是主体，蝴蝶是客体。但是庄子怀疑到底是他果真梦到了蝴蝶，还是蝴蝶梦见自己变成了庄子。在第二种情况下，蝴蝶变成了主体，而庄子变成了客体。简而言之，主体和客体之间的区别完全消失，因为两者已合二为一。可以肯定的是：庞德一定被庄子所描绘的这种人类世界和自然世界之间的自由转化所打动，因为在他的名为"The Tree"的诗歌中，他把自己变成了一棵树："我一动不动地站着，是林子里的一棵树/知道了

---

①　Zhaoming Qian, *Orientalism and Modernism*, p. 97.

②　转引自 Zhaoming Qian, *Orientalism and Modernism*, p. 88。

③　Akiko Miyake, "note 25," in *Ezra Pound and the Mysteries of Love*, Durham: Duke University Press, 1991, p. 235.

一些前所未见的事情的真相……（I stood still and was a tree amid the wood/ Knowing the truth of things unseen before…）。"①

费诺罗萨和庞德可谓推动了中国和西方诗歌领域第一次直接的生态对话。他们对西方逻辑和理性的抨击，对主客二元对立思维所带来的人与自然疏离的世界观的批判，特别是他们对东方传统自然观价值的发现、肯定和推广，得到许多后来者的积极响应。王红公、斯奈德等美国诗人将沿着他们的脚步，继续从中国传统哲学和古典诗歌中吸取养分，并充分借鉴东方传统对人与自然的关系建构来推动美国生态诗歌的建立和发展。

第四节　东方自然书写的践行者

王红公是美国诗人肯尼斯·雷克思罗斯（Kenneth Rexroth，1905—1982）给自己起的中文名，一生与中国文化结下了不解之缘，他"也许是庞德之后第一位用几乎全部的激情和严肃认真的态度来拥抱中国文化的美国诗人"②。王红公通常被看作一位自然诗人，中国元素在他的诗歌创作中扮演了重要角色。多年来，王红公一直在翻译、研究中国古典诗歌，共出版了四部中国诗集。他在诗歌创作中广泛吸纳佛家和道家思想，十分用心地去营造佛、道之意味，注重描写静、沉默及万事万物之间的关联，崇尚无欲和无念。本节将重点探讨古代东方有机自然观是如何在他的自然诗歌中留下痕迹的。

一　与中国文化的结缘

1905 年，王红公出生于美国印第安纳州，其母亲非常重视对他的教育，孩提时代就教他识字、背诗，在少年时代他便有机会学习中文。王红公最初接触到的中国古典诗歌是庞德的《华夏集》以及阿瑟·韦利的译本，一旦兴趣被激发，便开始阅读他能找到的所有与中国文化和文学相关的书籍。作为一名狂热的攀岩和户外运动的爱好者，王红公自然而然地被中国古典诗歌中所描述的大自然所吸引。他相信他和中国诗人李白有个共

---

①　Ezra Pound, *Ezra Pound*: *Poems and Translations*, Library of America, 2003, p. 14.

②　Wai-lim Yip, *Diffusion of Distances*: *Dialogues between Chinese and Western Poetics*, Berkeley: University of California Press, 1993, p. 126.

同爱好，那就是热衷观察大自然："李白和我都喜欢/看瀑布。"①

19 岁那年，王红公偶遇威特·宾纳（Witter Bynner），在和宾纳一个小时的交谈中，宾纳向他推荐了中国古代最伟大的诗人之一杜甫，这对他的诗歌创作产生了决定性的影响。王红公对杜甫有着极高的评价："在我看来，同时在有资格做评价的大多数人看来，不论是在哪种语言中，杜甫（713—770）都算得上是最伟大的非史诗、非戏剧诗人。"② 他认为杜甫对他具有终生影响，他写道："毫无疑问，杜甫对我的诗歌产生了主要影响……""我让自己浸染在他的诗歌中已有 30 年。我确信他让我成为了一个更好的人，一个有道德的人，以及一个感官灵敏的生命有机体（perceiving organism）。"③

王红公从青年时代就开始翻译中国诗歌，主要译作有：《中国诗歌一百首》（1956）；《爱与历史的转折岁月：中国诗百首》（1970）；《兰舟：中国女诗人诗选》（1972）及《李清照诗全集》（1979），后两本系与华裔学者钟玲合译。在王红公翻译的《中国诗歌一百首》中，有 35 首是杜甫所作。关于为什么选取 35 首杜甫写的诗，他写道："我只选取那些简单明了的诗歌，没有引经据典，也不关涉政治，换句话说，这些诗都是描写的类似我目前的处境。我认为我选的诗歌最终是为了表达我自己。"④因此，分析王红公对原诗所作的选择，可以深入理解他对人与自然关系的看法。在这 35 首诗歌中，有 10 首是专门描写自然世界的，包括：《雨过天晴》（*Clear After Rain*）、《新月》（*New Moon*）、《俯瞰沙漠》（*Overlooking the Desert*）、《南风》（*South Wind*）、《河的远方》（*Far up the River*）、《雨后傍晚》（*Clear Evening After Rain*）、《满月》（*Full Moon*）、《黎明山脉》（*Dawn Over the Mountains*）、《星星和月亮在河上》（*Stars and Moon on the River*）、《满溢的河》（*Brimming River*）。另有 5 首诗是描写人的主观情感和客观世界水乳交融的，重点在于描写客观世界。他们是：《乡村小屋》（*Country Cottage*）、《柳》（*The Willow*）、《日落》（*Sunset*）、《不安分的夜

---

① Kenneth Rexroth, *The Completed Poems of Kenneth Rexroth*, eds. Sam Hamill and Bradford Morrow, Port Townsend, Wash.: Copper Canyon Press, 2003, p. 508.

② Kenneth Rexroth, *One Hundred Poems from the Chinese*, New York: New Directions Publishing, 1971, p. 135.

③ Kenneth Rexroth, *Kenneth Rexroth: An Autographical Novel*, Santa Barbara: Ross‑Erikson, Inc., Publishers, 1978, p. 319.

④ Rexroth, *One Hundred Poems from the Chinese*, p. 136.

营》（*A Restless Night in Camp*）、《另一个春天》（*Another Spring*）。还有一些诗歌是关于友情、孤独、羁旅生活的，但这些诗歌中对自然场景的描写仍占很大比重。这些诗歌中的主要意象包括：月亮、风、树、山、鸟、河流；其中"月亮"意象出现了 12 次，并且有三次是出现在标题中。王红公对这些诗歌的选择表明了他对自然界季节变化的敏感及对自然场景的偏爱，这也将体现在他后期的诗歌创作中。

王红公清楚地认识到了中西诗歌在刻画自然方面具有的根本差异。在一篇评论《伊利亚德》和《奥德赛》的文章中，他认为这两篇史诗代表了西方文学的最高成就，但同时指出：西方人对物质世界的敌对态度也充分体现在这两部作品中。西方世界中的自然被当作敌人看待。但是中国诗人呈现的是"天人合一"："伟大的中国诗人……对宇宙不作道德评判。他们没有要打倒的神。人类和他的德行都是宇宙的一部分，就像天空滴下来的水、地上立着的石头、空中漂浮的雾。"① 如庞德一样，王红公为中国诗歌中人与自然的和谐所打动，在其诗歌创作中也努力移植这种整体自然观，请看下列诗句：

> 一切存在都是整体中的一部分，
> 没有独立存在的事物。
> 一切存在都在相互作用中运动，
> 没有独立运动的物体。
> 一切存在都起源于他者，
> 没有起源于自身的存在。②

在该诗中，王红公表达他对"世界是有机的统一体"的看法。部分和整体互相关联，相互作用，密不可分，没有独立存在的个体。

在下列诗句中，诗歌中的主体犹如中国古代的隐士，沉浸于大自然的怀抱，享受孤独：

---

① Kenneth Rexorth, *Bird in the Bush*：*Obvious Essays*, New York：New Directions Publishing, 1959, p. 18.

② 转引自郑燕虹《肯尼斯·雷克思罗斯与中国文化》，外语教学与研究出版社 2010 年版，第 139 页。

每天清晨采集

蘑菇，音乐

来自瀑布，洗净我的双眼。

乱石堵住了清流

但鲑鱼喜欢漩涡

和急流，考磐在涧

两千年前，有个

幸福的同义词——

结庐于山涧。①

"K'ao P'an Tsai Kien"（"考磐在涧"）出自《诗经》中一首名为《考磐》的诗。诗歌刻画了一位身居高山溪流边独享孤寂生活的山中隐士。原文如下：

考磐在涧，硕人之宽。

独寐寤言，永矢弗谖。

考磐在阿，硕人之岂。

独寐寤歌，永矢弗过。

考磐在陆，硕人之轴。

独寐寤宿，永矢弗告。

一般认为这首诗是我们迄今见到的最早的隐逸诗，讴歌了中国传统士大夫重要的人生选择之一——归隐山林田园的生活，诗中的隐士"硕人"隐居山涧水际，心胸宽广，生活自由舒畅。王红公借此表达了逃脱世俗、隐居深山、独享内心平静的愿望。如中国古典诗人一样，王红公相信隐居深山是快乐的源泉。在下列诗句中，王红公描述了一个世间万物相互映照的有机世界：

坚硬如石头，水光闪烁

像一颗钻石，使一座巨大的

---

① Rexroth, *The Completed Poems of Kenneth Rexroth*, p. 664.

山高耸入

云，雕刻出峡谷

一万英尺深，盖住

南北两极。同样的水

看不见的水蒸气

突然出现

当它靠近山时。

在这里，骨骼和泥堆积

化作石头，造了这

山，海一旦伸展，

从地平线到地平线。

浅海的深处，

在和尚的念珠里

琥珀记得那棵松树。

数以百万计的珍珠在雾中

瀑布加入其中

一起做彩虹。

心中有一颗珍珠在发光

有千万道彩虹。①

　　在上述诗句中，水、高山及大自然中的万事万物紧密相连。在人类进化过程中，世间万事万物，包括人类与自然界，都将融合为一体，因为"心中有一颗珍珠在发光/有千万道彩虹"。在王红公来看，高山的意象代表了存在与非存在、主体和客体之间的非二元对立。这种非二元对立在下列诗句中体现得尤为明显："厌倦了两个海洋/存在和不存在/我渴望山的恩赐/不被潮起潮落所动摇。"② 高山代表了在变幻的世界中的永恒的存在。此处王红公对"不变"的向往与颂扬"进步"的西方启蒙思想是截然相反的。

---

① Rexroth, *The Completed Poems of Kenneth Rexroth*, p. 664.
② Rexroth, *The Completed Poems of Kenneth Rexroth*, p. 664.

二　对道家生态思想的吸纳

老子思想对王红公的世界观的形成有着较大影响。十二三岁时，王红公就非常认真地通读了由德国著名东方学家马克斯·缪勒主编的《东方圣典》（*The Sacred Books of the East*），该系列第 39 卷收录了理雅各翻译的《道德经》。1962 年 12 月，在回答杂志《基督世纪》（*The Christian Century*）的问卷调查时，王红公列出了对自己职业和生活哲学影响最大的 10 部书，其中便有老子的《道德经》[①]。20 世纪 60 年代中后期，王红公在《星期六评论》（*Saturday Review*）上发表了一系列关于经典阅读的文章，其中一篇便是《老子，〈道德经〉》（*Lao Tzu，Tao Te Ching*），内含许多关于《道德经》和老子思想的评述。在王红公的一些诗作中，我们也能读到《道德经》的痕迹。

在很多时候，王红公诗歌中的主体是一个忘情地徜徉于大自然中的人，与大自然融为一体，达到物我两忘的境地。道家思想，特别是阴阳观念，对王红公产生的影响也较大。长期研究中美诗歌对话的著名学者钟玲指出：在王红公的诗歌《心之园，园之心》中，阴阳两极观念成为主导思想，全诗以东西双方之神话与宗教中的女神、女仙或女主角为阴极代表，以男神、男仙或男主角为阳极代表，结尾处阴极与阳极重逢，结合而成太极图，达成圆满，而诗人则升华到空无境界得到解脱，道家思想贯穿始终。[②] 请看下列诗句：

> 峡谷一边是寒冷
> 有阴影，另一边热闹
> 是浓烈的热
> ……
> 艾草和海藻，沙子和花岗岩，
> 老鼠和浮游生物，贫瘠和群集，
> 蒸汽和泡沫，吸气和呼气
> 这就是古代中国人

---

① 转引自郑燕虹《肯尼斯·雷克思罗斯与中国文化》，外语教学与研究出版社 2010 年版，第 145 页。

② 钟玲，《美国诗与中国梦》，广西师范大学出版社 2003 年版，第 91 页。

建立了他们的整个宇宙学——
静止消失成运动,
运动凝固为静止。
……
阴和阳。①

王红公很欣赏中国宇宙观,认为中国人的宇宙是"一个'无为'的自然世界,一张巨大的紧密交织的网,人类和他必须履行的义务只是其中的组成部分"。在一首名为《空镜》的诗歌中,王红公阐述了他的"无为"观:只要我们还迷失在/有目的之世界中/我们就不自由。

他的诗歌《又一春》是"道法自然"思想的典型写照,这也是为什么四季变化以及月出月落均来得如此自然。请看下例:

季节更迭,年复一年
没有助力,也没有控制
月亮,不假思索
循环运动,阴晴圆缺 ②

对王红公而言,理想的生活是保持和大自然一样的节奏,有下面这首诗为例:

年轻时,在春天,我采集
山上的花儿。
老了,在秋天,我在河边采摘莎草。
正——反
反——正
平凡人
永远不懂我③

---

① Qtd. in Ling Chung, "Kenneth Rexroth and Chinese Poetry," pp. 210-11.

② Rexroth, *The Complete Poems of Kenneth Rexroth*, p. 211.

③ Rexroth, *The Complete Poems of Kenneth Rexroth*, p. 614.

王红公非常认同《道德经》中"无为"的观点，也十分推崇李约瑟的《中国科学技术史》中的有关论述，对该书给予高度评价，特别指出："它引导人们以'无为'来对待自然界。"[①]

三　对佛家生态意味的营造

"空"和"沉默"两个术语经常出现在王红公的诗歌中。"空"既是道家也是佛家思想中的关键术语。庄子曾谈到"坐忘"，"坐忘"即达到"空"的状态。禅宗借用庄子的思想，将之发展为"悟"的状态。这种"空"的观念与西方基督教中关于神的安排和旨意截然不同。下面这首诗是围绕"空"这个概念展开的：只有海上的雾/皆是空/只有正在升起的/圆月/皆是空（void）[②]。很显然，这首诗中的"void"代表了悟，象征圆月。

在下面这首名为"皆是空（Void Only）"的诗中，王红公描述了一种透明和无边/无限的世界：没有历史、没有距离、只有此地和此刻。在最后三句，他将时间和空间比作"glass"（玻璃），用透明的玻璃来诠释"空"的境界：

时间如玻璃
空间如玻璃
我静坐着

他进一步将万事万物、物质世界的变化与无限的"空"的精神本质相联系：

何地何时
发生
安静，喧闹还混乱

一切事物都是半透明的
然后透明的

---

① Rexroth，"Science and Civilization in China"，p. 56.

② Rexroth，*The Completed Poems of Kenneth Rexroth*，p. 736.

然后消失

只有空

没有止境①

如前所述，中国古典诗歌中常见的主题之一就是颂扬沉默。在王红公
的诗歌中，关于"沉默"的主题甚为普遍。请看下例：

漫长的午夜，我走出门

在花园里，一个

热水澡后，浴衣

和木屐。我不觉得冷。

但是树叶都掉了

从果树上，只有

柿子挂在那里

充满了寒冷的月光。

我突然意识到

没有声音

不是昆虫，不是青蛙，也不是鸟类

只有缓慢的脉搏

一只猫头鹰在为寂静标记时间。②

在上面这首诗中，作者描述了一个秋天静谧的夜晚，他突然被一种无
边的幽静所包围。如此安静，连夜鹰的脉搏的跳动都听得见。这种诗的意
境非常接近中国古典诗歌中的静谧和沉默。

王红公后期的许多诗歌意象多为：月亮、星星、空气的味道、风、树
叶，用来创造自然场景，与中国诗歌中的意象非常相似。特别是月亮这个
极具中国文化特色的意象，在他的诗歌中频繁出现：

《双面镜》（*Doubled Mirrors*）：这是月的黑暗。/深夜，结束的夏
天，秋天的星座/发光在干旱的天堂。

---

① Rexroth, *The Completed Poems of Kenneth Rexroth*, p. 701.

② Rexroth, *The Completed Poems of Kenneth Rexroth*, p. 740.

《感官的混乱》（*Confusion of the Senses*）：<u>月光</u>洒满桂冠/像音乐。月光/空气不动。

《晚半月》（*Late Half Moon*）：晚半<u>月</u>/高过头顶。

《在花圈山上》（*On Flower Wreath Hill*）：满<u>月</u>升起/蓝色的比睿山，橙色/黄昏让位给黄昏。①

正如中国古典诗人一样，王红公对自然界四季的循环往复非常敏感。他写了不少关于季节的诗，比如：《加州的秋天》（*Autumn in California*），《另一个春天》（*Another Spring*），《方丈记：春天、春天、秋天、夏天、冬天、春天》（*Hojoki：Spring，Spring，Autumn，Summer，Winter，and Spring*），《干燥的秋季》（*Dry Autumn*），《晴朗的秋天》（*Clear Autumn*），《艾克斯：秋天、春天、春天、春天》（*Aix - En - Provence：Autumn，Spring，Spring，Spring*）。②

在下面这首名为"Hapax"的诗歌中，王红公描写了宇宙的循环往复。万事万物无时无刻不在变化，但与此同时，却又似乎从未改变过：

> 同样的诗一遍又一遍
> 圣周。又是满月
> 在深邃的天空绽放
> 像冰晶般的花朵。
> ……
> 一只苍鹭从池塘里抬起头
> 当我靠近，一贯如此
> 四十年，飞走了
> 穿过树林里同样的缝隙。
> 同样的匆促，上举拍动的翅膀，
> 一样的叫喊，有多少
> 一代又一代的苍鹭？
> 红尾鹰互相求爱

---

① Rexroth, *The Completed Poems of Kenneth Rexroth*, pp. 693, 702, 745. 下划线为笔者所加。

② Rexroth, *The Completed Poems of Kenneth Rexroth*, p. 211, p. 156, p. 285 - 288, p. 678, p. 557, p. 560, p. 608, p. 610, p. 611, p. 612.

在同样上升的空气中

在草坡上。松鼠跳跃

在同一棵橡树上。回到我的船舱

黄昏时一只猫头鹰，同样的

肢体，用他古老的语言呻吟。

数以亿计的世界

到处都是比恐龙大的生物

小于病毒，各得

其所，生态

的无限。①

在上述诗行中，"同样"这个词反复出现，还有其他的短语和句子也帮助传达此义，"一遍又一遍""再一次""四十年一贯如此"，等等。总体而言，王红公描绘了一个不断变化着的无限世界，这个世界似乎沿着一个圆圈周而复始地不断运动。这与西方基督教文化中倡导的进步观念截然不同。

总而言之，王红公算得上是第一位真正将佛教和道家思想融入美国现代诗歌创作中，并将之生态化的美国诗人，在一定程度上引导了美国诗歌中人与自然关系建构的范式改变。

第五节　美国生态诗人的中国情结

关于斯奈德和中国的关系，文学评论家麦克劳德（Dan McLeod）曾作如下评价："自爱默生时代开始，美国诗人就从中国文化中吸取灵感，但是没有人（甚至庞德也没有）比斯奈德更有意识地这样做，也没有谁比他更了解中国文化。中国文化影响了斯奈德的整个文学生涯。"② 毋庸置疑，斯奈德是美国当代最有影响的生态诗人及深层生态学者之一。他对中国文化的终身兴趣，是与他对人与自然关系的深切关注紧密相连的。国

---

① Rexroth, *The Complete Poems of Kenneth Rexroth*, pp. 691-92.

② Dan McLeod, "Asia and the Poetic Discovery of America from Emerson to Snyder," in *Discovering the Other*: *Humanities East and West*, ed. Robert S. Ellwood, Malibu: Undena Publications, 1984, p. 167.

内外对古代东方智慧，特别是禅宗，如何影响斯奈德的生态观已做了大量研究，其中谭琼琳教授的英文专著 *Han Shan*，*Chan Buddhism*，*and Gary Snyder's Ecopoetic Way*（2009）可谓进行了最全面的研究。但是鲜有学者从中西对比的历时角度探究他的生态观逐渐形成的过程，以及他是如何沿着铃木大拙和艾伦·瓦茨的脚步，将东方生态观逐步移植到美国的。这将是本节重点探讨的内容。此外，斯奈德作为庞德表意文字法诗歌写作传统的继承者，是如何将其理论进一步发展，从而建立起独特的描写人与自然的生态诗歌形式的，本节也将就此进行探讨。

一　初识中国的"自然"

斯奈德曾说："我对写作的兴趣将我引向 20 世纪现代主义者和中国诗歌；我对自然和荒野的思考将我引向道家和禅宗思想。对禅宗的逐渐认识和我对中国风景画的发现交织在一起。"[1]

斯奈德曾公开承认，是庞德首先将他引向中国诗歌[2]，王红公对他也产生了很大的影响。庞德和王红公对中国文化和诗歌的了解主要是通过第二手资料，但斯奈德对东方文化的了解则是通过他近 12 年在日本的生活和学习经历直接获得的。1984 年，他首次来到中国。在美国现当代诗人中，斯奈德可谓是最了解中国文化的。

斯奈德天生对自然有一种热爱，年轻时便自然而然地被倡导"天人合一"的中国哲学所吸引。在 *The Etiquette of Freedom* 一书中，他回忆起是如何对亚洲文化产生兴趣的：7 岁那年，他家奶牛场的一头小母牛死了，这促使他思考关于死亡、动物、人类等哲学问题——因此，在主日学校，他向基督教老师提了一个问题："在天堂我会遇到我的小母牛吗?"老师回答道："不会，因为动物不能上天堂。"[3] 7 岁的斯奈德感到内心受到了极大伤害，从此不愿意再去主日学校了。这件事也成为他生活中的一个转折点，促使他去拥抱非西方文化。斯奈德说："在我那个年纪，我们对待非人类的道德方式对我伤害太大了，这是让我对东亚文化产生兴趣的

---

[1]　Gary Snyder, "Introduction," in *Beneath a Single Moon*：*Buddhism in Contemporary American Poetry*, eds. Kent Johnson and Craig Paulenich, Boston：Shambhala, 1991, p. 4.

[2]　Gary Snyder, *Back on the Fire*：*The Essays*, Washington, D. C. ：Shoemaker & Hoard, 2007, p. 118.

[3]　Paul Ebenkamp, *The Etiquette of Freedom*, p. 65.

第一件事。"①

斯奈德十几岁时喜欢上了中国风景画。他曾多次回忆起在西雅图艺术博物馆看过的中国风景画是如何让他着迷的:

> 十一二岁时,我走进西雅图博物馆的中国展厅,看见了中国风景画;他们给我极大的震撼。我瞬间意识道:"这看起来就像卡斯凯德山水。"瀑布、松树、云、雾,看起来很像美国西北部。中国人对世界的认识是真实的。在另一间英国和欧洲风景画的展厅,看起来什么都不是了。我对中国文化中的某种东西,即刻产生了某种深深的尊重,从此后萦绕于我脑海,多年来我还会想起。②

尽管当时还很年轻,但看到中国画中的世界却让斯奈德有精神共通之感。对他而言,孩提和青少年时期的经历激发了他对东方文化特别是中国绘画的兴趣。

斯奈德在大学阶段正式开始学习中国文化。1947 年到 1951 年,他在里德学院(Reed College)学习期间,系统阅读了费诺罗萨的《中国与日本艺术的纪元》(*Epochs of Chinese and Japanese Art*)和庞德的《华夏集》(*Cathay*)。后来,他还读了阿瑟·韦利翻译的中国诗歌、《道德经》及《论语》。大量阅读中国经典让他充分感受到中国文化中人与自然合二为一的精神。

与此同时,斯奈德对大乘佛教产生了强烈的兴趣。对他而言,"中国文化的精神遗产本质上是禅宗。"③ 在一次访谈中,他描述了为什么决定去日本学习禅宗:"大乘佛教的智慧传承,在中国发展,吸取了更古老的道家传统……然后我了解到这个传统在日本仍然保存得很好。这让我下决心去日本学习。"④ 为什么不来中国学习? 主要是受冷战时期的政治环境所制约。20 世纪 50—60 年代,中美之间几乎断绝了所有往来。许多年以后,当斯奈德被问及"如果当时的政治局势不是那样的话,你会不会来

---

① Paul Ebenkamp, *The Etiquette of Freedom*, p. 65.
② Gary Snyder, *The Real Work*: *Interviews and Talks*, 1964–1979, ed. Wm. Scott McLean, New York: New Directions Publishing, 1980, pp. 93–94.
③ Snyder, *Real Work*, p. 104.
④ Snyder, *Real Work*, pp. 94–95.

中国?"他的回答非常肯定:"当然。"①

　　斯奈德对东方哲学的拥抱是与铃木大拙和瓦茨一脉相承的。铃木大拙的著作塑造了当时还是大学生的斯奈德。在一篇纪念铃木大拙的文章中,斯奈德回忆起铃木大拙的著作《佛学文集》(*Essays in Zen Buddhism*) 对他产生的决定性影响。后来他从人类学专业转为学习东方语言,部分原因便是因为那本书的影响:"它让我看到了一个更大的空间;尽管我当时并未意识到,但它却结束了我作为一个人类学学者的经历……后来在春季回到西海岸时,我发现了其他几位受到铃木大拙影响的人,包括瓦茨,我们互相交流我们的发现。"②

　　1953 年的夏天,斯奈德进入加州大学伯克利分校进行研究生阶段的学习,学习东亚语言。一个周五晚上,他来到净土宗伯克利佛教分会参加小组学习,在那里首次遇到瓦茨。由于他们对东方文化有共同的兴趣,从此结为终身好友。通过瓦茨,斯奈德结识了佐佐木夫人 (Mrs. Sasaki),她帮助斯奈德获得了一笔奖学金去日本学习禅宗。1956 年,斯奈德来到日本,在日本呆了 12 年,潜心学习禅宗的临济宗。

　　此外,他还花了大量时间学习中国文化。不容置疑,由于日本文化和中国文化之间的裙带关系,他在日本的学习经历增强了他对中国文化的了解。和日本禅相比较而言,斯奈德对具综合性的中国禅更有兴趣。他曾如此描述自己的偏好:"是中国禅而不是日本禅。我的意思是:并不是狭隘地定义为在寺庙里的修行,这是日本式的,而是更'中国式的'。"③

　　1969 年,斯奈德回到美国,成为了美国环保运动中一个先锋人物。

二　对释、道思想的生态化

　　就生态观而言,斯奈德通常被认为是深层生态主义学派的先驱。他倡导通过改变人们的思维观念来修复人与自然的关系。德韦尔和塞辛司这两位美国深层生态学中的先锋人物将斯奈德奉为深层生态学的引领者,并将他与深层生态学的创始人阿恩·奈斯 (Arne Naess) 相提并论,将他们名

---

　　① Gary Snyder, *The Gary Snyder Reader: Prose, Poetry and Translations* 1952–1998, Washington, D. C.: Counterpoint, 1999, p. 327.

　　② Gary Snyder, "On the Road with D. T. Suzuki," in *A Zen Life: D. T. Suzuki Remembered*, ed. Masao Abe. New York: Weatherhill, 1986, p. 207.

　　③ Patrick D. Murphy, *Understanding Gary Snyder*. Columbia: University of South Carolina Press, 1992, p. 14.

为《深层生态学》的专著同时献给斯奈德及奈斯。他们认为："在现代作家中，在促进人们对深生态运动的情感认同方面，没有谁比得上斯奈德。"①

斯奈德是林恩·怀特的忠实支持者。前面提到，怀特认为现代生态危机的根源在于基督教中的人类中心主义。在一篇倡导用佛教来引领生态革命的文章中，斯奈德回应怀特的观点如下："林恩·怀特认为犹太—基督教传统应为当今的生态危机负责——动物没有灵魂，不能被救赎；自然仅仅是我们人类肆意施展自由意志、并在耶和华庇护下的自我拯救。"② 生态危机爆发后，尽管许多基督教教派尽力绿化他们自己，斯奈德仍然认为："虽然基督教徒和犹太人中有人怀着良好愿望试图扩大他们的伦理阐释，将自然也涵盖其中（也有少数以生态—基督教为主题的学术会议得以召开），欧洲—美国的主导精神确定无疑是以人类为中心的。"③ 他同时也谴责达尔文主义："通俗的达尔文主义，强调适者生存，意味着说自然是腥牙血爪。这种观点意味着在道德上将人类提升到比大自然更优越的层次。"④ 他高度颂扬东方传统世界观："亚洲的思想体系（尽管不甚理想）对待自然要好一些。中国道家思想，印度永恒的佛法都认为人类是自然的一部分。"⑤

斯奈德致力于借助东方古典智慧来革命美国人的大脑。他的生态思想很大程度上来源于他对大乘佛教和道家思想的生态化解读。他认为佛教思想可以用来作为提升西方生态意识的社会革命手段。在一篇名为"佛教和即将到来的革命"（*Buddhism and the Coming Revolution*）的文章中，他详细阐发了这一观点。他开篇介绍了对佛教本质的理解："佛教认为宇宙和其中的万物都处于完全的智慧、爱、同情之中；会作出自然的反应，并相互依存。"⑥ 他认为佛教中蕴含巨大的潜力，可以培养人们的非人类中心主义思维方式和对自然的同情。

在斯奈德来看，现代西方文明加剧了人们的贪欲，促使人们追求不健

---

① Devall and Sessions, *Deep Ecology*, p. 83.

② Gary Snyder, *Earth House Hold*. New York: New Directions Publishing, 1969, p. 122.

③ Gary Snyder, "Ecology, Place & the Awakening of Compassion," in *Ecological Buddhism*, http://www.ecobuddhism.org/solutions/wde/snyder/, accessed October 6, 2012.

④ Gary Snyder, *A Place in Space: Ethic, Aesthetics, and Watersheds*. Washington, D. C.: Counterpoint, 1995, p. 71.

⑤ Snyder, *A Place in Space*, pp. 14-15.

⑥ Gary Snyder, *Earth House Hold*, p. 90.

康的发展。他写道：

> 几个世纪以来，西方文明如男性荷尔蒙爆发般毫无节制地进行物质积累、不断的政治和经济扩张，并称之为"进步"。在犹太—基督教的世界观中，人类将地球作为戏剧舞台，以追求他们的终极命运（天堂？地狱？），树木和动物仅仅是道具，自然仅仅是巨大的原料供应商。用化石燃料作为供给，这个宗教—经济观已经变成了一种癌症：不可控制的增长。最后它可能会自己呛死，并且还连累到许多其他的。①

斯奈德认识到西方一味追求进步和发展所带来的缺陷，因此积极倡导佛家生活方式。在他看来，"喜悦的、自愿的佛家贫穷"可以在抑制人们过度开发自然方面起到积极作用，因为佛教倡导无念无欲。而且，"传统的不伤害，不杀生可以有震撼民族之意义，练习打坐，因为每个人只需要自己脚下的那块方寸之地，可以帮助人们将从大众媒介和超市般的大学那里捡来的堆积如山的垃圾扫除自己的大脑。"② 这里的"传统的不伤害、不杀生"是佛教的第一教义。而打坐是得悟的必经之道，也可以看到自己的本性——纯洁如初生婴儿般的大脑，还没有被现代文明所玷污。如果一个人能遵守这些教义，她/他肯定会减少对自然的伤害。在一首名为《在革命中的革命在革命中》的诗歌中，斯奈德如一位社会革命领袖，为佛教革命写下了章程：

> 乡村包围着城市
> 后乡包围着乡村
>
> "从群众到群众"最强烈的
> 革命意识有待发现
> 最受无情剥削的阶级：
> 动物、树、水、空气、草

---

① Gary Snyder, *Turtle Island*, New York: New Directions Publishing, 1974, p. 103.

② Snyder, *Earth House Hold*, p. 91.

我们必须通过
"无意识的独裁"的阶段
希望国家消亡
最终达成真正的共产主义。

如果资本家和帝国主义者
是剥削者，群众是工人。
党
是共产主义者。

如果文明
是剥削者，群众是自然。
党
是诗人。

如果抽象的理性思维
是剥削者，群众是无意识的。
党
是瑜伽修行者。

权力
从咒语的种子中出来。①

　　这首诗读起来很像一首无产阶级革命诗歌。但是这里的无产阶级是
"动物、树、水、空气、玻璃"，被资本主义生产模式和过度消费为特征
的现代文明无情地蹂躏。斯奈德努力为这些被蹂躏者代言，试图建立一个
人类和非人类之间的共同联盟。斯奈德倡导的革命路径显然受到了共产主
义革命的影响，特别体现在他所用的术语上，包括阶级、剥削、政党等，
但是他的生态革命的主导意识形态不是马克思主义，而是东方宗教思想。
他发动的共产主义革命是用包括冥想在内的一些重要的东方宗教教义将西

---

① Gary Snyder, *No Nature：New and Selected Poems*, New York：Pantheon Books, 1992, p. 183.

方抽象理性与二元对立思维连根拔掉，其中也包括对毛泽东革命手段的运用。"农村包围城市"是典型的毛泽东军事思想，先在农村建立革命根据地，积累军事力量，然后逐渐包围和征服城市。在斯奈德来看，生活在农村的人并没有远离大自然，他们因此对大自然有更多的同情。"后乡"用来象征荒野——现代人们较少践踏的地方。这也可以解释为什么斯奈德选择居住在内华达的圣胡安岭。

众所周知，斯奈德将许多佛教思想融入他的生态思想中，但是较少有学者注意到其实他对道家思想也很感兴趣，特别表现在他后期创作中。在《禅定荒野》一书中，斯奈德依据道家思想概念阐发他对"野性"和"荒野"的理解。他认为人们传统上对"野性"的理解是很负面的，包括字典中的释义也主要是从人类的视角出发的。这种人类的视角完全以人类为中心，是人类中心主义的观点，并没有关注自然世界。为了人类与自然的和谐相处，斯奈德提议从非人类中心主义的视角来重新定义"野性"，并认为中国人说的"道"——"大自然之道"极具启示意义，即：远离分析、超越分类、自我组织、自我探寻、随性自如、出人意料、因时而变、变幻莫测、独立自主、完美无缺、井然有序、无须调和、任意展示、自我甄别、固执己见、错综复杂、相当简朴。①

正如老子认为：道乃万物之母，斯奈德认为："野性可谓自然的本性之所在。"（"Wildness can be said to be the essential nature of nature."）②斯奈德认识到几乎所有的民族对"野性"的解释都是负面的，而"只有早期的道士可能认为智慧源自荒野（自然）。"③ 因此他对"荒野"进行了定义："荒野"这种地方能让潜在的野性充分发挥，各种生物和非生物在这里依其自性，繁衍生息。④ 在斯奈德来看，如果人类能重新认识到包括人类和非人类的整个宇宙的"野性"之本性，世界的"荒野"系统可以得到恢复，生态平衡也可以因此获得。其中体现的保持人类和事物本真的观点与古典道家思想不谋而合。

---

① 加里·斯奈德：《禅定荒野》，陈登、谭琼琳译，广西师范大学出版社 2014 年版，第 9—10 页。

② Snyder, *A Place in Space*, p. 174.

③ 加里·斯奈德：《禅定荒野》，陈登、谭琼琳译，广西师范大学出版社 2014 年版，第 4 页。

④ 加里·斯奈德：《禅定荒野》，陈登、谭琼琳译，广西师范大学出版社 2014 年版，第 11 页。

斯奈德对古老东方智慧坚信不疑。在一篇名为《东亚教会我们一切》的文章中，斯奈德再次表达了对东亚文明中的非二元对立思想的认同：

> 东亚文明从来没有将人类和其他生物进行严格区分，严格区分的都是"亚伯的宗教"——犹太教、基督教，和伊斯兰教。这种亚伯的二元对立存在于现代的一神论思想中，直至今天仍然顽固地存在……在东亚，从早期民间宗教到道家、儒家思想，到后来的大乘佛教的实践和哲学，以及日本神道教，人类一直被看作是自然的一部分。①

如同铃木大拙和瓦茨，斯奈德被古代东方非二元对立思维深深吸引。对他而言，摆脱二元对立思维是解决现代生态危机的前提条件。在这方面，古典东方智慧是重要的思想源泉。

三　对美国诗歌的生态化

在诗歌创作而言，斯奈德的砾石成道表意法与庞德的表意文字法一脉相承。毫无疑问，庞德对他产生了影响，斯奈德自己也在诗歌"Axe Handles"② 中公开对庞德表示感谢。不过虽然两人均浸淫于中国文化，但庞德对于中国的了解多来自阅读及想象，而斯奈德曾直接接触并体验东方文化，东方文化对他的思想和诗歌创作产生了重要影响。

斯奈德将他的生态诗歌创作的主要方法称为 riprapping，在诗歌形式和内容两方面模仿中国古典诗歌。斯奈德承认，在创作初期，中国诗歌对他的影响达到了80%。③ 在他近期的论述中，斯奈德也承认，尽管他的诗歌创作受到多方面的影响，其中包括日本俳句，但对他影响最深的还是中国古典诗歌。④ 他曾这样描述第一次接触到中国诗歌的经历：

> 1949 年，我住在俄勒冈，第一次接触到中国诗歌对自然的描写；那是我感兴趣的……我被译诗中难以言表的元素深深打动……简洁、

---

① Snyder, *Back on the Fire*, pp. 27–28.
② Snyder, *No Nature*, p. 266.
③ 赵毅衡:《诗神远游》，2003 年版，第 74 页。
④ Snyder, *Back on the Fire*, p. 59.

透明、空间，同时，还有细致地、专注地、精确地注意和观察自然中的细微之处——月亮当空、绵延万里的大自然中的细微之处。这是我的第一兴趣所在。[1]

Riprap & Cold Mountain Poems 是斯奈德出版的第一本书，包括 21 首诗，涵盖了他从 1953 年到 1958 年期间的生活经历，以及他翻译的寒山诗歌。依据国内斯奈德研究专家谭琼琳教授的研究，斯奈德的"砥石成道"表意法来源于他本人在内华达当筑路工的生活经历，以及他翻译中国的寒山禅诗时的体验。"riprapping"一词本身出自于他的筑路工友罗伊·马奇班克斯（Roy Marchbanks）之口，是指在筑路时，捡一些花岗岩石头放进硬石板上铺放紧凑的鹅卵石空隙里，而铺石后的结果看上去就像斧挫过的石头恰好塞进头发丝空隙大的裂缝里。[2] 受中国五绝、七律的古诗影响，斯奈德尝试用硬朗、简短的词语写诗，用看起来简洁的表层结构表达丰富的思想内涵。

麦克劳德指出：斯奈德及其他几位美国诗人描写自然的方式属于"中国隐士传统，体现了天人和谐……将人置于宇宙之中，但是人只是其风景的一部分。"[3] 斯奈德尽力去模仿中国诗歌中物我两忘的境界。下列诗句选自他的《八月中旬，索尔多山瞭望台》（*Mid-August at Sourdough Mountain Lookout*）：

　　山谷深处烟雾缭绕，
　　连下五天雨，跟着三天酷暑
　　冷杉球果松脂闪光
　　岩石上，草地上
　　新生的苍蝇密密麻麻。

　　想不起来读过什么
　　几个朋友，都在城里

---

　　① Gregory Orr, ed. "Chinese Poetry and the American Imagination," *Ironwood*, Vol 17, 1981, p. 13.

　　② 谭琼琳：《加里·斯奈德的"砥石成道"表意法研究》，《外国语》2012 年第 3 期。

　　③ Dan McLeod, "The Chinese Hermit in the American Wilderness," *Tamkang Review*, Vol 14, No. 1, 1983, p. 170.

　　喝马口铁杯子里冰冷的雪水

　　目光越过静止苍穹

　　俯瞰几英里外地方。①

　　这首诗是斯奈德 1953 年所写，当时他在索尔多山瞭望台上当火情监视员。在那里，他远离城市和现代文明，在荒野中得到了悟。无论是在内容还是形式上，这首诗都深受中国古典诗歌的影响。首先，尽可能不用主语。在古典诗歌中，省略主语是司空见惯的事。通常，省略主语可以充分地体现情景交融，呈现出的是不区分主客体的完整世界。与此同时，为了照顾读者，"主语的省略将读者引入一个想象的空间，让读者身临其境地观察自然，而不是事先预设一个观察者，设置一个人类中心主义的、人为主宰的、自然为屈从的人与自然的关系。"② 本诗的第一节聚焦物质世界，"只有不带感情色彩的事实和过程的描写，并没有表明人的存在或人的视角。"③ 到了第二节，人称代词才出现。这里我们看到的是在索尔多山荒野中的孤单一人，对他周围的环境和生物如此熟悉，甚至可以判断出他看见的一群蚊子是否是新的。他记不住过去的事情，但是他却能通过高空的静谧的空气看到远方。当一切如此沉静，他找到了内心的平静，获得了悟。一个站在高山上的"孤寂的形象"在中国古典诗歌中并不少见，山在中国传统文化中通常被认为是获得悟的理想之处。

　　如前所述，斯奈德对中国风景诗和风景画有着特别的兴趣。在他的长诗《山河无尽》中，他完成了多年来的一个夙愿，就是要模仿中国风景卷轴画来写诗。事实上，中国宋代就产生了诗画同源理论，以追求"诗中有画，画中有诗"为至高审美原则。北宋初期的欧阳修，北宋中期的郭熙均论及诗歌与绘画的关系，又经苏轼深入阐发才得以发扬光大、广为人知。苏轼在评价王维的诗画创作时，提出了他的经典理论："味摩诘之诗，诗中有画；观摩诘之画，画中有诗。"④ 总体而言，诗歌和绘画在以下方面存在共同点：首先是在技巧和内在精神上，两者都属于一种极其含

　　① 杨子译：《盖瑞·斯奈德诗选》，江苏文艺出版社 2013 年版，第 3 页。

　　② Jody Norton, "The Importance of Nothing: Absence and Its Origins in the Poetry of Gary Snyder," *Contemporary Literature*, Vol 28, No. 1, 1987, p. 47.

　　③ Murphy, *Understanding Gary Snyder*, p. 45.

　　④ 北京大学哲学系美学教研室：《中国美学史资料选编：下》，中华书局 1981 年版，第 37 页。

蓄、追求韵味、依赖想象的主观性极强的抒情性艺术，都要求艺术家的个性投入和情感与感受的融入。其次在题材上，很多诗歌即直接取材于绘画，绘画即直接取材于诗歌，很多诗人即画家，画家即诗人。同时，题画诗是中国诗与中国画的完美融合，生动地证明了诗画可以融合得"你中有我，我中有你"。作为一位诗人，斯奈德热切地希望能将诗歌写出绘画的张力。在他看来，中国风景卷轴画，每幅画各自一体，但同时又和其他画卷浑然一体，是他认为的描写自然界山河无尽、浑然一体的最理想的方式。1964 年，在一次采访中，他曾这样描述诗歌中的风景画意识：

> 我越来越意识到：在我的长诗中，外在风景和内在风景的极度契合……我前前后后都在处理这种契合。这首诗的每一章节，就像一幅风景画卷的每一卷，是一个旅程中向内向外向前的起点。间或，《山水无尽》中对一些细节的细致入微的刻画给人的感觉是诗人渴望成为一个画家。①

值得一提的是，20 世纪 60 年代，斯奈德已经注意到西方科学观对中国环境可能造成的负面影响，警告学习西方形而上学思想过程中的教条主义，下面这首诗《致中国同志》可以说明这一点：

> 毛主席，你应该戒烟。
> 不要打扰那些哲学家
> 建坝，植树，
> 不要用手杀死苍蝇。
> 马克思是另一个西方人。
> 都是在脑子里。
> 你不需要炸弹。
> 坚持农业发展。
> 写一些诗。在河里游泳。
> 那些蓝色工作服很好。
> 不要朝我开枪，我们去喝酒。

---

① McLeod, "Asia and the Poetic Discovery of America from Emerson to Snyder", p. 179.

就

等待①

在这首诗歌中，斯奈德以幽默的口吻给毛主席提建议，同时阐发了他的生态观：戒烟、停止制造导弹，用修大坝和种树取而代之。不要学习西方，而是坚持中国传统农业。此外，建议不要"用手打苍蝇"，因为那时候毛主席发动了全民除四害的运动，旨在消灭四种害虫，包括老鼠、麻雀、苍蝇、蚊子。总体而言，斯奈德建议毛主席要集中精力干实事，发展农业，而不是陷入意识形态的斗争，或者与西方进行军备竞赛。

小　　结

本章以 20 世纪开始的中美诗歌对话为研究素材，探讨了费诺罗萨、庞德、王红公、斯奈德在此过程中引领的生态对话，以及他们在中国传统自然观的西渐过程中所做的贡献。他们不仅独具慧眼发现了中国传统有机自然观的价值，还在很大程度上引领了美国现代诗歌中观察和描写自然的新的范式。虽然中国传统有机自然观在其本土不断被边缘化，但在西方却获得了新的生命。本研究可为进一步考察中国传统自然观对 20 世纪美国生态诗歌的形成所产生的影响作铺垫。

---

① Snyder, *The Back Country*, New York: New Directions Publishing, 1968, p. 114.

第四章

中国传统生态思想从边缘化到回归

美国著名汉学家狄百瑞（Willim Theodore de Bary，1919—2017）曾这样描述西方和东亚之间的关系：

> 西方以其文化与政治的多元主义接受了东亚传统的某些方面，而现代的东亚几乎是带着一种复仇心理经历了工业化和商业化以后，却在控制污染的斗争中落后了。于是在这方面，东方和西方的会合和交融就已经走到了这种地步，即现代的东亚可能需要赶上在西方所体现出来的某些东方最好的传统。①

这段话恰如其分地概述了 20 世纪中国传统思想在本土的一度迷失。纵观 20 世纪，随着中西方在思想和诗歌领域交流的日益频繁及西方现代环保运动的诞生，中国的"天人合一"传统有机自然观得到了越来越多西方生态研究者的青睐。但与此同时，西方的达尔文进化论思想、近代科学的机械论思想及马克思的辩证唯物主义自然观等相继引入中国，逐渐改变了中国人看待物质世界的方式。尽管这三种思想宣扬的自然观不尽相同，但在中国被本土化之后，对它们的阐释曾一度有了一个共同视角：人类高于自然且能够主宰自然，这无疑与中国传统"天人合一"的有机自然观形成了截然对立。特别是伴随着中国人对西方近代科学的痴迷，"天人两分"的自然观逐渐深入人心，在很大程度上重塑了中国人的世界观、价值观和幸福观，对中国社会产生了根深蒂固的影响。本章主要探究以下几个问题：自 20 世纪上半叶开始，当中国传统有机自然观"天人合一"

---

① 狄百瑞：《东亚文明——五个阶段的对话》，何兆武、何冰译，江苏人民出版社 1996 年版，第 136 页。

思想开始受到不少西方生态研究者的青睐，为什么在自己的本土却完全被边缘化了？又是如何被边缘化的？20 世纪下半叶开始的西方现代环保运动又如何促进了"天人合一"中国传统生态智慧在其本土的复苏？

西方自然观对中国的影响大致可分为两个阶段：第一阶段从 20 世纪初到 1978 年改革开放之前，即西方自然观的东渐阶段。在此期间，由于严复、胡适等一批青年留学生的持续努力，达尔文的自然进化论、近代科学的机械论所宣扬的自然观逐渐在中国扎根，中国传统的"天人合一"思想被逐渐边缘化；中华人民共和国成立后，马克思辩证唯物主义成为主导意识形态，在这一阶段，中国的工业文明开始得以发展，但环境问题也日益显现。第二个阶段始于全面实行改革开放政策以后，即中国奋力追赶西方的开始，也是西方"天人两分"自然观在中国的大规模实施阶段。在这一期间，以科学技术促发展的战略得到了全面实施，工业文明迅猛发展，大自然作为可促发展的有效资源被无节制地开发利用。中国随之出现了前所未有的物质进步，但同时也为此付出了高昂的环境代价。随着西方引领的全球化环保运动的蓬勃发展，以及西方生态研究学者对中国传统生态智慧的普遍肯定，自 20 世纪 80 年代开始，"天人合一"的中国传统自然观亦开始回归中国。

第一节　西方自然观的东渐之旅

一　引入达尔文的进化论——用全新的视角看世界

中西传统上的"天人合一"与"天人两分"自然观本是截然对立，但中西方持续不断的文化交流促进了双方在自然观方面的相互影响。有学者认为：西方自然观对近现代中国的深刻影响是通过以下七个主要历史事件逐渐完成的：第一个历史事件是指 1550 年—1820 年期间，以利玛窦为代表的欧洲天主教耶稣会传教士带来了西方自然科学知识，标志着"西学东渐"的正式开始；第二个历史事件是发生在 1860 年代—1890 年代的洋务运动，中国开始积极主动地学习西方，西学开始深入影响中国的工业、技术、经济、社会和军事领域；第三是以严复翻译出版《天演论》为标志；第四是 1919 年五四运动时期所引入的"科学"和"民主"两个影响中国近百年的概念；第五是马克思主义中国化使辩证唯物主义自然观成为具有绝对权威的自然观；第六个历史事件指 1966 年至 1976 年间中国传统思想包括传统自然观对现代中国人的微弱影响被彻底摧毁，间接地帮助西方自然观消灭了中国传统自然观这个力量本已悬殊的对手；第七个历史事件是 1978 年后持续至今的改革开放，在全面引进西方科学技术和自然观的同时，也有学者开始重新反思中国传统自然观的现代价值，为中西自然观的现代融通积蓄力量。① 笔者十分认同这七个事件的描述。不过需要补充的是，这种影响从来不是单向的，并不总是西方对中国产生影响，而是双向的，由利玛窦等西方传教士开启的"西学东渐"也同时促进了"东学西渐"，蕴含中国传统"天人合一"思想的中国园林艺术观念传到欧洲后也产生了明显影响。

　　西方自然观的东渐始于 16 世纪下半叶明朝（1368—1644）统治末期。以罗明坚、利玛窦为代表的西方传教士来到中国推广基督教。据说利玛窦在 1598 年成功进入北京——明朝的政治文化中心，不久成为第一个见到中国皇帝的西方传教士。之后他和徐光启合作完成了欧洲科学名著《几何原理》的汉译工作，这也是中国引入欧洲近代科学知识的标志性事件。后来，金尼阁、南怀仁、殷铎泽等传教士相继来到中国，也顺便带来一些科学知识。不过这些传教士们当时提供的关于自然的观点只是"启蒙时期之前的世界观"。由于"耶稣传教士并不是现代意义上的自然科学家"，所以基督教把自然视为"看见神工作时的一种方式"，与新儒学的"理解经验背后的超验原则（天理）"的自然观并没有太大的差别。② 大体而言，这两种自然观都是以有机论为基础的。1723 年，雍正皇帝将耶稣传教士逐出中国，中国自此闭关锁国，直到 1840 年鸦片战争爆发后被迫对英军打开大门，从此疲于应付持续不断的外敌入侵，中国人自诩的"天朝上国"的信心被彻底动摇了。19 世纪下半叶，中国仍处于"靠天吃饭"的农业文明形态，敬畏自然仍是当时中国社会看待物质世界的主导方式。而科学发达的西方，通过大规模征服自然、改造自然，已在工业文明和物质文明建设方面领先了逾百年。开始睁眼看世界的许多社会精英逐渐意识到中国在科学发展方面已经远远落后于西方。

　　在"师夷长技以制夷"及"中体西用"的观念指导下，清政府开始

---

① 杨锐：《中西自然观发展脉络初论——兼论我的自然观》，《清华大学学报》2014 年第 2 期。

② Weller, *Discovering Nature*, p. 44.

大力引进西方的科学与技术。与此同时，一批接一批的青年学子通过自费或公费到美国、英国、日本、法国等国留学。这些留学生们充分感受到了西方工业文明发展带来的物质文明的极大丰富，而工业文明以科学技术的飞速发展为特征，以倡导征服自然、改造自然的机械论思想为人与自然关系的主要建构方式。这些青年学子在全面学习吸收西方的"科学"理念及成果的同时，也开始反思中国传统上看待自然的方式，他们把西方的科学和自然观念带回中国，对整个社会影响极大。正是在这种背景下，西方的自然观逐渐植根于中国人的心里。

在西学东渐的起始阶段，严复（1854—1921）起到了至关重要的作用。严复是福建侯官（今福州市）人，中国近代启蒙思想家、翻译家，也是近代史上向西方国家寻找革新救国真理的中国人之一。他系统地将西方的社会学、政治学、政治经济学、哲学和自然科学介绍到中国，翻译了《天演论》《原富》《群学肄言》《群己权界论》等著作，这些著作后来成为中国20世纪最具影响力的思想启蒙丛书，其中《天演论》产生的影响最大。

严复是基于赫胥黎（Thomas Henry Huxley，1825—1895）的 *Evolution and Ethics* 翻译而成的《天演论》。赫胥黎是英国著名博物学家，达尔文进化论思想最杰出的代表，*Evolution and Ethics* 主要探讨了宇宙过程中的自然力量与伦理过程中的人为力量相互激扬、相互制约、相互依存的根本问题。该书中文版于1898年出版，是达尔文思想在中国传播的奠基之作，对中国人的自然观念产生了根深蒂固的影响。

美国学者浦嘉珉（James Reeve Pusey）认为，严复翻译的《天演论》为中国人看待自然提供了一种新的方式。而在此之前，"中国对普遍世界（自然世界和其它地域的人居住的世界）表现出惊人的无知。"[①] 他进一步指出："在严复的帮助下，他[②]使中国人发现了西方知识史的整个令人期待的领域。通过让人们以一种全新的方式去观察自然领域，他还使中国人发现了自然史的整个广阔领域。因为大多数中国知识分子此前从来没有以博物学家的眼光去看待自然。"这里浦嘉珉提到的"中国知识分子"就包括鲁迅。"当那些像鲁迅一样的人们和赫胥黎一起通过他的窗户去眺望英

---

① 浦嘉珉：《中国与达尔文》，江苏人民出版社2009年版，第125页。
② 此处"他"指赫胥黎，本条注释为笔者添加。

格兰的田野时，他们简直把自然当作素未谋面一样——并且为之激动不已。"①

鲁迅只是被大自然迷住了的众多年轻知识分子中的一个。严复译介的进化论思想不仅为中国人褪去了大自然的"神秘"面纱，还广泛传播了"以人持天"和"胜天为治"的观点。比如，"人欲图存，必用其才力心思，以与是妨生者斗。负者日退，而胜者日昌。"② 他对人类认识自然和改造自然的能力充满了信心和乐观精神。

更为重要的是，严复将达尔文思想中"优胜劣汰""物竞天择，适者生存"的生物进化理论用于解读人类社会，阐发其救亡图存的观点，彻底颠覆了中国传统上看待自然和社会的方式。其阐述如下：

> 意谓民物于世，樊然并生，同食天地自然之利矣。然与接为构，民民物物，各争有以自存。其始也，种与种争，群与群争，弱者常为强肉，愚者常为智役。及其有以自存而遗种也，则必强忍魁桀，矫捷巧慧，而与其一时之天时地利人事最其相宜者也。③

严复创造性地用达尔文的进化论思想引导中国人通过"斗争"追求"进步"。中国传统的以"和为贵"的理念不再奏效，因为在经历了数次丧权辱国的外来侵略之后，中国人最终明白了"适者生存"的道理。"斗争与生存"的理念受到了狂热的追捧，并深入人心，胡适对此这样描述：

> 《天演论》出版之后，不上几年，便风行到全国，竟做了中学生的读物了。……在中国屡次战败之后，在庚子辛丑大耻辱之后，这个"优胜劣汰，适者生存"的公式确是一种当头棒喝，给了无数人一种绝大的刺激。几年之中，这种思想像野火一样，延烧着许多少年人的心和血。"天演"、"物竞"、"淘汰"、"天择"等等术语都渐渐成了报纸文章的熟语，渐渐成了一班爱国志士的"口头禅"。④

---

① 浦嘉珉：《中国与达尔文》，江苏人民出版社 2009 年版，第 154 页。
② 王民、陈友良：《论严复的科学思想》，习近平主编：《科学与爱国——严复思想新探》，清华大学出版社 2001 年版，第 21—34 页。
③ 浦嘉珉：《中国与达尔文》，江苏人民出版社 2009 年版，第 59 页。
④ 胡适：《四十自述》，江西人民出版社 2016 年版，第 61 页。

　　胡适还指出：有许多人爱用与进化论思想相关的名词做自己小孩的名字，比如他有位同学叫孙竟存，还有同学叫杨天泽。而他自己的名字也是受此影响而来的。胡适原名叫胡洪骍，后在哥哥的建议下，用"适"做表字，1910 年考试留美官费时，正式启用胡适的名字。①

　　对于深受西方列强凌辱的中国人而言，"斗争"的必要性不仅仅在于人类必须征服自然去创造更美好的生活，也意味着必须与一切帝国主义进行抗争才能实现民族复兴。正如周明之（Min-chih Chou）所言：

　　　　社会达尔文主义在当时的中国非常风行，因为既可用它来解释中国的屈辱处境，又可用它作为摆脱困境的灵丹妙药。对许多中国人来说，这种哲学是能解开疑难症结的普遍规律。中国之所以陷入这样严重的危机之中就在于没有实践"适者生存"的"斗争"法则。②

　　梁启超本来是一位接受了古典教育的学者，同样受到严复翻译的《天演论》的极大影响。他在相关著述中宣扬毅力之美，主张用"斗争性的语言"：

　　　　人治者，常与天行相搏，为不断之竞争者也。天行之为物，往往与人类所期望相背，故其反抗力至大且剧。而人类向上进步之美性，又必非可以现在之地位而自安也。于是乎人之一生，如以数十年行舟于逆水中，无一日而可以息。③

　　显而易见，自然于中国人而言不再需要敬畏，而是被当作一个不折不扣的敌人及人类进步的绊脚石。在题为《二十世纪太平洋之歌》（1900）的诗中，梁启超认为自然界的"优胜劣汰"适用于人类社会。回顾四大文明古国的历史演变后，他写道："物竞天择势必至。不优则劣兮不兴则亡。……尔来环球九万里，一砂一草皆有主，旗鼓相匹强权强。"④ 在全世界，中国在人类文明进化中已处于劣势，梁启超呼吁四亿五千万中国人

---

①　胡适：《四十自述》，江西人民出版社 2016 年版，第 61 页。
②　周明之：《胡适与中国知识分子的选择》，广西师范大学出版社 2005 年版，第 10 页。
③　浦嘉珉：《中国与达尔文》，江苏人民出版社 2009 年版，第 264 页。
④　梁启超：《梁启超诗文选》，华东师范大学出版社 1990 年版，第 160 页。

反对帝国主义侵略，捍卫主权。总体而言，达尔文的进化论改变了很多持有传统自然观念的学者。

二　科学成为一种新的意识形态

虽然以谭嗣同、梁启超和梁漱溟为代表的传统学者均被达尔文的进化论所吸引，但他们仍然没有全盘地接受西方科学观念。然而，在1894—1895年间，中国在中日甲午战争中的惨败让许多国人认识到，不能仅仅追求技术的进步，还要彻底地转变思想，学习西方观念。此后，随着1905年科举考试的废除，1911年清王朝的灭亡，中国的思想西化进程不断加快。每年有成千上万的年轻人公费或者自费去国外学习，从国外回来的许多学生主张全盘西化。中国的一些学校也开始提供部分或全部西化的教学课程，主要集中在理科而不是人文学科。总之，中国知识分子对西方科学的兴趣日渐浓厚。

旨在传播科学理念的期刊如雨后春笋般发展。1915年，《青年》（即后来的《新青年》）的主编陈独秀在《敬告青年》一文指出："国人而欲脱蒙昧时代，羞为浅化之民也，则急起直追，当以科学与人权（民主）并重。"[①] 这本杂志为后续其他各类期刊奠定了基调。1915年，美国康乃尔大学的中国留学生任叔永等人创办了影响深远的杂志《科学》。在1919年五四运动期间，陈独秀主张遵循"德先生"，反对儒家思想；遵循"赛先生"，反对传统艺术和宗教。[②] "赛先生"和"德先生"被誉为可以帮助中国实现现代化的两大武器。

陈独秀与胡适主张全盘西化的观点遭到了传统势力的反对，他们仍然相信传统文化是具有巨大价值的。第一次世界大战的爆发导致欧洲大面积萧条，这一结果让中国的一些古典学者对科学的无所不能更加怀疑。比如，梁启超在他的《欧洲心影录》中批判了"科学万能"的说法，认为欧洲科学的发展并没有带给人类幸福。[③]

传统派和自由派之间的矛盾达到了顶峰，并最终在1923年的辩论中激化。这次论争肇始于自由派学者丁文江对传统派学者张君劢在清华大学

---

① 陈独秀：《青年杂志》第1卷第1号，选自《陈独秀文章选编》第1卷，生活·读书·新知三联书店1984年版，第8页。

② Qtd. in Jessica Ching-Sze Wang, *John Dewey in China: To Teach and to Learn*, Albany, N. Y.: SUNY Press, 2007, p. 14.

③ 易鑫鼎编：《梁启超选集》，中国文联出版社2006年版，第423页。

的演讲内容的尖锐批评。1923 年 2 月 14 日，张君劢在清华大学进行了题为"人生观"的讲座，经整理后发表。在此次演讲中，张君劢特别强调科学与人生观之间有着不可逾越的鸿沟。原文大旨是："人生观之特点所在，曰主观的，曰直觉的，曰综合的，曰自由意志的，曰单一性的。惟其有此五点，故科学无论如何发达，而人生观问题之解决，决非科学所能为力，惟赖诸人类之自身而已。"① 张君劢实际上是给中国公众提出了这样一个问题：科学可以主导人生观吗？他的回答是否定的。丁文江认为张君劢完全误解了科学的本质与功能，认为任何真正的知识都需要通过科学方法才能获得；所以，在将来某一时期，科学将发达到能够将各个不同的人生观统一起来。因为人生观必须基于对真、假、对、错的理解，所以只有应用科学方法，才能解决人生观问题。

许多学者参与到这场辩论中，丁文江、吴稚晖、陈独秀、胡适、任叔永等主张科学主义；张君劢、梁启超、范寿康、菊农等主张弘扬中国传统哲学的精神价值，由此展开了著名的"科玄论战"，两派的文章在杂志上泛滥，引出了关于哲学、科学及社会方面的诸多话题。这是中国历史上第一次关于科学和哲学之间的辩论，但在诸多方面表现为传统世界观与科学世界观之间的论争，亦是中国传统有机自然观和来自西方的科学的机械论自然观之间的论争。广义上而言，双方之间的冲突主要是源自对两个问题的不同看法，即：生命的意义是什么？人类的主要问题是什么？换言之，哪一种关系于人类而言更为重要？是人与人之间的关系，人与自我的关系，还是人与自然的关系？哪种关系可以帮助我们获得真正的幸福？是用科学来理解这个物质世界，还是专注于自己精神世界的修养？中国传统哲学，无论是儒家还是道家，都将重点放在个人修养上，而不是征服物质世界。中国传统的观点认为，只要人类拥有基本的生存手段就是幸福的，物质财富与幸福没有太大的关系。相信"天人合一"的传统学者认为人类的幸福在于自然的循环和一个人的精神世界。例如，张君劢的支持者菊农就认为将人与自然二元对立起来的观点是不对的。相反，他认为，个人与宇宙之间应该没有主客体的区别；当一个人具有完善的人格时，他可以实现与宇宙的互通。②

必须指出的是，张君劢并没有否定科学在认识自然中的价值，但他对

---

① 胡适：《胡适文集》（第 2 卷），花城出版社 2013 年版，第 148 页。
② 张君劢等：《科学人生观》，第 247—248 页。

科学的无所不能感到怀疑。然而，争论的结果完全有利于"亲科学派"，促进了科学作为一种全新的价值体系的正式确立。"据调查，1923年的辩论实际上给科学做了很好的宣传，将科学提到一个很高的程度，从此以后科学这个术语被普遍用于一些积极的思想潮流中。"[①] 科学主义由此替代儒家思想成为主导思想。

三　推动西方自然观东渐的先锋人物

虽然陈独秀十分推崇科学，但是他倡导的辩证唯物主义主要是基于政治用途。而丁文江、吴稚晖、胡适等人均积极推动用自然进化的观点和机械论思想来观察世界。

（一）丁文江

丁文江（1888—1936）是中国第一位卓有成效的科学家。从英国学成回国后，他在1913年建立了第一个地质学院。作为"科学化最深的中国人"，丁文江把提倡、推动科学研究视为己任，由他挑起的"科玄论战"，在当时即被认定为开辟新纪元的"空前的思想界的大笔战"，亦是最有力最有影响的科学精神宣传运动。[②]

1923年参加"科玄论战"时，丁文江时任北京大学的地质学教授。1919年，在这场论战爆发之前，他曾陪同梁启超和张君劢赴欧洲考察。这次考察让梁启超和张君劢对西方的唯物主义不再抱有希望，然而，丁文江对待科学的态度并没有受到此次行程的影响。在反驳张君劢时，丁文江指出：科学方法可以用来研究一切事物，因为"在知识界内，科学方法是万能的。形而上学最终会落败"[③]。丁文江认为科学能帮助人类更好地认识自然，从而推动物质文明。丁文江视伽利略、达尔文、赫胥黎、斯宾塞等西方科学家为权威，经常引用这些人的观点对玄学思想进行攻击。

（二）吴稚晖

吴稚晖（1865—1953）是民国时期倡导科学的健将。他最开始学习的是古典文学，1902年赴日本留学，后来转移到欧洲。在英国和法国学习期间，吴稚晖极大地丰富了自身的自然科学知识，特别是进化论和古生

---

① Kwok, *Scientism in Chinese Thought* 1900–1950, p. 17.

② 宋广波编：《丁文江卷》，中国人民大学出版社2015年版，导言第1—2页。

③ De Bary and Lufrano, *Sources of Chinese Tradition*, p. 373.

物学方面的知识。他完全被西方科学观念迷住了，主张推翻中国传统价值观念，建立基于科学的价值观。在"科玄论战"中，吴稚晖被胡适誉为科学派的"押镇大将"①，吴稚晖针对论战写了两篇文章，在胡适看来，这两篇文章对于"亲科学派"的获胜具有决定性的作用。

吴稚晖的世界观来源于西方 18 世纪晚期的机械唯物主义与 19 世纪的进化论思想。基于牛顿物理学，他作了如下阐述："在这个世界上，除了物质，没有其他任何东西先于精神而存在，精神是物质形成的副产品。"②作为达尔文进化理论的坚定信仰者，吴稚晖认为，从某种程度而言，人类不同于自然界其他生物。科学可以用来研究世界万物，可以帮助人类揭开自然界的奥秘，可以削弱过去具有神圣权威的迷信：

> 以往的人们，受自然威权的制限太多了，因此而生出神权黑暗的时期。得科学来淡下神权的崇拜，人们的思想，遂得一大解放。独立自尊的观念，未来的理想世界，都仗着它造因。欧美各国的兴盛，除了科学，还能找出别的原动力吗？③

在吴稚晖看来，社会的"大同"可以通过机器来实现，因为大同建立在机械和物质文明之上。他勾勒出一幅美好愿景："到了大同世界，凡是劳动，都归机器……每人只要工作两小时，便已各尽所能。……这并非'乌托邦'之理想，凡有今时机器较精良之国，差不多有几分已经实现，这明明白白是机器的效力。"④

（三）胡适

胡适被普遍认为是传播科学思想最具影响力的先驱。孩提时代，胡适接受过严格的传统教育，深谙传统理念，但后来深受严复翻译的进化论思想的影响。事实上，"胡适这个名字里的'适'是他听从了自己哥哥的建议，从'适者生存'中借用而来的。"⑤ 在哥伦比亚大学学习期间，胡适

---

① 金以林、马思宇编：《吴稚晖卷》，中国人民大学出版社 2015 年版，导言第 3 页。

② Kwok, *Scientism in Chinese Thought 1900-1950*, p. 41.

③ 转引自郭颖颐《中国现代思想中的唯科学主义（1900—1950）》，江苏人民出版社 2010 年版，第 33 页。

④ 转引自郭颖颐《中国现代思想中的唯科学主义（1900—1950）》，江苏人民出版社 2010 年版，第 31 页。

⑤ Grieder, *Hu Shih and the Chinese Renaissance*, p. 27.

接受的是典型的西方教育，世界观发生了根本性转变。在此期间，他的导师约翰·杜威起了很大作用。胡适主张全盘西化，或用他的话来说，要"充分国际化"。胡适在许多著述中深入探讨了东西方在自然观上的差异，并从历史和哲学的角度，阐述了为什么在西方诞生的近代科学没有能够在中国发展起来。他得出的结论是儒家思想阻碍了科学的发展，因此发动了对中国传统文化的猛烈攻击，认为儒家思想是导致中国贫穷落后的根源。

在胡适看来，传统的儒家学者痴迷于政治、伦理和人类事务，却对探究自然之谜严重缺乏兴趣。自古以来，在中国文化中就没有科学的传统。在比较了希腊文明和中国古代文明后，胡适甚至认为：在古代，中国哲学就已落后于希腊哲学。他写道："从泰勒斯到亚里士多德，所有希腊哲学家都对科学感兴趣。我们不得不承认：'甚至在远古时代，中国学者与希腊学者的知识发展就已经呈背道而驰的趋势——中国学者几乎无一例外地陷于伦理与政治理论研究，而希腊学者却从事动植物、数学与几何学、工具与机械的研究'"[1]，他进一步指出，在中世纪的欧洲，自古希腊时期已萌芽的科学传统逐渐复兴，欧洲的医学与数学领域得到蓬勃发展，欧洲中世纪建立的第一所大学就是一所医学院。但与之相反的是，

> 整个中世纪时期，中国的知识界的生活越来越远离自然对象，而益发深陷于空洞的玄思或纯粹的文学追求。中国的中世纪宗教要人们思考自然、顺从自然、与自然和谐相处，而不鼓励揭示自然奥秘从而征服自然。而作为获取社会声望和公职惟一通道的科举制度，正有效地把中国知识分子的生活窒锢成一个纯粹追求文字技巧的生活。[2]

胡适认为中国传统"太偏重自然，故忽略人为。……中国人相信命定论，而没有征服自然的自然科学，故把天然看作无所逃于天地之间的绝大势力，故造成一种'听天由命''靠天吃饭'的人生观，造成一种懒惰怕事不进取的民族性。"[3]

胡适认为缺乏进步的传统文化观念阻碍了中国的科学发展，而中国人不热衷于追求物质享受并不意味着他们有更多精神上的追求：

---

① 胡适：《中国的文艺复兴》，外语教学与研究出版社 2002 年版，第 195 页。
② 胡适：《中国的文艺复兴》，外语教学与研究出版社 2002 年版。
③ 胡适：《胡适文集》（第 3 卷），第 47 页。

这样受物质环境的拘束与支配，不能跳出来，不能运用人的心思智力来改造环境改良现状的文明，是懒惰不长进的民族的文明，是真正唯物的文明。这种文明只可以遏抑而决不能满足人类精神上的要求。①

在其博士论文《中国古代逻辑方法的发展》中，胡适指出：逻辑的不发达是中国在近代科学方面落后于西方国家的另一个重要原因。他认为，尽管新儒学在 11 和 12 世纪倡导"格物"为求知的方法体现出了科学精神，接近于弗朗西斯·培根提出的归纳法，但只是"没有过程细节的归纳法"②。

胡适认为，中国的复兴必须发展科学，他相信西方精神文明的发达是因为物质文明的发达。科学是观察和实验的方法，是怀疑的态度，是批判的精神，同样也是追求真理的唯一正确途径，反过来，真理可以将人们从压迫的环境中解脱出来。他这样写道：

> 科学的根本精神在于求真理。人生世间，受环境的逼迫，受习惯的支配，受迷信与成见的拘束。只有真理可以使你自由，使你强有力，使你聪明圣智；只有真理可以使你打破你的环境里的一切束缚，使你戡天，使你缩地，使你天不怕，地不怕，堂堂地做一个人。③

胡适认为科学是了解自然、征服自然及获得物质文明发展的不二法宝。他写道：

> 科学的文明教人训练我们的官能智慧，一点一滴地去寻求真理，一丝一毫不放过，一铢一两地积起来。这是求真理的唯一法门。自然（Nature）是一个最狡猾的妖魔，只有敲打逼拶可以逼她吐露真情。不思不虑的懒人只好永远做愚昧的人，永远走不进真理之门。④

---

① 胡适：《胡适文集》（第 2 卷），花城出版社 2013 年版，第 261 页。
② Hu Shih, *The Development of the Logical Method in Ancient China*, 2nd ed. New York: Paragon Book Reprint Corp., 1963, p. 4.
③ 胡适：《胡适文集》（第 2 卷），花城出版社 2013 年版，第 254 页。
④ 胡适：《我们对于近代西洋文明的态度》，《胡适文集》（第 2 卷），花城出版社 2013 年版，第 254—255 页。

　　胡适很自豪地认为自己是一个"纯物质和科学机械观的倡导者"。①
在他的词汇中，物质化和机械化是两个积极词汇。此外，他认为生活是和
自然环境斗争，而不是寻求与自然和谐相处。"体验即生活，"他指出，
"生活不过是人与其环境产生相互联系的行为，不过是运用思想来指导一
切能力的获得" …… "为了利用环境，就要降服它，给它带上枷锁，以掌
控它。"②。很显然，胡适主张建构起全新的人与自然的关系，而不是遵循
传统的自然观。

　　除了自己努力去促进科学发展，胡适还邀请了他的导师杜威来到中
国，帮助他传播科学精神。1919 年 4 月 30 日，就在五四运动爆发的前几
天，杜威来到中国，一直呆到 1921 年 7 月。两年间，杜威发表的大小演
讲逾二百次，对中国思想界产生了深刻影响。在一篇名为"新人生观"
的演讲中，杜威鼓励发展科学，借以改变人类被动受制于环境的观念。具
体如下：

　　　　科学方法未昌明之前，人类对于自然界是处于被动的地位，以为
　　控制自然、利用自然是做不到的事情，所以没有人想到用什么方法去
　　改造环境、改良生活、救济苦痛；就是想到，也天然不能做到。因
　　此，人类对于自然界，只有两种态度：（一）欣赏的态度，对于自然
　　界一切事物，只用美术的眼光拣出那足以赏心悦目的东西，来陶养自
　　己的性情，寻求自己的娱乐；（二）恐怖的态度，对于自然界一切事
　　物，不能明白它的真相，所以因疑生惧、因惧生畏，崇拜祈祷的事也
　　就因之而生，宗教思想即渊源于此。……有了科学，有了科学的方
　　法，于是人类就可自定一个目的、自定一种规划，想出机械的方法，
　　去满足自己的要求；因此，我们人类，就都抱一种乐观，也就都有一
　　种希望，精神态度，也自然不像以前一样的萎靡不振了。……我们不
　　能再是默想、被动、忍受环境的压迫，总要想法去改造社会才好！③

在中国期间，杜威被推崇为"赛先生"，他主张用试验的、科学的方

　　①　Qtd. in Grieder, *Hu Shih and the Chinese Renaissance*, p. 116.
　　②　Qtd. in Grieder, *Hu Shih and the Chinese Renaissance*, p. 117.
　　③　袁刚、孙家祥、任丙强编：《民治主义与现代社会：杜威在华讲演集》，北京大学出版社
2004 年版，第 266—267 页。

法解决社会问题，同时他还强调了科学发展对提升精神境界的积极影响。[①]

在一篇名为"科学与人生之关系"的演讲中，杜威认为，在科学方法未发明之前，人类只能服从天命，"苟天命如斯则如斯，苟天命如彼则如彼，彼时无方法可以解决。"科学对于人生改良的第一方面即："人类自看能力勿使其处于被动力。"[②]

杜威认为，"世界各地的人们都受制于两种压力，一种是物质环境的压力，另一种是思想和心理压力。事实上，人类有能力控制这种外部环境压力和内部心理压力，所以才会出现人类文明。"[③] 科学的发展能加强人类对物理环境的控制，从而提升他们的物质生活和精神生活。

除了杜威，还有许多其他哲学家和科学家应邀到中国进行学术交流，主要包括：来自美国的 A. W. 葛利普、阿尔伯特·爱因斯坦、玛格丽特·桑格、英国的罗素、加拿大的戴维森·布莱克、法国的德日进、瑞典的斯文·赫定和 J. G. 安德森。他们有的是短期访问，有的则是长期逗留。值得一提的是，他们中的大多数人是第一次访问中国，有的是在"五四"期间来访，有的则是在五四运动爆发之后不久来到中国，那时"赛先生"为了抢占上风，正和儒家思想进行着激烈的斗争。毫无疑问，他们的来访和学术交流促进了西方的科学观在中国的传播与发展。

1923 年，胡适在为"科玄之争"作总结时这样写道："这三十年来，有一个名词在国内几乎做到了无上尊严的地位；无论懂与不懂的人，无论守旧和维新的人，都不敢公然对他表示轻视或戏侮的态度。那个名词就是'科学'。"[④] 自 19 世纪下半叶中国开始进行"师夷长技以制夷"的探索以来，由于一批接受了西式教育的中国知识分子对科学观念的大力倡导，西方的科学及其所代表的机械论自然观逐渐在中国的土地上扎根。韦勒（Robert. P. Weller）指出："这个在欧洲和美国关于环境的主导思

---

① Wang, *John Dewey in China*, 15. 44 John Dewey, *Lectures in China*, 1919–1920, Honolulu: University Press of Hawaii, 1973, p. 167.

② 袁刚、孙家祥、任丙强编：《民治主义与现代社会：杜威在华讲演集》，北京大学出版社 2004 年版，第 270 页。

③ John Dewey, *Lectures in China*, 1919–1920, Honolulu: University Press of Hawaii, 1973, p. 167.

④ 胡适：《胡适文集》（第 2 卷），花城出版社 2013 年版，第 145 页。

想，……将自然看作供人类使用的客观物体，……在科学的'伪装'下，在五四时期被如此理想化，在 20 世纪 20 年代取得了绝对霸主的地位，超过了其他任何思想，超过了中国的有机自然观。"① 从此科学文化取代了儒家文明，科学被尊崇为改变世界的有力武器。

"自然"观念的变化必须以相应的语言表达为载体。"自然"在古汉语中的意义并不完全等同于西方科学意义上的"nature"。"自然"用于表示物质世界实际上是其词义的延伸，是受到了西方的影响，并在 20 世纪初从日本引进的。随着西方"自然"观念开始植根于中国，20 世纪 20 年代以后，"自然"已经成为"nature"的标准翻译。②

回首历史，可以清楚地看到，19 世纪末 20 世纪之交，由于严复、胡适等一批社会精英人士的大力推动，科学文化得以在中国广为传播。"科玄之争"中，胡适、吴稚晖等一大批"科学派"与以张君劢为代表的"玄学派"之间展开了激烈论争，结果是"科学派"取得了绝对性的胜利，从此以后，科学文化取代了儒家学说，成为主导意识形态，享有至高无上的霸主地位。科学甚至被认为是观察自然世界和人类世界唯一正确的方式。"科玄之争"之后，中国已经完全遵循西方科学的视角重新考虑人与自然的关系。现代中国人将科学作为一种新的意识形态，认为科学会加快社会发展和物质进步，对国家的未来至关重要。科学被推崇为改变世界的有力武器。孙中山先生曾经说过："今天，随着科学的蓬勃发展，我们终于知道人可以征服自然。"③ 总之，当西方近代科学受到中国人民的热烈拥护时，西方的机械论自然观从此植根于中国，在中国社会掀起了一场深刻的社会变革，彻底颠覆了中国传统的有机自然观，由此也动摇了中国人传统的价值观和幸福观，追求物质进步开始成为社会的主旋律。

四　辩证唯物主义自然观的确立

中华人民共和国成立之后，从俄国借鉴而来的马克思主义思想在中国得到深入发展，唯物辩证法成为主导意识形态，同时也被用于认识人与自

---

① Weller, Robert P. *Discovering Nature*：*Globalization and Environmental Culture in China and Taiwan*. New York：Cambridge University Press, 2006, p. 61.

② Weller, *Discovering Nature*, p. 61.

③ Qtd. in Pusey, *China and Charles Darwin*, p. 351.

然之间的关系。从马克思辩证唯物主义的视角来看，人既是自然的奴隶，也是自然的主人。人受到大自然的制约，但人通过发挥主体性和意志力也可以改变和征服自然。人与动物的根本区别就在于他们的主观能动性。人在改造自然的过程中践行自己的价值，并同阻碍人类发展的自然作斗争，以获得自由。因此，人类改造自然的过程也是人类改造精神世界的过程。通过摆脱自然的束缚来解放自己，变得自由。马克思主义强调人类生产活动的至关重要性："人类主要依靠物质生产活动去逐渐了解自然现象、自然特点、自然法则及人与自然的关系；并通过生产活动，在不同程度上了解相互间的关系。"[①]

自然科学被认为是认识和改造自然的一种有效武器，科学技术大力发展。1956 年 1 月，"进军科学"思想的提出"标志着科学在中国发展的一个重大转折点"[②]。"为了从自然束缚中挣脱，我们必须用科学来了解自然，战胜自然和改造自然。"[③] 另外，"自然科学应在社会科学的指导下改造自然。"[④] 这里的"社会科学"主要指的是马克思主义思想。

中华人民共和国成立后的 20 年里，在赶超英美的雄心鼓动下，中国不断加快社会主义现代化建设，重工业尤其得到快速发展。"大生产运动"将大寨村作为发展农业的典型模式，呼吁将更多的荒地改造成耕地。在人与自然的关系方面，表现为强调人的意志及超乎自然的力量，自然被看作需要征服的敌人。广为流传的口号有："石油工人一声吼，地球都会抖三抖"，等等。这些口号均传达了一个信念，只要人类团结一致，下定决心，完全可以改变世界。从积极的角度来看，所有这些口号旨在鼓励贫困缠身的中国人要敢于同自然界恶劣的一面作斗争，旨在增强人们征服自然、改造自然的勇气。但是从消极的角度来看，这些口号均过分强调人与自然之间的尖锐对立，人类战胜自然的力量被过分夸大，自然世界发展的内在规律被忽视，伴随而来的是不可避免的环境污染和生态恶化。

20 世纪 70 年代初，环境问题开始显现。例如，1971 年，北京官厅水

---

① Mao Tse-tung, *Mao Tsetong*: *An Anthology of His Writings*, ed. and intro. Anne Fremantle, New American Library, 1971, pp. 200-201.

② John M. H. Lindbeck, "Organization and Development of Science", in *Sciences in Communist China*, ed. Sidney H. Gould, Westport, Conn.: Greenwood Press, 1961, p. 3.

③ 胡华兴:《毛泽东关于人与自然关系思想评析》,《理论学习月刊》1997 年第 4 期。

④ Qtd. in *Chinese Studies in the History and Philosophy of Science and Technology*, ed. Fan Dainian and Robert S. Cohen, p. 21.

库里的大批淡水鱼死亡，引起了周恩来总理的高度关注。第二年，大连湾出现严重的海洋污染。1972年，中国代表团出席了在斯德哥尔摩举行的第一次国际环境会议。在本次会议中，中国的参会人员认识到了保护环境的重要性和迫切性，因为中国的环境污染正日趋严重，周恩来总理提出必须将环境问题提上国家议事日程。1973年8月，第一次全国环境保护会议在北京举行，这是中国环保事业的一个里程碑事件。会议上，来自全国各地的300多名代表指出了各种严重的环境问题。1974年，我国第一个环保办公室成立，隶属于国务院。《寂静的春天》等一些西方环保作品开始被翻译到国内，并对公众产生积极影响。

但总体而言，在20世纪70年代，大多数中国人并没有特别关心环境问题，并且在解决环境问题上表现出盲目乐观的态度。由于当时社会中的阶级斗争论思想依然存在，主流思想认为，环境问题主要是由于资本家的贪婪牟利引起的，因此环境灾难不会发生在中国这样一个社会主义国家。这种思维方式在学术界盛行。比如，在《评"生态危机"》一文中，作者的观点带有明显的阶级斗争理论的深深烙印。[1] 作者从辩证唯物主义的角度，否认了生态危机是由于人口增加，工业发展和能源资源的枯竭所引起的说法。相反，他认为，生态危机与资本主义、殖民主义、帝国主义相关，并乐观地认为：在中国这样一个社会主义国家，环境问题很容易得到解决。在另一篇名为《怎样看待"生态平衡"——再评生态危机》的文章中，作者反对是人类的不当行为破坏了生态平衡这一观点，强调"人定胜天"应该是改造自然的指导原则，因为人类是自然的主人，而不是自然的奴隶。[2] 还有其他作者同样用阶级斗争论分析环境问题，反对把"人口增加"和"工业增长"当作造成环境问题的主要根源。他们认为，引起环境问题的是资本主义制度。因此，他们乐观地认为，中国这样一个社会主义国家可以在短时间内解决环境问题。[3]

综上所述，在人与自然的关系上，斗争心态和乐观精神一直支配着人们的想法。虽然环境保护的基本组织结构开始形成，但至少还需要10年才能初具规模。

---

① 申泰：《怎样看待"生态平衡"——再评生态危机》，《植物学报》1976年第2期。
② 申泰：《怎样看待"生态平衡"——再评生态危机》，《植物学报》1976年第2期。
③ 唐仲旎、夏伟生：《论"生态危机"》，《社会科学》1979年第4期。

第二节 "天人合一" 自然观的回归之旅

一 科学主义与环境主义的二重奏

1978 年 12 月召开的十一届三中全会制定了改革开放的国家战略，强调大力发展科学和技术。科学技术被誉为第一生产力。在过去的 40 年里，在科学技术的大力推动下，中国工农业经济蓬勃发展，但与此同时，经济发展与环境保护之间的矛盾也日益尖锐，环境污染日趋严重。1984 年，加拿大学者瓦茨拉夫·斯米尔（Vaclav Smil）出版了第一部研究中国环境状况的专著，指出的环境问题包括：森林砍伐、水土流失、荒漠化、湖泊、损失和耕地恶化；水污染与城市垃圾，工业污染；燃料燃烧（煤矿）造成的空气污染；物种的消失；能源利用效率低；人口增长等。[①] 不断恶化的环境严重危害到人类的健康和生命。1991 年，何博传在其著作《山坳上的中国》（*China on the Edge*）中指出：中国的生态问题，如人口压力、污染、森林砍伐、自然栖息地的丧失，以及环境保护管理上的问题，都将阻碍中国的进一步发展。[②] 2002 年，美国学者伊丽莎白·伊科诺米博士在其著作《河流变黑：中国未来面临的环境挑战》（*The River Runs Black：The Environmental Challenge to China's Future*）中指出：中国的经济呈爆炸性增长，但其生态环境也面临着爆炸性的危机。[③] 总体而言，环境污染已成为工业大发展的必然副产品。

另外，随着中西方日益扩大的文化交流及世界范围内环保意识的逐渐兴起，环境主义开始在我国萌芽，越来越多的中国学者认识到环境保护的重要性，开始将一些西方环境文学经典作品译介到国内，以唤醒民众的生态意识。美国现代环境文学的开山之作《寂静的春天》的全文翻译于 1979 年首次出版。[④] 此外，其他几本有影响力的美国生态文学书籍，比如

[①] Vaclav Smil, *The Bad Earth：Environmental Degradation in China*, Armonk, N.Y.：M. E. Sharpe, Inc., 1984.

[②] He Bochuan, *China on the Edge：The Crisis of Ecology and Development*, San Francisco：China Books and Periodicals, Inc., 1991.

[③] Elizabeth C. Economy, *The River Runs Black：The Environmental Challenge to China's Future*, Cornell University Press, 2002.

[④] 蕾切尔·卡逊：《寂静的春天》，吕瑞兰、李长生译，科学出版社 1979 年版。

《瓦尔登湖》《沙乡的沉思》等也相继有了汉译本。① 1984 年，卡普拉所著的《物理学之道》的编译本在中国出版，这本著作现已成为公认的绿色文学经典文本。

但在学术界，科学主义学派阵容也颇为强大，并在诸多环境问题上与环境主义学派形成尖锐对立。科学主义学派从不同的角度，试图找到促进科学和科学精神进一步发展的答案，致力于探讨李约瑟（Joseph Needham）提出的问题。在李约瑟的巨著《中国的科学技术史》中，李约瑟曾提出了一个发人深省的问题：在西方科学出现之前，中国拥有前所未有的科学成就，但为什么近代科学却没有在中国发展起来，而仅仅在欧洲出现？他也提出了第二个同等重要的问题：为什么公元前 1 世纪到公元 15 世纪间，中国文明在获取自然知识方面比西方更加有效率，并将这些知识运用到人类的需求中？② 这就是著名的"李约瑟问题"。

20 世纪 80 年代初，学术期刊《中国自然杂志》围绕"李约瑟问题"发表了一系列文章，引起学术界的热烈讨论。1982 年，以"为什么中国的科学技术落后？"为主题的学术研讨会在成都市举行，由隶属于中国科学院的《自然辩证法通讯》主办。"研讨会对中国学者产生重大影响，并引发他们研究中国科学和文化的积极性。"③

诸位学者从哲学、社会学、政治学和历史学等多维视角研究"李约瑟问题"，寻求近代科学缘何未能在中国产生的根本原因。金观涛、樊洪业、刘青峰认为，在中国历史上，缺乏建立在二元论基础上的构造性自然观是近代科学没有在中国发展的主要原因之一。所谓构造性自然观，有两重含义，第一是指必须从结构的角度来把握自然现象，第二是指理论必须是逻辑构造型的。所谓逻辑构造型理论，是指一个科学理论体系内的各种论断不是各自独立的，这些论断可以归为几个最基本的假设和公理，又可据此运用形式逻辑作出一系列推断，这些推断不能互相矛盾。④ 他们认

---

　　① 梭罗：《瓦尔登湖》，徐迟译，上海译文出版社 1982 年版；利奥波德：《沙乡的沉思》，侯文蕙译，经济科学出版社 1992 年版。

　　② Joseph Needham, *The Social Background*, Part 2, *General Conclusions and Reflections*, vol. 7 of *Science and Civilisation in China*, Cambridge, Eng. : Cambridge University Press, 2004, p. 1.

　　③ Fan Dannian, "Preface", in *Chinese Studies in the History and Philosophy of Science and Technology*, p. xii.

　　④ 金观涛、樊洪业、刘青峰：《历史上的科学技术结构——试论十七世纪之后中国科学技术落后于西方的原因》，《自然辩证法通讯》1982 年第 5 期。

为，笛卡儿的二元论帮助西方建立自然的结构图，因为"在笛卡儿那里，这种构造性自然观被赋予了二元论的形式，其意义并不在于它在哲学上是否正确，而在于它有助于科学家建立构造性自然观，它使得力学结构从复杂的事物中剥离出来成为科学家研究的对象，而把有关灵魂等当时还弄不清楚的对象留在上帝手中"①。对于儒学在科学发展中的作用，他们同意胡适的看法，认为儒家主要关注的是道德，而不是对自然的理解。他们指出，"以个人经验（包括社会的和心理的诸方面）合理外推，是儒家认识世界的模式。这种模式也就给自然科学理论带来了直观和思辨的特点，特别是儒家伦理主义使科学理论趋于保守和缺乏清晰性"，他们甚至认为，"儒家的有机自然观和伦理中心主义长期使科学理论摆脱不了稚气。"② 在很大程度上，他们只是重申了胡适对中国传统世界观的看法。

二 对"天人合一"自然观的重新审视

在过去的 40 年里，中国经历了快速的现代化、前所未有的科技和经济发展，但也因此付出了巨大的环境代价，生态环境日趋恶化。在此背景下，以一些著名哲学家为代表，越来越多的学者开始质疑完全不计环境代价追求物质发展的价值观，关于中国传统有机自然观"天人合一"生态价值的讨论日益增多。

张岱年于 1985 年和 1989 年先后发表了《中国哲学中"天人合一"思想的剖析》及《中国哲学中关于"人"与"自然"的学说》，是国内较早论及"天人合一"的生态价值的学者。张岱年总结出人与自然关系的四个基本特征。第一，人是自然界的一部分。第二，自然界有普遍规律，人也服从这普遍规律。第三，人性即是天道，道德原则和自然规律是一致的。第四，人生的理想是天人的调谐。③ 从恩格斯的辩证唯物主义角度出发，张岱年认为，人与自然之间的互联互通是指自然界和人类精神的统一。此外，他认为，应该遵循《易经》里的自然观：人类需要改造自然，但应该遵循自然法则。由于当时中国的环境保护仍处于起步阶段，张岱年的文章并未引起足够的重视。

---

① 金观涛、樊洪业、刘青峰：《历史上的科学技术结构——试论十七世纪之后中国科学技术落后于西方的原因》，《自然辩证法通讯》1982 年第 5 期。

② 金观涛、樊洪业、刘青峰：《历史上的科学技术结构——试论十七世纪之后中国科学技术落后于西方的原因》，《自然辩证法通讯》1982 年第 5 期。

③ 张岱年：《中国哲学中"天人合一"思想的剖析》，《北京大学学报》1985 年第 1 期。

1993 年和 1994 年，季羡林先后发表两篇专门阐述"天人合一"生态价值的文章，旗帜鲜明地指出："我认为'天'就是大自然，'人'就是我们人类。天人关系是人与自然的关系。'天人合一'正是东方综合思维模式的最高最完整的体现。我理解的'天人合一'是讲人与大自然合一。"① 面对生态危机，"人们首先要按照中国人，东方人的哲学思维，其中最主要的就是'天人合一'的思想，同大自然交朋友，彻底改恶向善，彻底改弦更张。只有这样，人类才能继续幸福地生存下去"②。季老的文章掀起了一场广泛而热烈的讨论。

陈国乾对中西方文化的弊端进行了辩证分析。在他看来，西方文化的特点是主体与客体的分离，人与自然的对立，虽然西方文化促进了科学的快速发展，但也造就了人与自然的分裂。另一方面，中国文化的特点是人与万物合一，这可以帮助实现人类精神世界与大自然的统一，但也阻碍了近代科学在中国的出现。尽管中西文化各有优缺点，在解决过度的科学发展带来的当代环境问题时，陈国乾仍然认为应该恢复中国的传统文化，以建造一个人类与自然和谐共处的生态王国。③

罗卜否认了陈国乾的看法，认为中国传统的自然观念在解决现代环境问题上无法取得任何实质性成果。在他看来，近代科学首先在西方诞生不单是主体和客体相分离的原因。此外，这种主客分离未必导致人与自然之间的分裂。因此，罗卜认为，人与宇宙之间的相互关联的传统观念已经过时了，因为这一观念只是儒家用于服务政治的，即统治阶级通过将自然界神化以达到愚弄和控制普通大众的目的。④ 总之，罗卜认为传统的有机自然观对解决生态问题没有价值。

以钱逊⑤为代表的一些学者则采取了中间态度，他们承认"天人合一"的积极意义，但同时又认为它仅仅是一个原始的想法，并不能提供任何有效的途径和方法去解决现代的生态问题。在这些学者看来，理想的方式是将中西方的优势相结合，即在改造自然的同时，实现人与自然的和谐。

综上所述，由季羡林为代表的传统学派认为，传统的有机自然观有利于解决生态问题；由罗卜代表的激进学派相信马克思主义辩证唯物论的观

① 季羡林：《"天人合一"新解》，《传统文化与现代化》1993 年第 1 期。
② 季羡林：《"天人合一"新解》，《传统文化与现代化》1993 年第 1 期。
③ 陈国谦：《关于环境问题的哲学思考》，《哲学研究》1994 年第 5 期。
④ 罗卜：《国粹·复古·文化——评一种值得注意的思想倾向》，《哲学研究》1994 年第 6 期。
⑤ 钱逊：《也谈对"天人合一"的认识》，《传统文化与现代化》1994 年第 3 期。

点；以钱逊为代表的中间派则主张把传统的自然观与西方科学自然观的优势相结合。这场旷日持久的学术大讨论围绕"人与自然的相互关系"展开，在 20 世纪 90 年代中期达到高潮，并一直延续至今。特别值得一提的是，德国汉学家卜松山（Karl-Heinz Pohl）在《中国传统文化对现代世界的启示——从"天人合一"谈起》中充分肯定了"天人合一"思想对于解决现代生态危机的积极意义。他写道："中国人在现代化的道路上给传统的'天人合一'思想赋予新的内容，在现代的意义上对它作出人与自然的和谐统一的新诠释，重新认识到其自身传统中的人道主义内容。我想，这应该视为一个全球性的好兆头。"① 受西方现代环境哲学研究的影响，国内学者对"天人合一"思想的生态价值不断进行挖掘。

21 世纪初，又一批学者再次对"天人合一"的生态内涵进行讨论，其中包括：方克立、汤一介、曾繁仁、张世英、刘立夫，等等。② 但不同学者对"天人合一"的现代生态价值并未完全达成共识，而是出现了仁者见仁、智者见智的局面。

笔者认为方克立的观点相对中立、客观。方克立在其文章中梳理了钱穆、季羡林、张世英及张岱年等四位学术界前辈的观点，认为他们的观点具有很强的代表性，也可激发人们从不同角度对"天人合一"的现代生态价值进行思考。钱穆和季羡林均强调"天人合一"思想是中国文化对人类的最大贡献，认为对拯救由西方文明引发的世界性生态危机具有积极意义。张世英却并不赞成过高地评价中国古代的"天人合一"说，认为中国传统哲学还基本上处在未经主客二分思想洗礼的原始的"天人合一"阶段，不适合现代社会发展的需要。张岱年认为应该从辩证唯物论视角出发，在遵循自然规律、不破坏生态平衡的情况下改造自然。

方克立本人认为：中国古代有丰富的"天人合一"的思想资源，其中最有价值的思想成果就是主张人可以"裁成""辅相""参赞"天地之化育的天人协调说。在这种天人观指导下，中国的先哲们提出了许多善待

---

① ［德］卜松山、国刚：《中国传统文化对现代世界的启示——从"天人合一"谈起》，《传统文化与现代化》1993 年第 5 期。

② 这些学者的文章包括：方克立：《"天人合一"与中国古代的生态智慧》，《社会科学战线》2013 年第 4 期；汤一介：《论"天人合一"》，《中国哲学史》，2005 年第 2 期；曾繁仁：《中国古代"天人合一"思想与当代生态文化建设》，《文史哲》2006 年第 4 期；张世英：《中国古代的"天人合一"思想！》，《求是杂志》，2007 年第 7 期；刘立夫：《"天人合一"不能归约为"人与自然和谐相处"》，《哲学研究》2007 年第 2 期。

自然、保护生物资源的朴素生态智慧，对于解决当今人类面临着的日益严峻的生态问题不无启发意义。但中国古代并未能在理论和实践上真正解决发展生产力与保护自然生态环境的关系问题。[①] 因此，他提出在考察其现代生态价值时，要注意以下三点：第一，对于中国传统哲学中的"天人合一"思想，既要有宏观眼光从整体上准确地把握其精义，又要对其在历史发展中的复杂内容进行具体的科学分析。第二，对"天人合一"论所体现出来的有机整体思维方式，要作一分为二的评价：一方面要肯定它是对世界本来面貌的某种真实的反映，同时也要指出缺乏分析思维的笼统和模糊不利于科学技术的发展。第三，要正确地认识和宣传"天人合一"思想的现代意义，不要把它与分析思维、现代科技发展绝对对立起来，而是要把二者统一起来，以发展现代科技为手段，创造更美好的"人化自然"，争取达到人与自然和谐共存的高级境界。[②] 方克立的观点属于典型的辩证唯物论观点，也适合中国国情和发展的需要。

　　"天人合一"思想是诞生于中国古代农业社会的特定产物，主张顺应自然、敬畏自然。在"靠天吃饭"的传统农业文明时期，这个阐释有着积极的意义，但的确也在一定程度上束缚了我们的祖先对自然界的探索和认知。在当前生态危机背景下，我们固然要和大自然和谐相处，但通过合理有效的途径加强对自然世界中的万事万物运行规律的认识，也是完全有必要的。虽然仍有必要对自然保持一定的敬畏之心，但却没必要像我们的祖先一样将自然完全地神圣化，以至于在面对各种自然灾害时只能祈求上天保佑。在目前工业文明向生态文明转化的背景下，完全照搬以前我们生活在农业文明时期的祖先对"天人合一"内涵的阐释肯定是不合时宜的。

　　基于对中西自然观的历时考察来看，在不同历史阶段，中西方自然观总是随着社会的发展而不断得到新的阐释。因此，现阶段对"天人合一"生态价值的挖掘，必须紧密结合当下的社会语境来对其进行重新阐释，以顺应这个时代的特定情况。事实证明：对于工业文明发展落后于西方一百多年的中国来说，闭关锁国、停留在农业社会止步不前显然是行不通的，最终结果是落后就要挨打，因此，只有追随西方的脚步大力发展科学与技术，才能迎来工业文明和物质文明的大发展，但在此过程中，必须遵循"尊重自然、顺应自然、保护自然"的生态文明理念，平衡好科学发展与

---

① 方克立：《"天人合一"与中国古代的生态智慧》，《社会科学战线》2013年第4期。
② 方克立：《"天人合一"与中国古代的生态智慧》，《社会科学战线》2013年第4期。

生态保护之间的关系。

三　关于"敬畏自然"的大讨论

21 世纪初，国内学术界围绕"敬畏自然"展开了一场轰轰烈烈的论战，在很大程度上是 20 世纪初"科玄之争"的延续。这场论战的主题是究竟要不要敬畏大自然？大体可分为以科学家何祚庥为代表的反敬畏派（或者叫科学派），和以汪永晨为代表的敬畏派（或者叫环保人士派）。论战的导火索源于中科院院士、著名理论物理学家何祚庥院士发表的一篇名为《人类无须敬畏大自然》的文章。但在两派正式交锋之前，两派已分别有一些相关的论断见诸报端，广为流传，这与当时接连发生的几次环境灾害密切相关。2003 年萨斯病流行，2004 年年底印度洋海啸，让人们接连见识了大自然变幻莫测的一面，促使人们不得不思考人与自然的关系问题。有些学者，比如草容、王一方、刘华杰等陆续在各大报刊上发表文章，宣扬"敬畏大自然"的观点。刘洪波在其《人类面对自然和自己的态度》一文中警告人类："灾难警示我们在自然面前应保持必要的谦卑与敬畏，而不是把她作为一个予取予求的对象或者一个可以'战胜'的对手。"①

2004 年 9 月 3 日，杨振宁在人民大会堂举行的"2004 文化高峰论坛"上发表了一个演讲，演讲题目为《易经对中华文化的影响》。他在演讲中总结了学界广泛讨论的近代科学未能在中国萌生的五大原因，并对"天人合一"思想进行了批判。他认为近代科学的一个特点就是要摆脱"天人合一"的观念，承认人世间有人世间的规律，有人世间复杂的现象，自然界有自然界的规律与自然界的复杂现象，这两者是两回事，不能把它们合在一起。杨先生同时还提出了一个发人深省的问题："天人合一的内涵绝不止内外一理，还有更重要的'天人和谐'。天人和谐对于中国的传统影响极大。而且从今天的世界现状讲起来，我们可以问，摒弃天人合一而完全用西方的办法发展下去是否将要有天人对立的现象。这是一个非常重要的题目。"② 但杨先生并没有就此问题发表明确看法。

2005 年年初，何祚庥院士在接受《环球》杂志专访时发表了他对人

---

① 刘洪波：《人类面对自然和自己的态度》，载《南方周末》，2005 年 1 月 6 日。

② http://www.people.com.cn/GB/wenhua/40462/40463/3049020.html，2004 年 12 月 12 日。

与自然关系的看法，旗帜鲜明地提出"人类无须敬畏大自然"，同时批评"环境学家和生态学家有一些片面的地方，也就是认为环境和生态是不能动的，一切'改造大自然'的主张都遭到某些环境学家、生态学家的反对。然而这种观点不符合人类的利益。"后来他的署名文章《人类无须敬畏大自然》在《环球》发表，引起了强烈反响。

著名环保人士汪永晨女士对何祚庥的诸多观点进行了强烈抨击，何祚庥也进行了反驳。他们之间针锋相对的辩论在几大媒体上广为传播，由此也吸引了众多学者及普遍民众参与该话题的讨论，双方均有不少的支持者。敬畏派的代表除汪永晨外，还有"自然之友"当时的组织者梁从诫、北京地球村环境文化中心主任廖晓义等。

科学派的另一代表人物方舟子发表《海啸能给我们什么启示？》一文，认为海啸与人类的活动毫无关系，驳斥以刘洪波为代表的文人悲天悯人、膜拜自然的观点。还有以章立凡为代表的中立派认为，在敬畏中谨慎探索自然，科学地、适度地改造自然，争取与之和谐相处，使人类的生活更加美好，或许是一种明智的选择。妄图彻底征服自然，将是人类灭亡之始。①

此场辩论也被普遍认为与20世纪初的"科玄之争"一脉相承，被认为是"21世纪以来关于科学最有意义的一次公众参与的大讨论"②，也是人类中心主义和非人类中心主义思想的一场论争。反敬畏派主张继续沿着工业文明的方向前进，认为环境问题只能通过发展更为先进的科学和技术手段来解决。而敬畏派则强调要彻底解决环境问题，必须抛弃人类中心主义，承认大自然自身的价值，重构人与自然之间的和谐关系。"敬畏自然"之争在2005年5月徐徐落幕，但其余波仍存留。

小　结

总体而言，20世纪以来，中国在人与自然关系建构上受到了西方科学观念的根深蒂固的影响，科学技术得到了快速发展，工业文明和物质文明进步飞速，但与此同时也付出了高昂的环境代价。在西方现代环保运动

---

① 章立凡：《略谈我之自然观——从何祚庥、汪永晨"敬畏"之争说起》，《博览群书》2005年第5期。

② 《科学文化》，"导语"，2015年第1期。

的影响下，中国开始重新思考传统有机观的价值，对其现代意义不断进行挖掘，虽然现阶段仍存在莫衷一是的情况，但越来越多的学者认识到"天人合一"思想中蕴含的独特中国内涵及生态价值，在新时代背景下如何对其进行传承创新是值得进一步深入研究的问题。

第五章

自然写作在中国现当代诗歌中的迷失与回归

　　歌颂自然曾是中国古典诗歌的重要主题。虽然中国新诗中的自然书写仍然存在，但在内容和形式两方面都与古典诗歌相去甚远，究其原因是受到了西方科学观念的影响。本章要讨论的主要问题包括：当中国古典诗歌中呈现的天人和谐关系吸引了许多美国诗人眼球的时候，这一和谐主题为何在中国现代诗歌中逐渐走向边缘？从 20 世纪 70 年代开始，中国诗人又是如何重新开始自然书写的？笔者的论述将基于对郭沫若、徐志摩、闻一多、艾青、舒婷、顾城、海子、于坚等诗人的诗歌分析。他们是 20 世纪中国诗人的杰出代表，他们的诗歌可谓 20 世纪以来中国社会中人与自然关系演变的载体。因此，考察现当代诗歌中人与自然关系的变化，有助于我们从新的角度理解西方的自然观对中国人与自然关系重构的影响。

第一节　传统自然书写在新诗中的边缘化

　　20 世纪初，西方思想，尤其是近代科学思想，被大规模引进中国。西方科学的自然观开始在中国社会各领域蔓延，并逐渐对社会的方方面面产生颠覆性的影响，中国新诗创作中人与自然关系的重构即是明证，中国古典诗歌中普遍营造的"天人合一"和物我两忘的意境逐渐消失，中国新诗的创作者们开始以全新的、西化的眼光看待自然世界，将自然看成独立于人类而存在的实体。下文将作详细分析。

一　中国新诗创作中的"自然"缺失

　　自 20 世纪初以来，有着 3000 多年悠久历史的中国古典诗歌经历了划时代的变化，新诗逐渐取代了古典诗歌，成为诗歌创作的主要形式，究其原因主要有以下方面。首先，随着 1905 年废除了科举考试，中国开始实行西式教育体制，强调对西方科学和技术的学习。与此同时，随着科技催生的现代工业逐步发展，中国的物质世界逐渐被改造。以城市化和物质文明为特征的现代生活，逐渐成为现代诗人的主要关注对象。其次，始于1917 年的文学革命从内容和形式上彻底改变了古典诗歌。被誉为"现代诗歌之父"的胡适主张诗歌创作应使用新诗形式、写新事物。在《文学改良刍议》中，他为文学改革列举了八项基本原则："吾以为今日而言文学改良，须从八事入手。八事者何？一曰，须言之有物。二曰，不摹仿古人。三曰，须讲求文法。四曰，不作无病之呻吟。五曰，务去滥调套语。六曰，不用典。七曰，不讲对仗。八曰，不避俗字俗语。"① 总体而言，胡适主张将进化论思想应用于研究文学，认为："吾辈以历史进化之眼光观之，决不可谓古人之文学皆胜于今人也。"因此"今日之中国，当造今日之文学。"② 主张突破古典诗歌在形式和内容两方面的束缚。

胡适提出的文学改革的第四个原则"不作无痛之呻吟"间接反映了他对待自然的态度。基于该原则，他对诗歌创作中感物伤怀的悲观主义情绪进行了深刻批判："今之少年往往作悲观……其作为诗文，则对落日而思暮年，对秋风而思零落，春来则惟恐其速去，花发又惟惧其早谢；此亡国之哀音也。"胡适认为这是典型的"无病之呻吟也"。在他看来，现代诗人不应该模仿古人诉诸四季的更迭来表达情感，相反，应该采用白话文和新的写作技巧来描写现代世界。胡适此处批判的实际是古典诗歌创作中一种常见的写作主题。众所周知，中国古典诗歌最常见的主题之一就是描述变化的季节。比如孟浩然的《春晓》，其中就有："夜来风雨声，花落知多少？"李商隐的《登乐游原》："夕阳无限好，只是近黄昏。"李煜的《浪淘沙令·帘外雨潺潺》："流水落花春去也，天上人间。"等等。刘若愚（James J. Liu）指出："绝大多数中国诗歌都表现出对时间的敏锐认识，表达了诗人对时间不可逆转的流逝的遗憾。当然，西方诗人对时间也很敏感，但他们似乎很少像中国诗人那样被时间困扰。而且，同一般的西方诗相比，中国诗歌通常对季节和时辰有更清晰、精确的描写。有上千首

---

① 胡适：《胡适文集》（第 1 卷），花城出版社 2013 年版，第 4 页。
② 胡适：《胡适文集》（第 1 卷），花城出版社 2013 年版，第 6 页。

中国诗歌惋惜春日逝世，哀悼秋日降临，恐惧晚年将至。"① 但胡适在
《沁园春·誓诗》中明确地指出：中国古典诗歌中所呈现出的多愁善感和
悲观主义应该被废除。他写道："更不伤春，更不悲秋，以此誓诗。任花
开也好，花飞也好，月圆固好，日落何悲？／我闻之曰，'从天而颂，孰
于制天而用之？'更安用，为苍天歌哭，作彼奴为！"② 总之，胡适不仅主
张摒弃诗歌创作中传统技巧的使用，也主张完全抛弃中国传统的"天人
合一"的自然观。

胡适主张在对自然的写作中体现出一种乐观精神。在他笔下，人与自
然虽然依旧相互陪伴，但已是两个完全独立的实体。比如，他在《看花》
中就鲜明地表达了这一观点："没人看花，花还是可爱；／但有我看花，
花也好像更高兴了。／ 我不看花，也不怎么；／但我看花，我也更高兴
了。"③ 诗中的主语"我"和"花"彼此完全独立，但相互映衬彼此的存
在。换句话说，胡适对自然仍然有喜爱之心，但并不情愿在面对自然世界
时完全失去自我。

胡适一生致力于西方科学思想在中国的传播，并且也力推科学观念在
中国新诗中的呈现。在《一念》这首诗中，胡适歌咏了对他而言宇宙中
最有威力的事物——人类的思维能力，认为其瞬间反应的速度及所到达的
范围是其他事物无法企及的：

　　　我笑你绕太阳的地球，一日夜只打得一个回旋；
　　　我笑你绕地球的月亮，总不会永远团圆；
　　　我笑你千千万万大大小小的星球，总跳不出自己的轨道线；
　　　我笑你一秒钟行五十万里的无线电，总比不上我区区的心头
一念！
　　　我这心头一念：
　　　才从竹竿巷，忽到竹竿尖；
　　　忽在赫贞江上，忽在凯约湖边；
　　　我若真个害刻骨的相思，便一分钟绕遍地球三千万转！④

---

① James J. Liu, *The Art of Chinese Poetry*, p. 50.
② 胡适：《胡适文集》（第1卷），花城出版社2013年版，第129页。
③ 胡适：《尝试集》，人民文学出版社2000年版，第146页。
④ 胡适：《尝试集》，人民文学出版社2000年版，第158页。

中国古代诗人在面对自然力量时，总是自我贬低。但在这首诗中，胡适以绝对的乐观主义精神，盛赞人类思想遨游的速度与广度。在他看来，人类的思维能分分秒秒畅游任何地方，人类特有的这种瞬间天马行空的能力能令宇宙中最快的自然力量黯然失色。这种面对自然时表现出的绝对乐观主义精神是中国古典诗歌中所没有的。此外，胡适在诗歌中用了大量的科学术语，比如太阳、月亮、星星、无线电等，表明他熟知当时最新的科学知识。总体而言，该诗反映出胡适对人类在宇宙间所处位置的全新思考，中国传统的人与自然关系被完全摒弃。

另外，胡适提倡"不讲对仗。"表面上看来，这一原则并没有明确表明他对待自然的态度，但如果我们把他不喜欢对仗同费诺罗萨钟爱平行结构进行对比，可以发现一个有趣的现象。如第三章所述，费诺罗萨对使用平行结构的中国古典诗歌十分青睐，认为能表现出人与自然的和谐关系。他写道，"在汉语诗歌和散文中有多种形式的平行结构/但是其最伟大之处在于人与自然之间无尽的、亲密的对等。"① 费诺罗萨这里所说的"平行结构"与胡适所说的"对仗"类似。由此可以看出，胡适和费诺罗萨对于对仗和平行结构的认识差异反映出他们对人与自然关系截然不同的认识。一个文化中所缺少的正是另一文化所需要的，当美国学者费诺罗萨为中国古诗中工整的对仗感到欣喜不已时，接受了美国教育的胡适开始着手从根本上改变中国传统的作诗技巧。虽然胡适的主要成就并不在诗歌上，但他提出的八项基本原则对中国新诗创作起到了引领作用。

二　中国新诗中人与自然关系书写的四个基本趋势

20世纪初著名的文学评论家王国维（1877—1927）把中国古典诗歌的艺术意境分为两类："有我之境"和"无我之境"。在他看来，"无我之境"是最理想的境界，通常是指主语"我"能够完全地沉浸于自然世界之中。② 但也有学者认为，无我之境所创造出的完美而又和谐的人与自然关系是牺牲诗人的自我个性而达到的。当自然被神化时，人在自然面前就会失去自我。

到了20世纪初，中国古典诗歌中的"天人合一"思想逐渐被许多现

---

① Fenollosa & Pound, *The Chinese Written Character as a Medium for Poetry*, p. 123.

② 王国维：《人间词话》，http：//book. chaoxing. com/ebook/read_ 11714325. html，登录于2016年2月4日。

代诗人抛弃。受到社会变革和文学革命的影响，新诗展现出了一些完全有异于中国古典诗歌的特征。奚密（Michelle Yeh）在谈到"诗歌新动向"时指出："古典诗歌和现代诗歌一个本质的区别在于如何感知人类在自然界中的位置。"① 她引用曾在日本求学的沈尹默所创作的《月夜》予以说明：

> 霜风呼呼的吹着，
> 月光朗朗的照着。
> 我和一株顶高的树并排立着，
> 却没有靠着。②

　　奚密指出：尽管沈尹默的诗歌采用了诸如月亮、树、风、霜等中国古典诗人喜爱的意象，但他所描写的人与自然的关系不再是古代诗人竭力构建的"天人合一"的关系。相反，在诗歌最后两句，他进一步突显了"人类与自然的差异而不是化解差异，强调的是他们各自的特性而不是将特性模糊化"。"如果自然仍是人类的朋友，有其吸引人或者不那么吸引人的特性，诗人认为：尽管人们在生理上比自然更虚弱（用险恶的风和高大的树来暗示这一点），他们能够获得属于他们自己的高贵和华丽。诗歌中的主体'我'自豪地宣称他的独立，以此印证个体存在的巨大潜能。"③ 总之，这首诗特别强调了人类主体意识，以及完全独立于自然的人类存在。

　　沈尹默的诗歌标志着中国诗歌在描写人与自然关系方面已彻底摒弃了传统的写作技巧，在中国诗歌发展史上具有里程碑的意义，通常认为这首诗开启了一个全新的人与自然关系模式，即人类完全独立于自然，对自然不用抱有任何敬畏之心，开始视自然为"他者"。总体而言，新诗在很大程度上受到了西方科学的机械论思想的影响，中国诗人们开始用二元对立思维构建人与自然的关系，强调人的独立性。在现代诗歌中，诗歌中的主体"我"通常表现为一个与自然平起平坐、甚至是在精神上优于自然的

---

① Michelle Yeh, ed. and trans. , *Anthology of Modern Chinese Poetry*, New Haven: Yale University Press, 1992, p. xxv.

② Yeh, *Anthology of Modern Chinese Poetry*, p. xxv.

③ Yeh, *Anthology of Modern Chinese Poetry*, p. xxv.

形象，传统上与自然融为一体的观念不再被现代诗人所青睐。

下文将具体分析现代诗人在人与自然关系描写上呈现出的一些明显倾向，将重点聚焦受西方自然观影响的主要诗人的一些诗歌作品，探析这些诗歌中所描写的人与自然关系是如何受到西方机械论思想的影响的。

第一，讴歌人的个体性和独立精神。

受到以惠特曼、拜伦（1788—1824）、雪莱（1792—1822）、歌德（1749—1832）为代表的西方浪漫主义诗人的影响，新生的中国现代诗人注重讴歌个人主义和独立于自然的精神。换句话说，现代诗人很少像传统诗人那样去追求"无我"的艺术境界，而是将自然视为人类活动的背景或人的陪衬来描写。人，成为诗歌创作中关注的中心，在人类与自然的互动中起着积极的甚至是主导的地位，而不再是古典诗歌中的附属或从属地位。

郭沫若是这一创作趋势的典型代表。在大学阶段，郭沫若去日本学习医学，后来转攻文学。他早期的诗歌创作很大程度上受到了庄子、斯宾诺莎和迦比尔的影响，彰显了他是一名坚定的泛神论信仰者。对此，他在他的诗歌《三个泛神论者》中明确表明了这一点。何为泛神论呢？郭沫若对他的泛神论思想表述很多，具有代表性的是他在《〈少年维特之烦恼〉序引》中的一段论述："泛神便是无神。一切的自然只是神的表现，自我也只是神的表现。我即是神，一切自然都是自我的表现。"① 与其他泛神论者相比，郭沫若特别强调自我表现，突出自我主体精神，把自我提高到神的绝对高度，一切自然都是自我主观精神的扩张、表现，这是他的泛神论思想的核心。这一思想的核心是强调以人为中心，提倡个性解放，张扬人的创造力和人道精神；主张表现内心的要求及自我之扩张。总之，郭沫若的泛神论思想揭示出他对人及人的力量的神化，② 我们可以从他 1920年创作的《金字塔》中悟出这一点：

　　创造哟！创造哟！努力创造哟！
　　人们创造力的权威可与神祇比伍！③

---

① 张琢：《郭沫若"五四"时期的"泛神论"思想简论》，《中国社会科学》1985 年第5 期。

② Chen Xiaoming, *From the May Fourth Movement to Communist Revolution: Guo Moruo and the Chinese Path to Communism*, New York: State University of New York Press, 2007, p. 43.

③ 郭沫若：《女神》，外文出版社 2001 年版，第 127 页。

"我"的自我意识是郭沫若时常强调的主题。在诗歌《天狗》中，他呈现出典型的以"自我为本位的宇宙观"，"我"的主体意识得到了充分展现。

> 我是一条天狗呀！
> 我把月来吞了，
> 我把日来吞了，
>
> 我把一切的星球来吞了，
> 我把全宇宙来吞了。
> 我便是我了！
>
> 我是月的光，
> 我是日的光，
> 我是一切星球的光，
> 我是 X 光线的光，
> 我是全宇宙的能量的总量！①

李欧梵（Leo Ou-fan Lee）曾作过一个恰如其分的评价："中国诗歌史上出现'我'一词的频率从来没有上述《天狗》一诗中的多。'我'的出现凸现了郭沫若思想中个人主体意识的无处不在。在形式和内容上，郭沫若的创作灵感更像是来自西方而不是中国的诗歌。"② 中国古典诗歌突出特征之一便是对主语的省略，为了创造"无我"之境，不允许诗人在情景之中掺入自己的个性。然而，随着现代诗人对个性的认识，他们不再愿意将自己隐藏于自然情景之中。相反，他们更愿意歌颂自由和独立的精神，不愿再受到自然的束缚。

在中国新诗中，主语"我"通常是强有力的存在。这一特征在徐志摩的诗歌中亦表现得十分明显。徐志摩是他生活的时代公认的最浪漫的诗人，《在山中》就是典型的例子。即便如此，诗人已不再满足于对自然的冥想，而是倾向于与自然的相互交融，他写道："我想攀附月色，化一阵

---

① Lee, *The Romantic Generation of Modern Chinese Writers*, pp. 189–190.

② Lee, *The Romantic Generation of Modern Chinese Writers*, p. 190.

清风，吹醒群松春醉，去山中浮动。"① 徐志摩在多首诗中展示了这一趋向。比如，在《雪花的快乐》一诗中，诗人把自己比作"飞舞的"雪花，寻找爱人的方向。② 在《再别康桥》中，诗人希望自己能变成康河中的一株水草，在水底"招摇"。③ 现代诗人不再崇拜自然，他们已有足够的自信去掌控自然。

第二，讴歌自然界的阳刚美和崇高美。

新诗的另一特点是偏爱阳刚之美和崇高之美，而不是阴柔之美。现代诗人选择的用于表达自身情感的物体经常与能力、力量和进步联系在一起。

在诗歌《立在地球边上放号》中，郭沫若描写了一种崇高美：无边无垠的太平洋倾尽所有力量推翻地球。即便此起彼伏而又连绵不断的海浪具有破坏性，海浪的无穷威力仍然深深吸引了诗人。请看以下诗句：

> 无数的白云正在空中怒涌，
>
> 啊啊！好副壮丽的北冰洋的晴景哟！
>
> 无限的太平洋提起他全身的力量来要把地球推倒。
>
> 啊啊！我眼前来了的滚滚的洪涛哟！
>
> 啊啊！不断的毁坏，不断的创造，不断的努力哟！
>
> 啊啊！力哟！力哟！
>
> 力的绘画，力的舞蹈，力的音乐，力的诗歌，力的节奏哟！④

就意象的使用而言，太阳而非月亮成为现代诗人最喜爱的意象之一。根据古人的阴阳学说，月亮代表阴和女性美，与道禅思想所推崇的温和、被动和安静相契合。而太阳代表着阳，是男性力量和生命的象征。传统的中国文化在本质上倾向于静态美、柔弱美、被动美，由此月亮也成为古代诗人最喜爱的象征意象之一，通常把月亮与乡愁、相思、家庭团聚联系在一起。月亮意象首次出现在《诗经》里，用来代表诗歌主体夜晚思念着的女子。自汉朝以来，将月亮与乡愁、爱人间的分离、重聚的希望联系在

---

① 郭沫若：《女神》，外文出版社2001年版，第76页。
② 徐志摩：《徐志摩文集》，中国戏剧出版社2009年版，第105—106页。
③ 徐志摩：《徐志摩文集》，中国戏剧出版社2009年版，第183—184页。
④ 郭沫若：《女神》，外文出版社2001年版，第76页。

一起逐渐变得平常。到了唐朝，月亮的使用更为频繁，常借以指代超越时空的相聚。① 古代诗人对太阳的兴趣远不如月亮。即便是描写太阳，常常也是呈现"落日"这一意象，并赋予落日缺乏精力、缺少力量等负面喻义。晚唐时期的李商隐著有名句："夕阳无限好，/只是近黄昏。"他之后的诗人开始模仿这种套路，使用落日来表达对逝去时光的无限伤感。总之，象征阳刚之美的太阳并没有引起中国古代诗人的特别兴趣。

在中国新诗中，由于受西方的影响，太阳这一意象迅速代替了月亮，成为中国现代诗人最喜爱的意象之一。西方文化倾向于颂扬男子的刚毅之美，所以在西方文学传统中，太阳比月亮更享有名望。在《旧约》中，造物主神的力量还不及太阳之力。在哥伦比亚大学求学期间，闻一多曾写过一首名为《太阳吟》的诗歌。不同于古代诗人寄情于月亮，闻一多借太阳这个意象来表达自己的乡愁，希望自己能骑上太阳，返回家乡：

> 太阳啊——神速的金鸟——太阳！
> 让我骑着你每日绕行地球一周，
> 也便能天天望见一次家乡！

对他而言，太阳的家是宇宙，并且太阳也是他家乡的太阳。因此，虽然他的身体不能真正回到家乡，但他把思乡之情寄托于太阳。在诗中，他这样写道：

> 太阳啊，也是我家乡的太阳，
> 此刻我回不了我往日的家乡，
> 便认你为家乡也还得失相偿。
> 太阳啊，慈光普照的太阳！
> 往后我看见你时，就当回家一次，
> 我的家乡不在地下乃在天上！②

很显然，与古代诗人相比，闻一多在对"家"的认识上更加具有全

---

① Yeh, *Modern Chinese Poetry*, p. 53.

② 闻一多：《太阳吟》，http://www.guoxue.com/rw/wenyiduo/wyd03_051.htm，登录于2017-09-15。

球视野，他认为家乡既是地方的，也是世界的。

太阳这一意象的普及凸显了中国的现代诗人们对阳刚、崇高、力量、进步和希望的追求。他们深刻体会到置身于黑暗时代的绝望，希望自己的祖国能重获新生，如同新的太阳每天从东方升起。因此，现代诗人们笔下的太阳总能驱散黑暗，给世界带来光明。

郭沫若在其诗歌中经常使用太阳这一意象，这源于惠特曼的影响。如前所述，太阳是惠特曼诗歌中最重要的意象之一。作为中国的"惠特曼主义的信徒"，① 郭沫若在日本留学期间就大量阅读惠特曼的诗歌，并一生受其启发。在郭沫若的代表诗集《女神》中，歌唱太阳是重要主题之一，下列诗歌的标题足以证明：《日出》《太阳礼赞》《海舟中望日出》等。郭沫若诗中太阳的意象常常与阳刚、重生、希望有关。在《太阳礼赞》中，太阳是诗人的救世主和唯一的希望，让自己沐浴在新生的太阳下，诗人希望紫外线和 X 光能渗透他的身体，给予他新生。请看下列诗句：

> 太阳哟！我背立在大海边头紧觑着。
> 太阳哟！你不把我照得个通明，我不回去！
> 太阳哟！你请永远照在我的面前，不使退转！
> 太阳哟！我眼光背开了你时，四面都是黑暗！
> 太阳哟！你请把我全部的生命照成道鲜红的血流！②

此诗中的太阳不只是光明的象征，也是诗人眼中的无所不能。没有太阳，诗人的生活将暗无天日。

另一位有影响力的现代诗人艾青，在其诗歌中也广泛使用太阳这一意象。他曾写下"太阳组诗"，包含：《太阳》《向太阳》《给太阳》《太阳的话》等。诗歌《太阳礼赞》中包含了艾青的长诗《向太阳》，作者讴歌太阳，认为太阳是自然界中最美的物体。请看以下诗句：

> 是的

---

① Achilles Fang, "From Imagism to Whitmanism in Recent Chinese Poetry: A Search for Poetics that Failed," in *Indiana University Conference on Oriental-Western Literary Relations*, eds. Horst Frenz and G. L. Anderson, Chapel Hill: University of North Carolina Press, 1955, p. 185.

② 郭沫若：《女神》，外文出版社 2001 年版，第 116—119 页。

太阳比一切都美丽

比处女

比含露的花朵

比白雪

比蓝的海水

太阳是金红色的圆体

是发光的圆体

是在扩大的圆体①

除了太阳这一意象之外，与太阳密切相关的"光"也是现代诗人所喜爱的一个意象。下面的诗歌选自艾青的《光的礼赞》：

世界要是没有光，

等于人没有眼睛，

航海的没有罗盘，

打枪的没有准星，

不知道路边有毒蛇，

不知道前面有陷阱。②

在该诗中，诗人深情讴歌光的无限力量，认为如同太阳，光亦是人类和自然万物生存的必要条件，没有光，世界会变得昏黑、混沌。光象征着光明、进步和知识，诗人相信：有一天，人类有能力迎着光，飞向太阳和无限广阔的宇宙；中国这个古老的民族也会变得强大，立于世界民族之林。

第三，讴歌科学发展与工业文明。

中国现代诗歌在人与自然关系书写方面出现的第三个趋势是：基于科学的角度认知自然。许多现代诗人受了西式教育，谙熟现代科学思想。他们中的一些人起初学习科学，后来却转到文学，并终生投身于文学创作中。例如，郭沫若大学期间曾学习医学专业，胡适最初学的是农学，他们都受到西方主流的科学和技术观念的影响。因此，科学术语或与现代文明

---

① Ai Qing, *Selected Poems of Ai Qing*, p. 57.

② Ai Qing, *Selected Poems of Ai Qing*, p. 162.

相关的术语常常出现在他们的诗歌中。在《女神》中，诗人郭沫若大量使用了车、飞机、能量、电、炸弹和 X 光等术语，呈现出一幅基于科学革命的现代文明图景。《女神》中的许多诗歌反映了一个时代的变迁。诗歌《笔立山头展望》就是一个典型例子，请看下列诗句：

> 大都会的脉搏呀！
> 生的鼓动呀！
> 打着在，吹着在，叫着在，……
> 喷着在，飞着在，跳着在，……
> 四面的天郊烟幕朦胧了！
> 我的心脏呀，快要跳出口来了！
> 哦哦，山岳的波涛，瓦屋的波涛，
> 涌着在，涌着在，涌着在，涌着在呀！
> 万籁共鸣的交响乐，
> 自然与人生的婚礼呀！
> 弯弯的海岸好像丘比特的弓弩呀！
> 人的生命便是箭，正在海上放射呀！①

这几行诗充满了科学术语，讴歌了进步和发展，即现代文明的核心价值。火车和轮船是科学革命的产物。"打、吹、叫、喷、飞、跳"等动词用来描述现代文明社会充斥的各种声音，暗示了郭沫若对现代文明的欣赏之情。"四面的天郊烟幕朦胧了"，描绘的是各种形式的工业生产中产生的各种烟雾，诗人认为这些升腾的烟雾象征着物质发展和进步。

现代诗人最喜爱的意象经常与现代工业的发展和物质的进步紧密相连，比如诗人们常常使用煤、烟、建筑工地等意象来象征进步和繁荣，对自然的讴歌更多基于它的使用价值。在诗歌《地球，我的母亲》中，郭沫若把地球比作母亲，满怀激情地表达自己对地球的感激之情。第一节中这样写道："地球，我的母亲！/我过去，现在，未来，/食的是你，衣的是你，住的是你，/我要怎么样才能够报答你的深恩？"在最后一节，郭沫若把矿工比作地球母亲最喜爱的儿子，写道："地球，我的母亲！/我

---

① 郭沫若：《女神》，外文出版社 2001 年版，第 73 页。

羡慕的是你的宠子,炭坑里的工人,/他们是全人类的普罗美修士,/你是时常地怀抱着他们。"① 从现代生态学的角度看,这首诗可被解读为一首反生态诗歌。因为诗中所歌咏的煤矿,毋庸置疑是现代环境污染的主要源头之一。另外,不同于古典诗歌那样纯粹赞扬自然的美丽,郭沫若赞扬地球只因它能向人类提供食宿和有用的资源,这种赞扬具有典型的实用主义色彩。

煤炭逐渐成为中国现代诗人所喜爱的意象之一。中国古典诗歌中也有一些描写煤炭的诗歌,最有名的一首是明朝的于谦写的《咏煤炭》:"凿开混沌得乌金,/藏蓄阳和意最深。/爝火燃回春浩浩,/洪炉照破夜沉沉。/鼎彝元赖生成力,/铁石犹存死后心。/但愿苍生俱饱暖,/不辞辛苦出山林。"② 在诗中,于谦把自己比作煤炭,表达了自己愿意为国为民牺牲的抱负,就像煤炭燃烧自己,为人类提供温暖。受西方思想的影响,煤炭这一意象在 20 世纪受到了诗人们前所未有的欢迎。在西方,煤的大量使用与工业革命有关,蒸汽火车和蒸汽轮船成为了主要的交通工具。直到 20 世纪 50 年代,煤在西方也仍然是最主要的工业燃料。中国的煤炭工业尽管开始较早,但直至 19 世纪下半叶中国开始走上工业之路之后,才开始进行规模化开采。20 世纪前 20 年是采矿业大力发展的时期,为满足工业发展的需要,矿井犹如雨后春笋般地出现。煤在中国工业发展中扮演着至关重要的角色,被认为是最重要的自然资源。这一观点在现代诗歌中体现得淋漓尽致,诸如郭沫若、朱自清和艾青等诗人都写过歌咏煤炭的诗歌。

在诗歌《煤》中,朱自清表达了现代人在发现煤的使用价值后的无限欣喜:

> 你在地下睡着,
> 好腌臜,黑暗!
> 看着的人,
> 怎样地憎你,怕你!
> 他们说:
> "谁也不要靠近他啊!……"

---

① 郭沫若:《女神》,外文出版社 2001 年版,第 86—89 页。
② 引自马志杰《中国古代文学》,齐鲁书社 1985 年版,第 302 页。

一会你在火园中跳舞起来，
黑裸裸的身体里，
一阵阵透出赤和热；

啊！全是赤和热了，
美丽而光明！

他们忘记刚才的事，
都大张着笑口，
唱赞美你的歌，
又颠簸身子，
凑合你跳舞的节。①

诗歌描述了当人们发现煤的工业用途后表现出的截然不同的态度。原先煤炭被看成"丑陋"、"黑暗"的东西，常引起人们的恐惧和憎恨。但"这种有敌意的态度在意识到煤炭的真正价值后转变为一种谄媚。煤不再代表丑陋和黑暗，取之而来的是美丽和力量"②。

对郭沫若而言，煤炭无疑代表进步与发展。他的《炉中煤》写于1920年，赋予了煤炭无私和甘于奉献的人性。③ 在该诗中，郭沫若把自己比作煤，表达了愿为祖国的革命贡献一生的愿望。在另一首诗歌《无烟煤》中，郭沫若把煤作为轮船燃料的重要性同书本于他的重要性相提并论。就像轮船需要煤炭作为每天的动力一样，他也需要每天去图书馆学习补充精神能量。他把图书馆比作矿井："轮船要煤烧，／ 我的脑筋中每天至少要三四立方尺的新思潮。"④

由于煤炭在工业发展中的巨大作用，煤烟被认为与进步和繁荣息息相关。在诗歌《笔立山头展望》中，郭沫若把轮船烟囱里的烟比作"黑色的牡丹"，歌颂它是"近代文明的严母"。请看下列诗句：

①　Julia C. Lin, *Modern Chinese Poetry*, pp. 65-66.
②　Julia C. Lin, *Modern Chinese Poetry*, p. 66.
③　张梦新主编：《大学语文经典读本》，浙江大学出版社 2005 年版，第421—422 页。
④　郭沫若：《郭沫若诗选》，海南国际新闻出版中心 1997 年版，第45—46 页。

　　　　黑沉沉的海湾，停泊着的轮船，

　　　　进行着的轮船，数不尽的轮船，

　　　　一枝枝的烟筒都开了朵黑色的牡丹呀！

　　　　哦哦，20世纪的名花！

　　　　近代文明的严母呀！①

　　煤炭曾因其储量丰富且廉价广泛应用于现代化工业生产中，被称为工业的"真正的粮食"，是西方18世纪以来使用的主要能源之一，为西方工业文明发展提供了重要动力。20世纪以来，随着中国工业文明的萌芽与发展，煤炭在中国开始得到广泛使用。然而，从生态保护的角度来看，煤炭应该被限制使用，因为它不是清洁能源，会造成严重的环境污染。因此，现代环保运动的重要内容之一就是要逐步淘汰煤的使用，改用清洁能源。

　　第四，自然的概念拓展到城市。

　　现代诗人塑造的人与自然关系的第四个特征表现为：自然的概念逐渐被扩大，并拓展到城市。随着工业化和城镇化的逐步发展，描写城市的都市诗日益增多。尽管中国早就有城市存在，但现代意义上的城市出现在中国开始学习西方之后，是随着现代工业文明发展起来的。中国的都市诗首次出现在20世纪上半叶，赞扬机械文明和工业文明，描写城市中人与自然的疏离。

　　郭沫若是都市诗歌的先驱，他并不认为自然界和新兴的现代工业城市之间存在任何矛盾。在其散文《煤、铁和日本》，他写道："人是自然的一部分，人类文明的产物是自然界所有产物的一部分。"在他看来，"自然的美不仅仅包括山川、河流、花朵、百鸟，还包括装饰了自然界的烟囱和铁轨（人类的产物）。"② 因此，他并不认同现代工业摧毁了自然美景的说法，而是认为烟囱等工业文明之物本身就是自然美景的一部分。

　　在20世纪30年代，文学月刊《现代》的主编施蛰存主张描写现代生活，表达现代人的情感。他认为，所谓现代生活，就包含着"汇集着大船舶的港湾，轰响着噪音的工厂，深入地下的矿坑，奏着Jazz乐的舞

---

① 郭沫若：《女神》，外文出版社2001年版，第73页。

② Qtd. in Chen Xiaomin, *From the May Fourth Movement to Communist Revolution*, pp. 75-76.

场，摩天楼的百货店……"① 对都市诗歌发展作出贡献的主要诗人包括：郭沫若、李金发、艾青、徐迟、路易士、陈江发、卞之琳。由于从传统的田园生活转向了现代生活，"天人合一"的传统观念受到了极大挑战。现代诗人更多描写现代城市生活，努力适应新的生活方式。以诗人废名《街头》中的诗句为例：

> 行到街头乃有汽车驰过，
> 乃有邮筒寂寞。
> 邮筒 PO，
> 乃记不起汽车的号码 X，
> 乃有阿拉伯数字寂寞，
> 汽车寂寞，
> 大街寂寞，
> 人类寂寞。②

很明显，废名无法融入现代都市生活。在诗中，城市人的生活充斥着寂寞。作为现代工业文明的产物，汽车能快速拓展人们的旅行距离，但也会造成人与人、人与自然之间的疏离。现代人已无法像古代诗人一样，在宁静的自然界中找寻到精神安慰，因为自然已被现代科学技术改造得面目全非。

另一位主张写城市诗歌的诗人是徐迟。在诗集《二十岁的人》的前言中，他写道："将来的另一形态的诗，是不是一些伟大的 Epic（史诗），或者，像机械师与工程师，蒸气、铁、煤、螺丝钉、铝、利用飞轮的惰性的机件，正是今日的国家所急需的物品，那些唯物的很的诗呢？"③ 在《都会的满月》这首诗歌中，徐迟描写了城市里的机械钟：

> 写着罗马字的
> I II III IV V VI VII VIII IX X XI XII代表的十二个星

---

① 施蛰存：《关于本刊中的诗》1933 年第 1 期。转引自卢桢《现代中国诗歌的城市抒写》，博士学位论文，南开大学，2009 年，第 12 页。

② Yeh, *Anthology of Modern Chinese Poetry*, p. 25.

③ 转引自王泽龙《中国现代诗歌意象论》，博士学位论文，华中师范大学，2004 年，第 157 页。

　　　　绕着一圈齿轮

　　　　夜夜的满月，立体的平面的机体
　　　　贴在摩天楼的塔上的满月
　　　　另一座摩天楼低俯下的都会的满月

　　　　短针一样的人
　　　　长针一样的影子
　　　　偶或望一望都会的满月的表面

　　　　知道了都会的满月的浮载的哲理
　　　　知道了时刻之分
　　　　明月与灯与钟兼有了①

　　时钟是机械的典型象征，从不停止的嘀嗒声周而复始，单调而又乏味。西方近代科学的机械论思想认为世界就是由上帝推动的、周而复始的一台巨大时钟。在诗中，徐迟把机械钟比作夜空中的满月，因两者在外形上颇为相似。满月在中国传统文化中象征团圆、思念之情等美好情感。但在现代都市生活中，人们却是在酷似满月的、冷冰冰的机械钟指引下生活，两者形成了鲜明对照。
　　在袁可嘉的诗歌《上海》②中，虽然摩天大楼如雨后春笋般林立，看似繁荣，但堕落和邪恶却隐藏其中，充满了贪婪、绝望、不公平、黑暗及精神缺失。在战争时代，城市里的人过着漫无目的的生活，缺乏安全感，未来充满了不确定性，因此人们选择在放纵中消磨时光。
　　下列诗行出自殷夫的《血字》，描写迅速发展起来的都市：

　　　　我们要创造一个红色的狞笑，
　　　　在这都市的纷嚣之上，
　　　　牙齿与牙齿之间架起铜桥，
　　　　大的眼中射出红色光芒。

---

① 吴欢章：《中国现代诗十大流派诗选》，上海文艺出版社1989年版，第245页。
② 罗绍书：《中国百家讽刺诗选》，贵州人民出版社1988年版，第73页。

他的口吞没着整个都市，

煤的烟雾熏染着肺腑，

每座摘星楼台是他的牙齿，

他唱的是机械和汽笛的狂歌！①

桥梁、煤烟、汽车喇叭声，这些都是工业发展和现代机械文明的标志，但诗人表达出来的情感却是两面的。一方面，人们完全没有意识到工业污染的消极影响；另一方面，诗中第一句中的"狞笑"显示出人类对自然的挑衅及征服世界的野心。

综上所述，不同的诗人对现代城市的态度不尽相同。郭沫若欣然接受由科技和工业发展带来的城市变化。废名和袁可嘉均认为城市化导致了人与自然、人与人之间情感的疏远。尽管如此，但城市均引起了他们的关注，进入了他们的诗歌里。简而言之，西方科学的传入，以及科学和工业的发展均对现代诗人如何书写自然产生了重要影响。在之后的几十年里，诗歌发展的这四个趋势将表现得更为明显，并取得新发展。

中华人民共和国成立后，文学创作的主导原则是：革命的浪漫主义加上革命的现实主义。文学应该服务大众，创作有关农民、工人、士兵的作品。这一时期的无产阶级诗人主要致力于宣传马克思主义思想，歌唱从事社会主义建设的农民或工人。就人与自然的关系而言，他们的诗歌弘扬征服自然、改造自然的观念，以满足大力发展工农业的需求。自然被看作人类的敌人，及人类追求物质进步和幸福生活的绊脚石。尽管这一观点最早出现在 20 世纪上半叶，但在这一时期得到了深入发展。

《红旗歌谣》是一部民歌选集，收集了 300 首民歌，多是农民和工人所作，于 1959 年出版，同时还被译成英文出版。该书编者在前言中写道："这些新民歌表达了我国劳动人民要与天公比高，要向地球开战的壮志雄心。"②"向地球开战"明显地展示了这一时期对自然的普遍态度。自然被视为敌人，应该被控制和征服，比如"人心齐，泰山移"。③受革命乐观主义思想的激发，不少普通农民在面对自然时表现出极大的自信，纷纷写

---

① 殷夫：《殷夫选集》，人民文学出版社 1958 年版，第 68—69 页。

② Guo Moruo & Chou Yang, eds., *Songs of the Red Flag*, Peking: Foreign Languages Press, 1961, Preface.

③ Guo Moruo & Chou Yang, *Songs of the Red Flag*, p. 48.

诗抒发与自然抗争到底的豪迈气概。在他们的笔下，即使是大山也能被搬走，也能变成沃土。同样地，河流也能改道、扳弯。自然和天宫不再是中国古人认为的神秘而又无所不能的力量，相反，它们不得不屈服于人类无可匹敌的威力。除农业活动之外，地球形态也受到工业化和城镇化的极大改变。随着工厂和烟囱的涌现，城市的景色与农村的景色形成鲜明对比。例如，公刘在《上海夜歌》（2）中写道：

> 我站在高耸的楼台上，
> 细数着地上的繁星，
> 我本想从繁星中寻找牧歌，
> 得到的却是钢铁的轰鸣。
>
> 轮船，火车，工厂，全都在对我叫喊：
> 抛开你的牧歌吧，诗人！
> 在这里，你应该学会蘸着煤烟写诗，
> 用汽笛和你的都市谈心……①

在这首诗中，尽管诗人生活在大都市上海，却十分向往田园生活。站在高耸的楼台上，看不见天上的星星，只能看见地上人造的"繁星"——城市的灯光。听不到自然的蝉鸣虫叫，只能听到钢铁厂、轮船、火车、汽车的噪音。空气中充满了煤烟，像墨水一般黑暗。总之，这是一座现代城市，污秽而又嘈杂。

革命乐观主义充分体现在人类对自然的改造中，从下面这首印刷工人所作的诗中可以看出这一点，诗歌的题目为《每当我印好一幅新地图的时候》：

> 看那向自然进军的尖兵们到处跋涉，
> 他们用铁锤、标尺叩醒了沉睡的山林。
> 任何障碍也不能阻拦建设大军的脚步，
> 哪怕是酷暑严寒、高山峻巅！

---

① 公刘：《公刘诗选》，江西人民出版社1987年版，第152页。

他们坚信在自己走过的路上，

每一寸土地都会有幸福诞生。①

该诗将在田野上劳作的劳动者比作战场上勇往直前的士兵，他们向自然无所畏惧地进军，以排除前进路上的种种障碍。自然被视为敌人，需要被征服。

第二节　"回归自然"渐成趋势

1978 年以来，由于一批朦胧诗人的出现，自然不再被看成是需要被征服的对象，而是人类的镜子，是具有自身价值的存在。很多朦胧诗人创作的诗歌明显地体现出了这种转变。他们从美学的角度看待自然，竭力发现蕴含在自然世界中的美。随着环境问题变得越来越糟糕，以顾城为代表的朦胧诗人开始思索人与自然的关系问题，并充当自然的代言人。顾城、海子、于坚等年轻诗人成为自然书写的引领者，创作了许多充满浓厚生态意识的诗歌。

一　朦胧诗人的"回归自然"

以北岛、舒婷、杨炼、江河和顾城为代表的朦胧诗人，开始在《今天》杂志上崭露头角。同之前的现代诗人相比，他们对自然表现出强烈的关爱，究其原因源于以下两点：一方面，这些年轻诗人中有不少曾随父母下放到农村，一度失去了受正式教育的机会，但他们因此有大量的时间亲近自然，自然成为他们最好的伙伴；另一方面，由于现实环境不允许他们的个性释放，他们需要借助自然进行自我表达，将自己的情感融入自然之中。

朦胧诗人引领了书写自然的新范式，在一定程度上可称为中国诗歌自然书写传统的回归。北岛，受惠于浪漫主义诗人，经常用自然界中的物体表达自己强烈的情感。他诗歌中的意象具有独特的象征意味，所有这些意象共同组成一个类似象征符号的"体系"，从中可以推理出其所要表达的精确内涵。鸽子、繁花、星星、山谷、天空、浪花等意象暗示了为完美的

---

①　中国作家协会（编）：《1956 诗选》，人民文学出版社 1957 年版，第 55 页。

人类生活而奋斗；夜晚、乌鸦、栅栏、网、深渊、废墙标志着碎片或摧毁人类的理性生活。[①]

舒婷的诗歌意象十分丰富，很多源自她周遭生活的地方。"自然意象在她的作品中占支配地位，这些自然物体也总是有生气而又予以人格化。"[②] 例如，在她的《致橡树》这首脍炙人口的诗歌中，她曾把爱人比作橡树，将自己比为木棉。

二　顾城诗歌的自然书写

在复兴自然书写的传统方面，顾城（1956—1993）作出的贡献可谓最大。在一次采访中，在被问起朦胧诗人的社会影响时，顾城的回答是：朦胧诗人在帮助诗歌回归自然方面迈出了一步。他认为，中国的人文传统根植于自然界。然而，在现代，人成为了社会中的人，他们与自然的联系——中国文化的起源被切断，万事万物被社会的标准判断。随着时间的流逝，中国人已遗忘了道家"无"的概念，也忘了大自然的味道。[③]

顾城的诗体现出对传统老庄思想中有机自然观的复兴。"在中国当代诗人中，顾城可能是能够抓住并再造中国自然哲学和古典诗歌精髓的最好诗人。忍受着被当代社会疏离的痛苦，他坚持不懈地创造着一个天人合一的透明世界。"[④] 顾城这种特有的品质使他在朦胧诗人中脱颖而出。

在顾城的孩提时代，他就表现出对自然特有的亲密。8 岁时，他写下了《松塔》：松枝上，/露滴晶光闪亮，/好像绿漆的宝塔，/挂满银铃铛。[⑤] 1969 年后，顾城跟随当时被下放的父母同在农村生活。在回城之前，他并没有机会广泛涉猎各种书籍，自然界便成为他的良师益友。他整日沉浸在大自然中，从中获得创作的灵感和素材，从下面他的描绘中可以明显地看出这一点：

---

① Hong Zicheng & Michael M. Day, *A History of Contemporary Chinese Literature*, Leiden：Brill, 2007, p. 349.

② Kwai-Cheung Lo, "Chinese Misty Poetry and Modernity", PhD diss., Stanford University, 1996, p. 168.

③ 顾城：《顾城文选》，http：//vip. book. sina. com. cn/book/chapter_ 8856_ 6495. html，登录于 2017 年 8 月 9 日。

④ Hong Zeng, *A Destructive Reading of Chinese Natural Philosophy in Literature and the Arts*：*Taoism and Zen Buddhism*, Lewiston：Edwin Mellen Press, 2004, p. 119.

⑤ Gu Cheng, "Song Ta," http：//www. gucheng. net/gc/gczp/gcsg/y1967/200502/166. html，登录于 2017 年 8 月 9 日。

　　由于渴望，我常常走向社会边缘。前面是草、云、海，是绿色、白色、蓝色的自然。这干净的色彩，抹去了闹市的浮尘，使我的心恢复了感知。……我感谢自然，使我感到了自己，感到了无数生命和非生命的历史，我感谢自然，感谢它继续给我的一切——诗和歌。这就是为什么在现实紧迫的征战中，在机械的轰鸣中，我仍然用最美的声音，低低地说：我是你的。①

　　以上是顾城关于他诗歌创作的心得。他更倾向于在大自然中寻找灵感，现实对于他来说只有"机械的轰鸣"，而在大自然中，顾城如同其中的一员，可以毫无芥蒂地地同自然万物对话交流，和谐共处。

　　在农村生活期间，顾城痴迷于观察周围的自然界。在他的诗中，经常使用到的意象有：风、海、江、小溪、老树、叫不出名的花儿、野蜂、蝉、蚯蚓、野雁、四季、地球、太阳、月亮、云彩、天空、星星等。通常，顾城的诗歌模仿并复兴传统诗歌的有机自然观。正如张颐武所言："他用孩子式的目光去观察和探究外部世界，他为中国'五四'以来的现代性的话语添加了一个卢梭式的'回返自然'的层面。"②

　　15 岁时，顾城完成了他对人与自然关系的思考中最具影响力的诗歌——《生命幻想曲》：

> 把我的幻影和梦，
> 放在狭长的贝壳里。
> 柳枝编成的船篷，
> 还旋绕着夏蝉的长鸣。
> 还紧桅绳，
> 风吹起晨雾的帆，
> 我开航了。③

　　凭借极其丰富的想象力，顾城刻画出了一个地球上的天堂。在他的笔

---

① 洪子诚、刘登翰：《中国当代新诗史》，人民文学出版社 1993 年版，第 896 页。

② 张颐武：《一个童话的终结——顾城之死与当代文化》，《当代作家评论》1994 年第 2 期。

③ Gu Cheng, *Sea of Dreams*：*The Selected Writings of Gu Cheng*, trans. Joseph R. Allen, New York：New Directions Publishing, 2005, pp. 1–3.

下，整个宇宙都是他的家，整个世界就是一艘帆船，诗人置身其中，逍遥
自在，任意漂泊；他的脚步将踏遍世界上的每一个角落，他的身心将与自
然合二为一。回顾当时是如何写这首诗时，顾城说道："《生命狂想曲》
完全是由于自然的影响。我想中国古人在讲画时也说过：师古人不如师造
化。我想自然是第一老师，是我们生活的真正根源，所以生活与自然有一
个感应这确实不是神化。"①

　　在 1992 年张穗子对顾城的采访中，顾城承认法布尔的《昆虫记》给
了他最早也是最深的影响。他 10 岁时读了这本书，并受用终身。他认为，
法布尔描绘的昆虫世界里显示了人的命运。② 法布尔对顾城的影响可以从
他的下列诗歌题目中窥见一斑：《爬虫集》《避役》《蟒蛇》《乌龟》《海
生小辑（三首）》《红珊瑚》《珠贝》《虫蟹集》《蝼蛄》《寄居蟹》等。

　　除了法布尔之外，顾城也受到了西班牙诗人洛尔迦和美国诗人惠特曼
的影响。在顾城看来，惠特曼认为自然界万物平等的想法与庄子的齐物论
思想是共通的。庄子认为："以道观之，物无贵贱"，世间万物，不分大
小、贵贱、美丑，皆平等，各自彰显出生命的奇迹。顾城赞美惠特曼像太
阳一样毫无歧视地普照万物爱每一个人。③

　　顾城相信人从出生之际就热爱自然，他那首广为流传的诗歌《远和
近》中体现了这一思想：

　　　　你
　　　　一会看我
　　　　一会看云

　　　　我觉得
　　　　你看我时很远

---

　　①　http：//novel. hongxiu. com/a/8241/86684. shtml，登录于 2017 年 8 月 8 日。

　　②　Suizi Zhang‐Kubin，"'The Aimless I'—An Interview with Gu Cheng," December 19,
1992, in *Essays*, *Interviews*, *Recollections and Unpublished Material of Gu Cheng*, 20th Century Chinese
Poet：*The Poetics of Death*，ed. and trans. Li Xia，Vol 5. New York：Edwin Mellen Press，1999,
p. 335.

　　③　顾城：《顾城文选》Gu Cheng，http：//vip. book. sina. com. cn/book/chapter_ 8856_
6486. html，登录于 2017 年 8 月 8 日。

你看云时很近①

1981 年，一位读者询问顾城这首诗的意义是什么。顾城解释道，通过模仿摄影中的推拉镜头，进行长远距离的变换，他想表现人与人之间习惯了的戒惧心理和人性复归自然的鲜明对比。②

20 世纪 80 年代后，顾城开始关注环境问题，因为他发现自然并不总是美丽的。因此，他在诗歌中对人类破坏自然环境的各种行为进行生态审视和批判。在下首名为《蚯蚓》的诗歌中，地球和沃土被改造成了坚硬的混凝土、砖头和漆黑的柏油路，人类的朋友——蚯蚓的家园被无情地剥夺，顾城对此进行了揭露：

　　人，自负地翻动大地
　　给它装上各种硬皮
　　水泥的、砖的、柏油的
　　毁坏了你的书
　　还印上自己的名字

　　但草仍在空隙间阅读着
　　树也在读
　　所有绿色的生命
　　都是你的读者
　　在没有风时他们决不交谈

　　我是属于人类的
　　因而无法懂得
　　但我相信
　　里边一定有许多诗句
　　看那小花的表情③

---

①　Gu Cheng, *Sea of Dreams*, p. 10.

②　http：//xzt. 2000y. com/mb/2/readnews. asp？newsid＝589434，登录于 2017 年 8 月 8 日。

③　顾城：《顾城作品》，长江文艺出版社 2012 年版，第 55—56 页。

在《小鹿》这首诗歌中，在金钱的驱动下，人们猎杀小鹿——大自然最纯美的天使：

　　　　在藤萝花和榕树编织成的网后，
　　　　一只梅花小鹿时隐时现。
　　　　它纤细的腿一弹一落，
　　　　好像大地也变得十分柔软。

　　　　小鹿的眼里闪着无端的惊喜，
　　　　时而悄悄地向外窥探。
　　　　它是在寻找它的妈妈？
　　　　还是偷偷地跑出来游玩？

　　　　不幸它踏上了一块真正柔软的地皮，
　　　　细细地叫一声，便落进深涧。
　　　　大自然最纯美的天使，
　　　　竟比不过猎人眼里的金元。①

在一首名为《时代》的诗歌中，顾城表达了他对人类疏离自然的极度忧虑。在他看来，现代生态危机与人类的精神危机密切相关。请看下列诗句：

　　　　大块大块的树影，
　　　　在发出海潮和风暴的欢呼；
　　　　大片大片的沙滩，
　　　　在倾听骤雨和水流的痛哭；
　　　　大批大批的人类，
　　　　在寻找生命和信仰的归宿。②

---

　　① http：//www.gucheng.net/gc/gczp/gcsg/y1977/200502/345.html，登录于 2017 年 8 月 8 日。
　　② http：//www.gucheng.net/gc/gczp/gcsg/y1979/200502/389.html，登录于 2017 年 9 月 9 日。

"无我"是顾城自然哲学的关键术语。在他进入中年后,他尝试令自己进入"无我"的状态。在他的《自然哲学纲要》中,顾城指出:要回归古汉语中"自然"的原初意义来理解自然,"这个自然不是指与人意识相对的自然界,而是指一种没有预设目的和顺状态。也可以说这是中国哲学的最高境界"。他将中国传统哲学与西方哲学作了如下对比:"从中国哲学的自然观来看,首先的是取消'人'和'天'观念上的区别——天人合一,人归于天。而西方哲学与之相比,人的意识总是重要的。他们不惜建立强大精美的体系——思辨逻辑——从天上取火,与人世相对。"①依据顾城的观点,只有当一个人无欲无求时,才能达到自然的境界、与自然合二为一。② 通常认为,他继承了老庄的自然哲学观。在目睹了社会发展与环境保护的冲突后,顾城对现实感到十分失望:

> 那时,我对自然怀有信仰,就像我信任自己独特的本性一样。我想当然地认为只要身处自然,就会摆脱所有令我苦恼的想法。我生活中见到的自然之美也会自我显现。正如我诗中所写的一样,"草在结它的种子,/风在摇它的种子,/我们站着,不说话。/就十分美好。"但所有的这些都只是想象。在真实的自然界中,我遇到过许多可怕的破坏。自然不是美丽的。有老鼠、虱子,并不像我们度假时遇到的自然那样。没有电,没有水,没有现代文明,不得不终日与自然作斗争。自然界中弱肉强食。但这些并不是主要问题。主要问题是,我发现自己的本性并不像我自己想象的那样属于蓝天,或者属于我。自然是盲目的,像爬着的蚂蚁和疯狂的章鱼一样统治着我。无法停止。③

顾城认为现代人肆意破坏自然已成为严重问题,并直接导致了人与自然的分离。在他看来,"人类欲求的急速膨胀,必然导致人类赖以生存的自然环境的毁灭,这是不须哲学也能一目了然的。这是'人类中心'意

---

① 顾城:《没有目的的"我"——自然哲学纲要》,http://www.gucheng.net/gc/gczp/gczx/200502/164.html,登录于 2017 年 9 月 9 日。

② Hong Zeng, *A Destructive Reading of Chinese Natural Philosophy in Literature and the Arts: Taoism and Zen Buddhism*, Lewiston: Edwin Mellen Press, 2004, pp. 134–135.

③ Hong Zeng, *A Destructive Reading*, pp. 170–171.

识的必食之果"①。

顾城对自然的热爱对其诗歌创作和个人生活具有决定性的影响。20世纪80年代后期，他选择背井离乡去新西兰的一个小岛上居住，像梭罗一样地生活。然而，他最终选择自杀结束了自己年轻的生命。虽然对他的死因有诸多猜测，但不言而喻，他的英年早逝意味着他所尝试的传统田园生活的失败。

三　海子诗歌的自然书写

朦胧诗人海子在对田园生活的追求上与顾城颇为相似，他最后离世的方式也与顾城类似。海子创作的很多诗歌都与他青少年时期生活的乡村有关，麦地、村庄、月亮、天空都是他诗歌中常出现的意象，也是创作的原型。② 海子卧轨自杀时只有25岁，随身带着四本书，其中一本便是梭罗的《瓦尔登湖》。

1982年，上海译文出版社首次出版了《瓦尔登湖》全译本，由徐迟先生翻译。③ 1986年，海子读了《瓦尔登湖》，后来写了诗歌《梭罗这人有脑子》。海子卧轨自杀时竟然带着《瓦尔登湖》，这进一步引发了中国读者对《瓦尔登湖》和梭罗的兴趣。梭罗的生活方式于中国读者而言也许并无十分新奇之处，因为他的观念与中国古代隐士之道有诸多契合。从《瓦尔登湖》的字里行间，我们也可以感觉到梭罗对中国儒家和道家思想的青睐。在某种程度上，梭罗和他的《瓦尔登湖》促使中国人对自身的古典传统进行重新思索。从《梭罗这人有脑子》这首诗歌中，可以明显地看出海子对梭罗的无限敬仰之情：

　　　　梭罗这人有脑子
　　　　像鱼有水、鸟有翅
　　　　云彩有天空
　　　　梭罗这人就是

---

① 顾城：《没有目的的"我"——自然哲学纲要》，http://www.gucheng.net/gc/gczp/gczx/200502/164.html，登录于2017年9月9日。

② Hong Zicheng & Michael M. Day, *A History of Contemporary Chinese Literature*, Leiden：Brill, 2007, p.358.

③ 梭罗：《瓦尔登湖》，徐迟译，上海译文出版社1982年版。

> 我的云彩，四方邻国
> 的云彩，安静
> 在豆田之西
> 我的草帽上①

梭罗有瓦尔登湖，海子对大海有着特殊的热爱，他给自己取名"海子"，意即"大海的儿子"，也正体现出这种情感。故此，他理想的生活正如他在诗歌《面朝大海，春暖花开》中所描述的那样，面朝大海有一幢房子，在春天来临时可以看到鲜花处处绽放。请看下列诗行：

> 从明天起，做一个幸福的人
> 喂马，劈柴，周游世界
> 从明天起，关心粮食和蔬菜
> 我有一所房子，面朝大海，春暖花开②

在这首诗中，海子表达了像梭罗一样生活的愿望，梭罗的生活方式是他心目中理想的生活方式。在 1989 年，他写下了这首诗。两个月后，在春暖花开之时，海子却选择卧轨自杀，结束了他短暂的一生，给这首看似轻松欢快的诗歌蒙上了一层阴云。

顾城和海子都因在现实生活中受挫而选择结束各自短暂的一生。他们的离世在很大程度上表明他们追求的理想世界在现实中的消亡，因为现代文明早已完全改变了自然世界，他们没有办法回到田园生活中，人与自然无法再合二为一。

四　于坚及其他诗人的生态批判

继海子之后，于坚成为在自然书写方面最有影响力的当代诗人之一。作为一名对大自然充满深厚情感的诗人，于坚对自然界中的许多生物怀有敬畏之情。在他的诗歌中，人类并没有享有比其他生物更优越的地位。相反，在很多情况下，人类甚至处于劣势。在下面这首名为《一只蚂蚁躺

---

① 海子：《海子诗全集》，作家出版社 2009 年版，第 166 页。

② Hai Zi, *Over Autumn Rooftops*, trans. Dan Murphy, Austin, TX: Host Publications, 2010, pp. 128-129.

在一颗棕榈树下》的诗歌中，于坚表达了他对小蚂蚁的充分尊重乃至敬畏：

> 它有吊床
> 露水和一片绿茸茸的小雾
> 因此它胡思乱想
> 千奇百怪的念头
> 把结实的三叶草
> 压得很弯
> 我蹲下来看着它
> 像一头巨大的猩猩
> ……
> 我的耳朵是那么大
> 它的声音是那么小
> 即使它解决了相对论这样的问题
> 我也无法知晓
> 对于这个大思想家
> 我只不过是一头猩猩①

在下面这首名为《避雨之树》的诗歌中，于坚表达了他对树木深深的感激之情，因为树木可以为被雨困住的人提供庇护之所：

> 它是那种使我们永远感激信赖而无以报答的事物
> 我们甚至无法像报答母亲那样报答它
> 我们将比它先老
> 我们听到它在风中落叶的声音就热泪盈眶
> 我们不知道为什么爱它
> 这感情与生俱来②

和顾城一样，于坚认为人自来到世上之日起就应该珍爱自然："我们

---

① 于坚：《于坚集》（第1卷），云南人民出版社2004年版，第193页。
② 于坚：《于坚集》（第1卷），云南人民出版社2004年版，第172页。

不知道为什么爱它/这种感觉与生俱来。"在于坚的许多诗中，他通过揭露人类对地球母亲的不公平对待，为受伤的地球母亲代言。在长诗《哀滇池》中，他批判人类污染滇池这一不负责任的行为，痛批人类缺乏生态意识。请看下列诗句：

> 大地上　一具享年最长的尸体啊
> 那蔚蓝色的翻滚着花朵的皮肤
> ……
> 歌队长　你何尝为一个湖泊的死唱过哀歌？
> 法官啊　你何尝在意过一个谋杀天空的凶手？
> 人们啊　你是否恐惧过大地的逝世？
> 哦　让我心灵的国为你降下半旗
> 让我独自奔赴你的葬礼①

　　于坚的《那人站在河岸》（1985）一诗将现代爱情与肮脏发臭的河流联系在一起。爱情常发生在美丽的环境中，特别是与河流有关，正如中国古代的第一本诗歌选集《诗经》的开篇《关雎》中所写："关关雎鸠，在河之洲。窈窕淑女，君子好逑。"② 然而，随着对自然的过度开采和肆意利用，自然界已变得千疮百孔，毫无美感可言。当河流被工业废水所污染，空气变得呛人时，即使是世界上最美丽的情感——浪漫的爱情，也变了味。请看下列诗句：

> 那人站在河岸
> 那人在恋爱时光
> 臭烘烘的河流
> 一条黑烟
> 从城市里爬出
> 爬向大陆边边
> 爬进蔚蓝的大海
> 那人的爱情

---

① 于坚：《于坚集》（第1卷），云南人民出版社2004年版，第79页。
② 朱宏达、吴洁敏：《中国古诗百首读》，华文出版社2008年版，第1页。

一生一次的初恋

就在这臭烘烘的河上开始

一开始就长满细菌

……

他想起中学时代读过的情诗

19 世纪的爱情也在这河上流过

河上有鸳鸯天上有白云

生活之舟栖息在树荫下

那古老的爱情不知漂到海了没有

那些情歌却变得虚伪①

　　和顾城一样，于坚意识到了唯科学主义对中国人造成的心理危害。针对何祚庥在接受《环球》杂志专访时发表的《人类无须敬畏大自然》的观点，于坚在《关于敬畏自然》一文中进行了反驳。他指出：自 20 世纪初，中国学生开始被"自然不过是一个可资利用的对象"这一观点洗脑，② 科学似乎被当作神一样崇拜。在他看来，"自然对于中国来说，是道之所在，是文明的灵感源泉，是中国人为什么活着不是仅仅为了吃饭之根本意义所在"。自然是中国人的灵魂栖息之所。因此他认为，若坚持追随西方唯科学主义所推行的理性、逻辑和人类力量，必将会导致中华文明的消亡，因为中国人的心灵将无栖息之所。③

　　除了于坚，越来越多的诗人加入了揭露各种各样环境问题的队伍之中。翟永明的诗歌《拿什么来关爱婴儿》揭露了中国的食品问题：食品中的毒素泛滥，引发的灾难性后果甚至殃及了新生儿：

有时候我们吃一些毒素

吃一些铁锈

也吃一些敬敬畏

我们嘴边流动着

一些工业的符咒

---

① 于坚：《于坚的诗》，人民文学出版社 2000 年版，第 20 页。

② 于坚：《关于敬畏自然》，《天涯》2005 年第 3 期。

③ 于坚：《关于敬畏自然》，《天涯》2005 年第 3 期。

　　　　　我们拿什么来关爱婴儿？
　　　　　当他站起身来
　　　　　当他长到一米零五高
　　　　　他已吃掉一千种细菌
　　　　　一百斤粗制纤维
　　　　　十公斤重的灰沙入鼻
　　　　　一吨的工业烟雾
　　　　　如果是女孩她还得
　　　　　吃掉一磅口红①

　　诗人以看似一种平静的语调，揭示了一个严重的社会问题，即人们沉醉于不计代价地从工业大发展中获取利润，而这种行为正在摧毁我们自身及子孙后代生活的家园。在一切为金钱左右、为利益驱动的文化氛围下，即便是刚出生的婴儿，也不得不呼吸有毒的空气，食用有毒的食物。我们不禁要问：人类的未来会怎样？我们还有未来吗？就诗歌主题而言，这首诗不禁让我们想起了美国现代生态文学的开山之作《寂静的春天》一书，该书首次揭露了敌敌畏等杀虫剂的滥用对人类及自然生态所造成的巨大伤害。

　　下面这首名为《悬崖上的红灯》的诗歌是生态诗人华海的代表诗作之一，批判了人类在物质欲望的驱使下，不顾一切求发展的疯狂行为。大自然的花草、虫鸣、狼群等无一幸免地成为人类追求物质财富的牺牲品。华海将这种肆无忌惮破坏大自然来换取物质财富的行为比作一辆急速行驶的"欲望号"快车，车已到了悬崖边缘，悬崖边的一盏红色信号灯已高高立起，意在警示人类赶紧停止目前的疯狂行为，否则便只能跌下万丈深渊，自取灭亡：

　　　　　你们以为这是一只狼的眼睛
　　　　　一朵花的嘴巴
　　　　　狼的眼睛早就瞎了

---

　　①　华海编：《当代生态诗歌》，作家出版社 2005 年版，第 28 页。

花的嘴巴也已枯了
这只是在荒野点燃的
一盏风中的灯　愤怒的灯
呼叫的灯

一盏灯的呼叫
并不能让"欲望号"快车停下

钢铁的车　惯性的车
朝着那既定的完美方向
一路狂奔　辗过所有的
星光和青草
辗过夜鸟的惶恐
山峰的沉默
甚至辗过从来没有恩怨的
那些无辜昆虫

华海连续出版了《当代生态诗歌》《华海生态诗抄》《敞开绿色之门》等几本生态诗集，此外还组织和参与了许多生态诗歌的国际和国内研讨交流会，在促进生态诗歌的传播方面发挥了引领作用。

小　结

工业文明是一把双刃剑，在带来空前发展的物质文明的同时，也给全世界带来了诸多环境灾难。不断崛起的生态诗人用他们手中的笔来培育中国大众的生态意识，成为生态文明理念名副其实的传播者。

结　　语

　　在人类文明发展的历史长河中，"中学西渐"与"西学中渐"始终是中西文明互鉴的两条基本路径。20世纪全球化不断发展，更是加速了中西方文化的互通交流，形成"你中有我、我中有你"的关系，在人与自然的关系重构方面尤其如此。本研究运用跨文化生态批评和文本细读的方法，从历时和历史视角，深入考察了中西自然观在20世纪的交汇与融合，认为中国自然观的西渐与西方自然观的东渐分别促成了中美在思想和诗歌领域人与自然关系的重构，出现了先逆向而行、而后逐步走向趋同的局面，这种趋同特别体现为中西生态话语中"东方生态智慧"的回归。虽然目前国内外学界对"天人合一"生态价值的认识均存在褒贬不一的情况，但总体而言，在对"天人合一"现代生态价值的大讨论中，绝大多数中外生态学者均注意到了"天人合一"思想优于"天人两分"之处，认识到了"天人合一"传统有机自然观思想中有可供深入挖掘的现代生态价值，对解决现代生态危机具有积极意义。

　　人与自然的关系本质上是受到地理位置、哲学传统、经济模式等诸多因素影响的、特定历史时期的社会建构。中国和西方自古希腊时期在人与自然关系的建构上就开始出现分歧。在20世纪之前，非二元对立的"天人合一"思想一直主宰着中国传统社会，倡导修身养性的"对内发力"，不主张从对物质世界的征服中获得成就感。而西方社会却恰恰相反，自柏拉图时期就认为超验世界优于现实世界，上帝创造自然以便为人类服务，人与自然的二元对立思想根深蒂固。

　　"天人两分"思想在很大程度上促进了西方社会对自然奥秘的无尽探索，促进了西方近代科学的诞生及自18世纪以来工业文明的大发展，极大了提高了人类改造自然、征服自然的能力，以及从物质文明发展中获得幸福的能力。但毋庸置疑，西方长期以来视自然为敌人的观念也助长了人类对自然资源毫无节制地开发与利用，最终导致了现代生态危机的爆发。而这个结局恩格斯早就发出过警示："我们不要过分陶醉于我们对自然界的胜利。对于每一次这样的胜利，自然界都对我们进行报复。"①

20世纪以来，中国传统的"天人合一"思想中蕴含的有机论观念引起了西方一些哲学家和诗人的高度关注，特别是在生态危机爆发后，更有不少的西方生态研究者借用东方的"天人合一"思想来批判西方的"天人两分"的思想，希望以此来改善西方社会人与自然日益恶化的关系，重构两者之间的和谐。特别难能可贵的是，这些在西方引领"东方转向"的先锋人物来自各个不同的领域，包括诗人、宗教人士、科学家、生态研究者，等等。他们不约而同地发现了中国传统思想的现代生态价值，并不遗余力地对其进行阐发与推广。

同样是在20世纪，在中国曾一度紧闭的国门被西方的大炮彻底打开以后，中国被迫走上了追随西方的工业文明发展道路，并逐渐吸收了西方的"天人两分"思想及征服自然、改造自然的观念。随着中国社会在人与自然关系建构方面的逐渐西化，中国在大力发展工业文明、物质文明不断繁荣的同时，也不可避免地重蹈了西方的覆辙，也开始和西方一样，不得不着手解决日益恶化的生态危机问题。庆幸的是，西方现代生态话语的东方转向反过来促进了中国自身对其古典生态智慧的反思，以及对生态文明理念的建构。

当我们追溯中西方工业文明发展之路时不难看出，生态危机是工业文明的必然产物，要克服生态危机，必须彻底改变人类对待自然的观念，才能重构生态和谐。如果说中西方传统自然观曾经是各自社会的特定产物，到了全球化时代，当生态危机已成为全球性的共同危机，重构人与自然关系的和谐必然成为全人类共同追求的目标，中国和西方的自然观必将日益变得趋同。20世纪中国传统生态思想的西渐与回归正说明了这一点，中西自然观不再是泾渭分明，而是在相互学习借鉴中不断走向生态和谐。

自全球性生态危机爆发以来，国内外对生态文明理念的探索也代表了人类对建设地球美丽家园的共同追求，而中国提出的"尊重自然、顺应自然、保护自然"的生态文明理念可谓基于"天人合一"思想的创新。

---

① 参见《马克思恩格斯选集》（第4卷），人民出版社1995年版，第383页。

虽然"生态文明"一词在我国属于舶来品，但在过去的30多年里，其内涵不断得到挖掘和丰富，已成为具有鲜明中国特色的生态话语，并上升为我国的国家战略。由我国提出的人与自然为"生命共同体""坚持人与自然和谐共生"也是"天人合一"思想的再继承。2017年1月，习近平在联合国日内瓦总部发表题为《共同构建人类命运共同体》的主旨演讲，提出"坚持绿色低碳，建设一个清洁美丽的世界。人与自然共生共存，伤害自然最终将伤及人类。空气、水、土壤、蓝天等自然资源用之不觉、失之难续。……我们应该遵循天人合一、道法自然的理念，寻求永续发展之路"。① 在参与国际社会建设"人类命运共同体"、共创"美丽清洁的世界"的过程中，中国通过对"天人合一"思想的现代解读，已使其焕发新的生命力，并获得了广泛的国际关注。

笔者希望本研究能促进学界结合历史与社会语境来思考人与自然的关系，并能充分认识到以下几点：第一，人与自然的关系本质上是一种社会和历史建构，会随着特定社会在特定历史时期的发展而不断发展变化。自20世纪以来，飞速发展的全球化使得中国和西方在各方面的联系日益密切，中西在生态视阈的交会与融合就是明证。这也提醒我们：在全球化时代，人与自然关系的建构必然受到全球化的影响，相互影响必然日渐深厚。在20世纪初，近代中国之所以心甘情愿全盘吸纳西方的科学文化和自然观念，归根结底是因为，一个国家如何看待和建构自然直接关系着其工业发展水平及在国际社会中的地位。对于工业文明发展落后于西方一百多年的中国来说，闭关锁国、停留在农业社会止步不前显然是行不通的，最终结果是落后就要挨打，因此，在百年前的历史社会语境下，中国不得不在"师夷长技以制夷"的理念下，不断追随西方的脚步，大力发展科学与技术，才迎来了今日工业文明和物质文明的大发展，但与此同时，也不得品尝工业文明带来的双重后果，在享受工业文明发展带来的物质繁荣时，生态环境也日益恶化。目前生态危机已成为全世界共同面临的问题之一，解决全球化生态危机的前提是超越东西方文化二元对立的固有思维模式，确立起全球化整体视野。

第二，必须摈弃东方有机自然观与西方科学自然观截然对立的思想，这也是典型的二元对立思维，并且在中西方都有明显体现。在西方，罗尔

① 习近平：《共同构建人类命运共同体——在联合国日内瓦总部的演讲》，新华社2017年1月18日。

斯顿对"天人合一"思想的全盘否定就是明证。在我国，20世纪初由张君劢的演讲引发的"科玄之争"，本质上是中国传统有机自然观和西方近代科学自然观之间的论战。80年代以来国内学术界开始的对"李约瑟难题"的研究亦是如此，其研究焦点是：中国传统有机自然观到底是不是中国近代科学发展远远落后于西方的主要原因？而在2004年，美国华裔科学家杨振宁将中国传统"天人合一"的自然观归结为近代科学没有在中国萌生的原因之一。在2005年由人民网环保频道发起的"人类该不该敬畏大自然"的大讨论中，以汪永晨为代表的传统派和以何祚麻为代表的科学派之间的激烈论辩，都表现为将中国传统有机自然观和西方科学自然观尖锐对立起来。

中西方在20世纪生态视域的交会与融合表明：不能孤立静止地探讨"天人合一"有机自然观或者西方科学自然观的价值。如前所述，人与自然关系的建构总是特定历史时期的社会建构，受到了哲学传统、经济模式等各种因素的影响，而且会随着社会发展变化而变化。西方的机械论思想作为欧洲文艺复兴和启蒙运动时期形成的特定产物，虽然极大地促进了工业文明的发展，但也对环境造成了不可逆的伤害，因此必须坚决摒弃，但也必然看到西方近代科学自然观对人类经济社会发展产生的巨大促进作用。中国传统的"天人合一"的思想作为诞生于中国古代农业社会的特定产物，其内涵也必须随着时代的变迁而不断得到新的阐释。在现代生态危机背景下，完全照搬以前古人对其内涵的解释肯定是行不通的，必须结合目前的社会历史语境对其生态价值进行重新阐释，以顺应这个时代的特殊情况。

第三，"天人合一"思想蕴藏着丰富的生态价值，需结合时代背景进行深入挖掘。我们必须认识到：中国的"天人合一"自然观与西方现代科学有众多契合之处，对此，卡普拉在其《物理学之道》中有深入阐释，这也是"天人合一"思想在现代生态话语中得以焕发生命力的重要原因之一。

有学者认为，现代科学自然观已经取代了近代西方科学的机械论自然观。现代科学自然观是建立在生物学/生态学和系统论研究上的自然观，大体具有三个特征：有机、过程和系统。这种现代自然观抛弃了文艺复兴和工业革命成就的机械论自然观，强调自然的有机性和生命力，与古希腊的有机自然观和中国古代"天地"自然观志趣相投。① 其实现代自然观就是典型的生态自然观,倡导将世间万事万物看作互相影响、互相依存的有机整体,注重对事物发展过程的观照。而传统的"天人合一"思想包含有典型的有机论思想,这是一些西方科学家对其表示青睐的重要原因。因此,在对"天人合一"的生态价值进一步挖掘的过程中,不能完全撇开科学发展来讨论其生态价值,而是要符合现代科学自然观的整体论思想,在寻求科学发展的同时建构人与自然生命共同体的和谐关系。

总体而言,当生态危机已成为世界共同面临的难题,遵循基于"天人合一"思想的"尊重自然、顺应自然、保护自然"的生态文明理念已成为广泛共识。只有通过大力开展生态文明建设,加强绿色发展和可持续发展,才能克服工业文明的缺陷,平衡好发展经济与生态保护之间的关系,共建美丽中国和清洁世界。

---

① 杨锐:《中西自然观发展脉络初论——兼论我的自然观》,《清华大学学报》2014 年第 2 期。

主要参考文献

中文期刊

蔡仲德：《也谈"天人合一"——与季羡林先生商榷》，《传统文化与现代化》1994 年第 5 期。

陈国谦：《关于环境问题的哲学思考》，《哲学研究》1994 年第 5 期。

陈霞：《国外道教与深层生态学研究综述》，《世界宗教研究》2003 年第 3 期。

陈月红：《二十世纪禅、道在美国的生态化——兼论对现代科学机械自然观的颠覆》，《中山大学学报》2014 年第 3 期。

陈月红：《生态翻译学研究的新视角——论汉诗英译中的生态翻译转向》，《外语教学》2015 年第 2 期。

陈月红：《生态翻译学"实指"何在?》，《外国语文》2016 年第 6 期。

陈月红：《"Nature""science"两词的译介与中国社会人与自然关系之重构》，《上海师范大学学报》2017 年第 6 期。

程启华：《论西方泛神论思想对留学日本的青年郭沫若的影响》，《四川外语学院学报》1994 年第 4 期。

董晔：《庄子与卢梭的自然观比较及其文化意义》，《东疆学刊》2013 年第 2 期。

方克立：《"天人合一"与中国古代的生态智慧》，《社会科学战线》2003 年第 4 期。

高晨阳：《论"天人合一"观的基本意蕴及价值——兼评两种对立的

学术观点》，《哲学研究》1995 年第 6 期。

　　何成轩：《中国传统生态伦理观念与当代人类文明》，《哲学研究》1994 年第 5 期。

　　黄承梁：《习近平新时代生态文明建设思想的核心价值》，《行政管理改革》2018 年第 2 期。

　　黄国文：《生态语言学的兴起与发展》，《中国外语》2016 年第 1 期。

　　季羡林：《"天人合一"新解》，《传统文化与现代化》1993 年第 1 期。

　　季羡林：《"天人合一"方能拯救人类》，《东方》1993 年创刊号。

　　季羡林：《关于"天人合一"思想的再思考》，《中国文化》1994 年第 2 期。

　　季羡林：《卅年河东 卅年河西——〈东方文化集成〉丛书〈总序〉》，《岭南文史》1999 年第 2 期。

　　雷毅：《当代环境思想的东方转向及其问题》，《中国哲学史》2003 年第 1 期。

　　雷毅：《环境伦理与东方情结》，《江苏大学学报》（社会科学版）2007 年第 6 期。

　　李存山：《析"天人合一"》，《传统文化与现代化》1994 年第 4 期。

　　李慎之：《泛论"天人合一"——给李存山同志的一封信》，《传统文化与现代化》1995 年第 2 期。

　　李慎之：《"天人合一"与道德重构》，《粤海风》1997 年第 2 期。

　　林晓希：《近三十年来"天人合一"问题研究综述》，《燕山大学学报》（哲学社会科学版）2014 年第 4 期。

　　刘耳：《西方当代环境哲学概观》，《自然辩证法研究》2000 年第 6 期。

　　刘立夫：《"天人合一"不能归约为"人与自然和谐相处"》，《哲学研究》2007 年第 2 期。

　　刘略昌：《祛魅与重估：对梭罗与中国古典文化关系的再思考》，《上海对外经贸大学学报》2016 年第 3 期。

　　刘思华：《对建设社会主义生态文明论的若干回忆——兼述我的"马克思主义生态文明观"》，《中国地质大学学报》2008 年第 4 期。

　　罗卜：《国粹·复古·文化——评一种值得注意的思想倾向》，《哲学研究》1994 年第 6 期。

吕乃基：《自然：西方文化之源——博弈论的视野》，《东南大学学报》2011 年第 5 期。

金观涛、樊洪业、刘青峰：《历史上的科学技术结构——试论十七世纪之后中国科学技术落后于西方的原因》，《自然辩证法通讯》1982 年第 5 期。

彭继媛：《论惠特曼诗歌中自然意象对中国诗歌的影响》，《湖南社会科学》2008 年第 1 期。

钱逊：《也谈对"天人合一"的认识》，《传统文化与现代化》1994 年第 3 期。

钱逊：《人和自然的关系与中西文化》，《哲学研究》1994 年第 5 期。

申泰：《评"生态危机"》，《植物学报》1976 年第 1 期。

申泰：《怎样看待"生态平衡"——再评生态危机》，《植物学报》1976 年第 2 期。

谭琼琳：《加里·斯奈德的"砾石成道"表意法研究》，《外国语》2012 年第 3 期。

唐仲旎、夏伟生：《论"生态危机"》，《社会科学》1979 年第 4 期。

汤一介：《论"天人合一"》，《中国哲学史》2005 年第 2 期。

任继愈：《试论"天人合一"》，《传统文化与现代化》1996 年第 1 期。

王毅：《"天人合一"刍议》，《中国传统与现代化》1993 年第 3 期。

王正平：《"天人合一"思想的现代生态伦理价值》，《传统文化与现代化》1995 年第 3 期。

王中江：《严复的科学、进化视域与自然化的"天人观"》，《文史哲》2011 年第 1 期。

谢阳举：《老庄道家与环境哲学的会通》，《北京日报》2015 年 2 月 2 日第 020 版。

辛红娟、高圣兵：《追寻老子的踪迹——〈道德经〉英语译本的历时描述》，《南京农业大学学报》2008 年第 1 期。

徐春：《生态文明在人类文明中的地位》，《中国人民大学学报》，2010 年第 2 期。

杨锐：《中西自然观发展脉络初论——兼论我的自然观》，《清华大学学报》2014 年第 2 期。

于坚：《关于敬畏自然》，《天涯》2005 年第 3 期。

余谋昌：《生态文明》，《绿色中国》2017 年第 23 期。

乐黛云：《西方的文化反思与东方转向》，《群言》2004 年第 5 期。

曾繁仁：《中国古代"天人合一"思想与当代生态文化建设》，《文史哲》2006 年第 4 期。

张岱年：《中国哲学中"天人合一"思想的剖析》，《北京大学学报》1985 年第 1 期。

张劲松：《生态危机：西方工业文明外在性的理论审视与化解途径》，《国外社会科学》2013 年第 3 期。

章立凡：《略谈我之自然观——从何祚麻、汪永晨"敬畏"之争说起》，《博览群书》2005 年第 5 期。

张世英：《中国古代的"天人合一"思想》，《求是》2007 年第 7 期。

张颐武：《一个童话的终结——顾城之死与当代文化》，《当代作家评论》1994 年第 2 期。

张琢：《郭沫若"五四"时期的"泛神论"思想简论》，《中国社会科学》1985 年第 5 期。

［美］安妮·康诺弗·卡森：《庞德、孔子与费诺罗萨手稿——"现代主义的真正原则"》，闫琳译，《英美文学研究论丛》2011 年第 1 期。

［德］卜松山：《时代精神的玩偶——对西方接受道家思想的评述》，《哲学研究》1998 年第 7 期。

［德］卜松山、国刚：《中国传统文化对现代世界的启示——从"天人合一"谈起》，《传统文化与现代化》1993 年第 5 期。

著作、译著

冯友兰：《中国哲学简史》，中华书局 2015 年版。

公刘：《公刘诗选》，江西人民出版社 1987 年版。

顾城：《顾城精选集》，燕山出版社 2006 年版。

顾城：《顾城作品精选》，长江文艺出版社 2012 年版。

郭沫若：《郭沫若诗选》，海南国际新闻出版中心 1997 年版。

郭沫若：《女神》，外文出版社 2001 年版。

郭小川：《郭小川诗选》，人民文学出版社 1985 年版。

海子：《海子诗全集》，作家出版社 2009 年版。

洪子诚、程光炜编：《朦胧诗新编》，长江文艺出版社 2004 年版。

华海编：《当代生态诗歌》，作家出版社 2005 年版。

胡适：《尝试集》，人民文学出版社 2000 年版。

胡适：《中国的文艺复兴》，外语教学与研究出版社 2002 年版。

胡适：《胡适文集》（第 1 卷），花城出版社 2013 年版。

胡适：《胡适文集》（第 2 卷），花城出版社 2013 年版。

胡适：《胡适文集》（第 3 卷），花城出版社 2013 年版。

胡适：《四十自述》，江西人民出版社 2016 年版。

梁启超：《梁启超诗文选》，华东师范大学出版社 1990 年版。

林语堂：《生活的艺术》，陕西师范大学出版社 2008 年版。

罗绍书：《中国百家讽刺诗选》，贵州人民出版社 1988 年版。

蒙培元：《人与自然——中国哲学生态观》，人民出版社 2004 年版。

宋广波编：《丁文江卷》，中国人民大学出版社 2015 年版。

舒绍昌、马自立编：《三门峡诗选》，中州古籍出版社 1992 年版。

王钱国忠：《李约瑟》，上海科学普及出版社 2007 年版。

王艳：《新诗咖啡屋》，汉语大词典出版社 2002 年版。

王正平：《环境哲学——环境伦理的跨学科研究》，上海教育出版社 2014 年版。

苇岸：《大地上的事情》，中国对外翻译出版公司 1995 年版。

吴国珍译：《〈孟子〉最新英文全译全注本》，福建教育出版社 2015 年版。

吴欢章：《中国现代诗十大流派诗选》，上海文艺出版社 1989 年版。

徐志摩：《徐志摩文集》，中国戏剧出版社 2009 年版。

严复译：《天演论》，世界图书出版公司 2013 年版。

杨伯峻：《论语译注》，中华书局 2006 年版。

杨子译：《盖瑞·斯奈德诗选》，江苏文艺出版社 2013 年版。

易鑫鼎编：《梁启超选集》，中国文联出版社 2006 年版。

殷夫：《殷夫选集》，人民文学出版社 1958 年版。

于坚：《于坚的诗》，人民文学出版社 2000 年版。

于坚：《于坚集》（第 1 卷），云南人民出版社 2004 年版。

袁刚、孙家祥、任丙强编：《民治主义与现代社会：杜威在华讲演集》，北京大学出版社 2004 年版。

张君劢等：《科学与人生观》，中国致公出版社 2009 年版。

张梦新主编：《大学语文经典读本》，浙江大学出版社 2005 年版。

张新颖：《中国新诗：1916—2000》，复旦大学出版社 2001 年版。

赵毅衡：《诗神远游——中国如何改变了美国现代诗》，上海译文出版社 2003 年版。

郑燕虹：《肯尼斯·雷克思罗斯与中国文化》，外语教学与研究出版社 2010 年版。

中国作家协会（编）：《1956 诗选》，人民文学出版社 1957 年版。

钟玲：《斯奈德与中国文化》，首都师范大学出版社 2006 年版。

朱宏达、吴洁敏：《中国古诗百首读》，华文出版社 2008 年版。

［英］阿诺德·汤因比：《人类与大地母亲———一部叙事体世界史》，徐波等译，上海人民出版社 2012 年版。

［希腊］柏拉图：《理想国》，郭斌和、张竹明译，商务印书馆 2003 年版。

［美］狄百瑞：《东亚文明——五个阶段的对话》，何兆武、何冰译，江苏人民出版社 1996 年版。

［美］郭颖颐：《中国现代思想中的唯科学主义（1900—1950）》，雷颐译，江苏人民出版社 2010 年版。

［英］济慈：《夜莺与古瓮：济慈诗歌精粹》，屠岸译，人民文学出版社 2008 年版。

［美］加里·斯奈德：《禅定荒野》，陈登、谭琼琳译，广西师范大学出版社 2014 年版。

［美］卡洛琳·麦茜特：《自然之死——妇女、生态和科学革命》，吉林人民出版社 1999 年版。

［英］柯林武德：《自然的观念》，北京大学出版社 2006 年版。

［美］蕾切尔·卡逊：《寂静的春天》，吕瑞兰、李长生译，吉林人民出版社 1997 年版。

［英］李约瑟：《中国古代科学思想史》，陈立夫等译，江西人民出版社 1999 年版。

［美］利奥波德：《沙乡的沉思》，侯文蕙译，经济科学出版社 1992 年版。

［英］罗宾·柯林伍德：《自然的观念》，吴国盛、柯映红译，华夏出版社 1999 年版。

［英］罗素：《西方哲学史》（上卷），商务印书馆 2008 年版。

［英］罗素：《西方哲学史》（下卷），商务印书馆 2008 年版。

［美］浦嘉珉：《中国与达尔文》，钟永强译，江苏人民出版社 2009 年版。

［美］梭罗：《瓦尔登湖》，徐迟译，上海译文出版社 1982 年版。

［美］奚密：《现代汉诗中的自然景观：书写模式初探》，《扬子江评论》2016 年第 3 期。

［美］周明之：《胡适与中国知识分子的选择》，雷颐译，广西师范大学出版社 2005 年版。

英文

Abe, Masao, ed. *A Zen Life*：*D. T. Suzuki Remembered*. New York：Weatherhill, 1986.

Ai, Qing. *Selected Poems of Ai Qing*, eds. Eugene Chen Eoyang, trans. Eugene Chen Eoyang, Peng Wenlan, and Marilyn Chin. Bloomington：Indiana University Press, 1982.

Allen, Donald. *The New American Poetry* 1945—1960. Berkeley：University of California Press, 1999.

American Experience：*Walt Whitman PBS*. Written and directed by Mark Zwonitzer. Produced and co-directed by Jamila Wignot. A Patrick Long Productions film in association with Hidden Hill Productions for American experience. Publisher：［S. l.］：PBS Home Video［distributor］, 2008.

Ames, Roger T., and Henry Rosemont, Jr., trans. *The Analects of Confucius*：*A Philosophical Translation*. New York：Ballantine Books, 1998.

Artfield, Robin. "Western Traditions and Environmental Ethics," in *Environmental Philosophy*：*A Collection of Readings*, eds. Robert Elliot and Arran Gare, 201-30. University Park：Pennsylvania State University Press, 1983.

Barnhart, Michael G. "Ideas of Nature in an Asian Context." *Philosophy East and West* 47, no. 3 (1997)：417-432.

Baughman, Judith S., et al., eds. "Watts, Alan 1915-1973," in Vol

6 of *American Decades*, 394–395. Detroit: Gale, 2001. *Gale Virtual Reference Library*. Web. 7 Mar. 2013.

Birrell, Anne, trans. *The Classic of Mountains and Rivers*. London: Penguin Books, 1999.

Biskowski, Lawrence J. "Bacon, Sir Francis (1561–1626) English Statesman, Author, and Philosopher," in *Environmental Encyclopedia*, eds. Marci Bortman, Peter Brimblecombe, and Mary Ann Cunningham, 106 – 107. Vol. 1. Detroit: Gale, 2003.

Bloom, Harold, ed. *Romanticism and Consciousness*. New York: W. W. Norton and Co., 1970.

Bly, Robert, ed. & intro. *News of the Universe: Poems of Twofold Consciousness*. San Francisco: Sierra Club Books, 1995.

Bodde, Derk. "The Attitude Toward Science and Scientific Method in Ancient China." *T' ien Hsia Monthly* 2, no. 2 (1936): 139–160.

——. "Dominant Ideas in the Formation of Chinese Culture." *Journal of the American Oriental Society* 62, no. 4 (1942): 293–299.

——. *Chinese Thought, Society, and Science: The Intellectual and Social Background of Science and Technology in Pre-Modern China*. Honolulu: University of Hawaii Press, 1991.

Bookchin, Murray. *The Ecology of Freedom: The Emergence and Dissolution of Hierarchy*. New York: Black Rose Books, 1991.

Botkin, Daniel B. *Discordant Harmonies: A New Ecology for the Twenty-First Century*. Oxford: Oxford University Press, 1990.

Boundas, Constantin V.. *The Edinburgh Companion to Twentieth-Century Philosophies*. Edinburgh: Edinburgh University Press, 2007.

Brooks, Van Wyck. *Fenollosa and His Circle: With Other Essays in Biography*. New York: E. P. Dutton & Co., 1962.

Bruun, Ole. "Fengshui and the Chinese Perceptions of Nature," in *Worldviews, Religion, and the Environment: A Global Anthology*, ed. Richard Foltz, 236–45. Belmont, CA: Wadsworth Publishing, 2002.

Buck, Peter. *American Science and Modern China*, 1876–1936. Cambridge: Cambridge University Press, 1980.

Buell, Lawrence. *The Environmental Imagination: Thoreau, Nature Writing, and the Formation of American Culture.* Cambridge, Mass.: Belknap Press of Harvard University Press, 1995.

——. *The Future of Environmental Criticism: Environmental Crisis and Literary Imagination.* Malden, MA: Blackwell Pub. , 2005.

Bynner, Witter, and K. H. Kiang, trans. *The Jade Mountain.* New York, 1929.

Caddel, Richard. "Secretaries of Nature: Towards a Theory of Modernist Ecology," in *Ezra Pound, Nature and Myth*, ed. William Pratt, 139-50. New York: AMS Press, 2003.

Callicott, J. Baird, and Roger T. Ames, eds. *Nature in Asian Traditions of Thought: Essays in Environmental Philosophy.* Albany, N. Y. : State University of New York Press, 1989.

Capra, Fritjof. *The Tao of Physics: An Exploration of the Parallels Between Modern Physics and Eastern Mysticism.* Berkeley, CA: Shambhala, 1975.

——. *The Turning Point: Science, Society, and the Rising Culture.* New York: Bantam Books, 1988.

——. *Uncommon Wisdom.* New York: Simon & Schuster, 1988.

——. *The Web of Life.* New York: Doubleday, 1996.

——. *The Hidden Connections: A Science for Sustainable Living.* New York: Doubleday, 2002.

Carson, Rachel. *Silent Spring.* Boston: Houghton Mifflin Co. , 1962.

Channell, David F. *The Vital Machine: A Study of Technology and Organic Life.* New York: Oxford University Press, 1991.

Ch' en, David T. Y. . "Thoreau and Taoism," in *Asian Response to American Literature*, ed. C. D. Narasimhaiah, 406-16. Delhi: Vikas, 1972.

Chen, Xiaoming. *From the May Fourth Movement to Communist Revolution: Guo Moruo and the Chinese Path to Communism.* New York: State University of New York Press, 2007.

Cheng, Aimin. "Humanity as 'A Part and Parcel of Nature': A Comparative Study of Thoreau's and Taoist Concepts of Nature," in *Thoreau's Sense of Place: Essays in American Environmental Writing*, ed. Richard J. Schneider,

207-220. Iowa City: University of Iowa Press, 2000.

Chisolm, Lawrence W. *Fenollosa: The Far East and American Culture*. New York: Yale University Press, 1963.

Chou, Min-Chih. *Hu Shih and Intellectual Choice in Modern China*. Ann Arbor: University of Michigan Press, 1984.

Chung, Ling. "Kenneth Rexroth and Chinese Poetry: Translation, Imitation, and Adaptation." PhD diss. , University of Wisconsin, 1972.

Clarke, J. J. *Oriental Enlightenment: The Encounter Between Asian and Western Thought*. London: Routledge, 1997.

——. *Tao of the West: Western Transformations of Taoist Thought*. London: Routledge, 2000.

Classe, Olive, ed. *Encyclopedia of Literary Translation into English*. Vol. II. Chicago: Fitzroy Dearborn Publishers, 2000.

Cohen, Michael P. . *The Pathless Way: John Muir and American Wilderness*. Madison, Wis. : University of Wisconsin Press, 1984.

——. "Blues in the Green: Ecocriticism Under Critique." *Environmental History* 9, no. 1 (2004): 9-34.

Cronon, William, ed. *Uncommon Ground: Rethinking the Human Place in Nature*. New York: W. W. Norton & Co. , 1996.

Darwin, Charles. *On the Origin of Species*. New York: Sterling, 2008.

de Bary, Wm. Theodore, and Richard Lufrano, eds. *Sources of Chinese Tradition: From 1600 Through the Twentieth Century*. Vol. II. 2nd ed. New York: Columbia University Press, 2000.

Devall, Bill, and George Sessions. *Deep Ecology*. Salt Lake City: G. M. Smith, 1985.

Dewey, John. *Lectures in China*, 1919—1920. Honolulu: University Press of Hawaii, 1973.

Dow, Tsung I. *The Impact of Chinese Students Returned from America: With Emphasis on the Chinese Revolution*, 1911—1949. Washington, D. C. : ERIC Clearinghouse, 1971.

Ebenkamp, Paul. *The Etiquette of Freedom: Gary Snyder, Jim Harrision, and "The Practice of the Wild."* Berkeley: Counterpoint, 2010.

Edmonds, Richard Louis. "The Environment in the People's Republic of China, 50 Years On." *China Quarterly* 159, (1999): 640-649.

Ellwood, Robert S., ed. *Discovering the Other: Humanities East and West*. Malibu, CA: Undena Publications, 1984.

Elman, Benjamin A. *A Cultural History of Modern Science in China*. Cambridge, Mass.: Harvard University Press, 2006.

Emerson, John. "Thoreau's Construction of Taoism." *Thoreau Quarterly Journal* 12, no. 2 (1980): 5-14.

Evernden, Neil. *The Social Creation of Nature*. Baltimore: Johns Hopkins University Press, 1992.

Falcon, Andrea. *Aristotle and the Science of Nature: Unity Without Uniformity*. New York: Cambridge University Press, 2005.

Fan, Dainian, and Robert S. Cohen, eds. *Chinese Studies in the History and Philosophy of Science and Technology*. Boston: Kluwer Academic Publishers, 1996.

Fang, Achilles. "From Imagism to Whitmanism in Recent Chinese Poetry: A Search for Poetics That Failed," in *Indiana University Conference on Oriental-Western Literary Relations*, eds. Horst Frenz and G. L. Anderson, 177-89. Chapel Hill: University of North Carolina Press, 1955.

Fenollosa, Ernest, and Ezra Pound. *The Chinese Written Character as a Medium for Poetry: A Critical Edition*, eds. Haun Saussy, Jonathan Stalling, and Lucas Klein. New York: Fordham University Press, 2008.

Fields, Rick. *How the Swans Came to the Lake: A Narrative History of Buddhism in America*. 3rd ed. Boston, Mass. : Shambhala Publications, 1992.

Fong, Wen. *Beyond Representation: Chinese Painting and Calligraphy, 8th—14th Century*. New Haven: Yale University Press, 1992.

Fox, Warwick. *Toward a Transpersonal Ecology: Developing New Foundations for Environmentalism*. New York: State University of New York Press, 1995.

Frodsham, J. D. *The Murmuring Stream: The Life and Works of the Chinese Nature Poet Hsieh Ling - Yün*. Kuala Lumpur: University of Malaya Press, 1967.

——. "Landscape Poetry in China and Europe." *Comparative Literature* 19, no. 3 (Summer, 1967): 193–215.

Fung, Yu-lan. *A Short History of Chinese Philosophy*. New York: The Free Press, 1966.

——. *A History of Chinese Philosophy*, trans. Derk Bodde. 2 vols. Princeton: Princeton University Press, 1973.

Furlong, Monica. *Zen Effects: The Life of Alan Watts*. Boston: Houghton Mifflin Company, 1986.

Furth, Charlotte. *Ting Wen - Chiang: Science and China's New Culture*. Cambridge, Mass.: Harvard University Press, 1970.

Gardner, Geoffrey, ed. *For Rexroth*. New York: The Ark, 1980.

Gare, Arran. "China and the Struggle for Ecological Civilization." *Capitalism Nature Socialism*23, No. 4 (2012): 10–26.

Garrard, Greg. *Ecocriticism*. London: Routledge, 2004.

Géfin, Laszlo. *Ideogram: History of a Poetic Method*. Austin: University of Texas Press, 1982.

Gibson, Morgan. *Kenneth Rexroth*. New York: Twayne Publishers, Inc., 1972.

——. *Revolutionary Rexroth: Poet of East-West Wisdom*. Hamden, Conn.: Shoe String Press, 1986.

Girardot, N. J., James Miller, and Liu Xiaogan, eds. *Daoism and Ecology: Ways Within a Cosmic Landscape*. Cambridge, Mass: Harvard University Press, 2001.

Glacken, Clarence J.. *Traces on the Rhodian Shore: Nature and Culture in Western Thought from Ancient Times to the End of the Eighteenth Century*. Berkeley: University of California Press, 1967.

Glotfelty, Cheryll, and Harold Fromm, eds. *The Ecocriticism Reader: Landmarks in Literary Ecology*. London: University of Georgia Press, 1996.

Gould, Sidney H. *Sciences in Communist China: A Symposium Presented at the New York Meeting of the American Association for the Advancement of Science, December 26 - 27, 1960*. Westport, Conn.: Greenwood Press, 1975.

Graham, A. C. *Yin - Yang and the Nature of Correlative Thinking*. Kent Ridge, Singapore: The Institute of East Asian Philosophies at National University of Singapore, 1986.

Gregory, John S. *The West and China since* 1500. New York: Palgrave MacMillan, 2003.

Grieder, Jerome B. *Hu Shih and the Chinese Renaissance: Liberalism in the Chinese Revolution*, 1917—1937. Cambridge, Mass.: Harvard University Press, 1970.

Gu, Ming Gong. "Classical Chinese Poetry: A Catalytic 'Other' for Anglo-American Modernist Poetry." *Canadian Review of Comparative Literature* 23, no. 4 (1996): 993-1024.

Guo, Moruo, and Chou Yang, eds. *Songs of the Red Flag*. Beijing: Foreign Languages Press, 1961.

Guo, Rongxing. *How the Chinese Economy Works*. 2nd ed. New York: Palgrave Macmillan, 2007.

Hamill, Sam, and Bradford Morrow, eds. *The Complete Poems of Kenneth Rexroth*. Port Townsend, Wash.: Copper Canyon Press, 2003.

Hargrove, Eugene C. "Foreword," in *Nature in Asian Traditions of Thought: Essays in Environmental Philosophy*, eds. J. Baird Callicott and Roger T. Ames. Albany, N. Y.: State University of New York Press, 1989.

Hatlen, Burton. "Song of the Broad-Axe," in *Walt Whitman: An Encyclopedia*, eds. J. R. LeMaster and Donald D. Kummings, 660-61. New York: Garland Publishing, Inc. , 1998.

Hay, Peter. *Main Currents in Western Environmental Thought*. Bloomington, IN: Indiana University Press, 2002.

He, Bochuan. *China on the Edge: The Crisis of Ecology and Development*. San Francisco: China Books and Periodicals, Inc. , 1991.

Hertsgaard, Mark. *Earth Odyssey: Around the World in Search of Our Environmental Future*. New York: Broadway Books, 1998.

Heysinger, I. W. , trans. *The Light of China*. Philadelphia: Research Publishing Co. , 1903.

Hoyt, William R. "Zen Buddhism and Western Alienation from Nature. "

Christian Century 87, 1970, 1194-1196.

Hsu, Kai - yu. *Twentieth Century Chinese Poetry: An Anthology*. New York: Cornell University Press, 1963.

Hu, Shi. *The Development of the Logical Method in Ancient China*. New York: Paragon Book Reprint Corp, 1963.

Hua, Shiping. *Scientism and Humanism: Two Cultures in Post-Mao China* (1978—1989). Albany, N. Y.: State University of New York Press, 1995.

Huang, Guiyou. *Whitmanism, Imagism, and Modernism in China and America*. Selinsgrove: Susquehanna University Press; London: Associated University Presses, 1997.

Hughes, Johnson Donald. *Ecology in Ancient Civilizations*. Albuquerque: University of New Mexico Press, 1975.

Huo, Jianying. "Supreme Mount Tai." *China Today*, no. 4 (2007): 68-73.

Jamison, Andrew. "Ecology and the Environmental Movement," in *Ecology Revisited: Reflecting on Concepts, Advancing Science*, eds. Astrid Schwarz and Kurt Jax, 195-204. Springer, 2011.

Jung, Hwa Yol. "Ecology, Zen and Western Religious Thought." *Christian Century* 89, (1972): 1155.

——. "The Ecological Crisis: A Philosophic Perspective, East and West." *Bucknell Review* (1972 Winter): 25-44.

Kalupahana, David J. "Toward a Middle Path of Survival," in *Nature in Asian Traditions of Thought: Essays in Environmental Philosophy*, eds. J. Baird Callicott and Roger T. Ames, 247-56. Albany, N. Y.: State University of New York Press, 1989.

Kane, Virginia M. "Taoism and Contemporary Environmental Literature." M. A. thesis. University of North Texas, 2001.

Kau, Michael Y. M., and John K. Leung. *The Writings of Mao Zedong* 1949—1976. Armonk, N. Y.: M. E. Sharpe, Inc., 1986.

Kenner, Hugh. *The Pound Era*. Berkeley: University of California Press, 1971.

Kharbanda, V. P., and M. A. Qureshi. *Science, Technology, and Economic*

Development in China. New Delhi: Navrang, 1987.

Killingsworth, M. Jimmie. *Walt Whitman and the Earth.* Iowa City: University of Iowa Press, 2004.

——. *The Cambridge Introduction to Walt Whitman.* New York: Cambridge University Press, 2007.

Kim, Eui-Yeong. "Thoreau's Orientalism: A Study of Confucian and Taoist Elements in Thoreau's Readings and Writings." PhD diss., University of Illinois at Urbana-Champaign, 1991.

Kline, Benjamin. *First Along the River: A Brief History of the U. S. Environmental Movement.* Lanham, MD: Rowman & Littlefield Publishers, Inc., 2007.

Knabb, Ken. *The Relevance of Rexroth.* Berkeley: The Bureau of Public Secrets, 1990.

Knight, Nick. *Rethinking Mao: Explorations in Mao Zedong's Thought.* Plymouth, UK: Lexington Books, 2007.

Kwok, D. W. Y. *Scientism in Chinese Thought* 1900—1950. New York: Biblo and Tannen, 1971.

La Chapelle, Dolores. *Earth Wisdom.* Los Angeles: Guild of Tutors Press, 1978.

——. *Ritual: The Pattern That Connects.* Silverton, Colo.: Finn Hill Arts, 1981.

——. *Sacred Land, Sacred Sex: Rapture of the Deep.* Silverton, Colo.: Finn Hill Arts, 1988.

——. *Tai Chi: Return to Mountain: Between Heaven and Earth.* Christchurch, N. Z.: Hazard Pub, 2002.

LaChapelle, Dolores, and Janet Bourque. *Earth Festivals: Seasonal Celebrations for Everyone Young and Old.* Silverton, Colo.: Finn Hill Arts, 1976.

LaFreniere, Gilbert F.. *The Decline of Nature.* Palo Alto, CA: Academica Press, LLC, 2008.

Lan, Feng. *Ezra Pound and Confucianism.* Toronto: University of Toronto Press, 2005.

Lao, Tzu. *Tao Te Ching*, trans. Arthur Waley. Beijing: Foreign Language Teaching and Research Press, 2001.

Lee, Leo Ou - fan. *The Romantic Generation of Modern Chinese Writers.* Cambridge, Mass. : Harvard University Press, 1973.

Leopold, Aldo. *A Sand County Almanac.* New York: Oxford University Press, 1966.

Li, Zehou. "Human Nature and Human Future: A Combination of Marx and Confucius," in *Chinese Thought in a Global Context: A Dialogue Between Chinese and Western Philosophical Approaches*, eds. Karl - Heinz Pohl, 129-144. Leiden: Brill, 1999.

——. *The Chinese Aesthetic Tradition.* Honolulu: University of Hawai' i Press, 2010.

Li, Zehou, and Jane Cauvel. *Four Essays on Aesthetics.* New York: Lexington Books, 2006.

Liang, Yue-June. "Xie Lingyun: The Redefinition of Landscape Poetry. " PhD diss. , Harvard University, 1999.

Lieberthal, Kenneth. *Governing China: From Revolution through Reform.* New York: W. W. Norton & Co. , 1995.

Lin, Julia C. *Modern Chinese Poetry: An Introduction.* London: University of Washington Press, 1973.

Lin, Ming-hui Chang. "Tradition and Innovation in Modern Chinese Poetry. " PhD diss. , University of Washington, 1965.

Liu, James J. Y. *The Art of Chinese Poetry.* Chicago: University of Chicago Press, 1962.

Lo, Kwai-Cheung. "Chinese Misty Poetry and Modernity. " PhD diss. , Stanford University, 1996.

Mao, Tsetung. *Selected Readings from the Works of Mao Tsetung.* Peking: Foreign Languages Press, 1971.

——. *On Contradiction.* Peking: Foreign Languages Press, 1967.

——. *Mao Tsetung: An Anthology of His Writings.* Edited by Anne Fremantle. New American Library, 1971.

——. *Selected Readings from the Works of Mao Tsetung.* Peking: Foreign Languages Press, 1971.

Markham, Adam. *A Brief History of Pollution.* New York: St. Martin's

Press, 1994.

McLaughlin, Andrew. *Regarding Nature: Industrialism and Deep Ecology*. Albany, N. Y.: State University of New York Press, 1993.

McLeod, Dan. "The Chinese Hermit in the American Wilderness." *Tamkang Review* 14, no. 1 (1983—84): 165-171.

——. "Asia and the Poetic Discovery of America from Emerson to Snyder," in *Discovering the Other: Humanities East and West*, ed. Robert S. Ellwood, 159-180. Malibu: Undena Publications, 1984.

Meadows, Donella H., etc. *The Limits to Growth*, Universe Books, 1974.

Meisner, Maurice. *Mao Zedong: A Political and Intellectual Portrait*. Malden, Mass.: Polity Press, 2007.

Menand, Louis. "Dissociation of Sensibility," in *The Princeton Encyclopedia of Poetry and Poetics*, ed. Roland Greene and Stephen Cushman, 369. 4th ed. Princeton, NJ: Princeton University Press, 2012. *Gale Virtual Reference Library*. Web. 16 Mar. 2013.

Merchant, Carolyn. *The Death of Nature: Women, Ecology, and the Scientific Revolution*. San Francisco: Harper & Row, 1980.

Miller, James Whipple. "English Romanticism and Chinese Nature Poetry." *Comparative Literature* 24, no. 3 (Summer, 1972): 216-236.

Miyake, Akiko. *Ezra Pound and the Mysteries of Love: A Plan for the Cantos*. Durham: Duke University Press, 1991.

Moncrief, Lewis W.. "The Cultural Basis for Our Environmental Crisis." *Science* 170, no. 3957 (1970): 508-512.

Morin, Edward, ed. *The Red Azalea: Chinese Poetry since the Cultural Revolution*, trans. Dennis Ding Fang Dai and Edward Morin. Honolulu: University of Hawaii Press, 1990.

Murphy, Patrick D. *Understanding Gary Snyder*. Columbia: University of South Carolina Press, 1992.

Naess, Arne. "The Shallow and the Deep, Long-Range Ecology Movement: A Summary." *Inquiry* 16 (1973): 95-100.

Nash, Roderick. *Wilderness and the American Mind*. Rev ed. New Haven: Yale University Press, 1973.

——. *The Rights of Nature*. Madison, Wis. : University of Wisconsin Press, 1989.

Needham, Joseph. *Science and Civilisation in China*. Vol. 2. Cambridge : At the University Press, 1956.

——. *The Grand Titration : Science and Society in East and West*. London : Allen & Unwin, 1969.

——. *History and Human Values : A Chinese Perspective for World Science and Technology*. Inaugural Martin Wickramasinghe Lecture. Martin Wickramasinghe Trust, 1978.

——. *Science in Traditional China : A Comparative Perspective*. Cambridge, Mass. : Harvard University Press, 1981.

——. *Science and Civilisation in China*. Vol. 7. Cambridge, Eng. : Cambridge University Press, 2004.

Norton, Jody. "The Importance of Nothing : Absence and Its Origins in the Poetry of Gary Snyder. " *Contemporary Literature* 28, no. 1 (1987) : 41–66.

Novak, Phillip. "How? Asian Religions and the Problem of Environmental Degradation. " *Revision* 16, no. 2 (1993) : 77–82.

Oelschlaeger, Max. "Nature," in *New Dictionary of the History of Ideas*, ed. Maryanne Cline Horowitz, 1615—20. Detroit : Charles Scribner's Sons, 2005. *Gale Virtual Reference Library*. Web. 7 Mar. 2013.

Orleans, Leo A, ed. *Science in Contemporary China*. Stanford : Stanford University Press, 1980.

Orr, Gregory, ed. "Chinese Poetry and the American Imagination. " *Ironwood* 17 (1981) : 11–59.

Owen, Stephen. *Traditional Chinese Poetry and Poetics : Omen of the World*. Madison, Wis. : University of Wisconsin Press, 1985.

Paper, Jordan. "Chinese Religion, ' Daoism, ' and Deep Ecology," in *Deep Ecology and World Religions : New Essays on Sacred Grounds*, eds. David Landis Barnhill and Roger S. Gottlieb, 107 – 26. Albany, N. Y. : State University of New York Press, 2001.

Passmore, John. *Man's Responsibility for Nature : Ecological Problems and*

Western Traditions. New York: Charles Scribner's Sons, 1974.

Pohl, Karl−Heinz. *Chinese Thought in a Global Context: A Dialogue Between Chinese and Western Philosophical Approaches*. Leiden: Brill, 1999.

Pound, Ezra. *Cathay*. London: Elkin Mathews, 1915.

——. *Selected Poems of Ezra Pound*, ed. T. S. Eliot. London: Faber & Gwyer, 1928.

——. *Literary Essays of Ezra Pound*, ed. T. S. Eliot. New York: New Directions Publishing, 1935.

——. *Guide to Kulchur*. New York: New Directions Publishing, 1970.

——. *Selected Prose 1909—1965*, ed. William Cookson. New York: New Directions Publishing, 1973.

——. "Chinese Poetry II," in *Ezra Pound's Poetry and Prose: Contributions to Periodicals*, ed. A. Walton Litz, 108 – 110. New York: Garland Pub. , 1991.

——. *The Cantos of Ezra Pound*. New York: New Directions Publishing, 1993.

——. *Ezra Pound: Poems and Translations*. The Library of America, 2003.

——. *The Spirit of Romance*. New York: New Directions Publishing, 2005.

——. Pratt, William, ed. *Ezra Pound, Nature and Myth*. New York: AMS Press, 2003.

Qian, Zhaoming. *Orientalism and Modernism: The Legacy of China in Pound*. Durham: Duke University Press, 1995.

——, ed. *Ezra Pound and China*. Ann Arbor: University of Michigan Press, 2003.

——, ed. *Ezra Pound's Chinese Friends: Stories in Letters*. Oxford: Oxford University Press, 2008.

Rexorth, Kenneth. *Bird in the Bush: Obvious Essays*. New York: New Directions Publishing, 1959.

——. *Assays*. Norfolk, Conn. : J. Laughling, 1961.

——, trans. *One Hundred Poems from the Chinese*. New York: New Directions Publishing, 1971.

——. *Kenneth Rexroth: An Autographical Novel*. New York: New Directions

Publishing, 1991.

——. *Completed Poems of Kenneth Rexroth*, eds. Sam Hamill and Bradford Morrow. Port Townsend, Wash. : Copper Canyon Press, 2003.

Rolson, Holmes, III. "Can the East Help the West to Value Nature?" *Philosophy East and West* 37, no. 2 (1987): 171-190.

Roszak, Theodore. *The Making of a Counter Culture: Reflections on the Technocratic Society and Its Youthful Opposition*. New York: Doubleday & Company, Inc. , 1968.

Saich, Tony. *China's Science Policy in the 80's*. Atlantic Highlands, NJ: Humanities Press International, 1989.

Sandars, N. K. , trans. & intro. *The Epic of Gilgamesh: An English Version with an Introduction*. Harmondsworth, Middlesex: Penguin Books, 1987.

Selin, Helaine, and Arne Kalland, eds. *Nature Across Cultures: Views of Nature and the Environment in Non-Western Cultures*. Boston: Kluwer Academic Publishers, 2003.

Shapiro, Judith. *Mao's War Against Nature: Politics and the Environment in Revolutionary China*. New York: Cambridge University Press, 2001.

Shu, Ting. *Selected Poems*, trans. Eva Hung. A Renditions Paperback. Hong Kong: Chinese University of Hong Kong, 1994.

Shu, Yunzhong. "Gary Snyder and Taoism. " *Tamkang Review: A Quarterly of Comparative Studies between Chinese and Foreign Literatures* 17, no. 3 (1987): 245-261.

Simmons, I. G. *Interpreting Nature: Cultural Constructions of the Environment*. London: Routledge, 1993.

Smil, Vaclav. *The Bad Earth: Environmental Degradation in China*. Armonk, N. Y. : M. E. Sharpe, Inc. , 1984.

Smith, Huston. "Tao Now: An Ecological Testament," in *Earth Might Be Fair: Reflections on Ethics, Religion, and Ecology*, ed. Ian G. Barbour, 62-81. Englewood Cliffs, New Jersey: Prentice-Hall, Inc. , 1972.

Snow, Edgar. *Red Star Over China*. New York: Grove Press, 1968.

Snyder, Gary. "Ecology, Place & the Awakening of Compassion. " http: // www. ecobuddhism. org /solutions/wde/snyder/ (accessed June 10, 2012).

——. *Riprap & Cold Mountain Poems*. San Francisco: Four Seasons Foundation, 1965.

——. *The Back Country*. New York: New Directions Publishing, 1968.

——. *Earth House Hold*. New York: New Directions Publishing, 1969.

——. *Turtle Island*. New York: New Directions Publishing, 1974.

——. *The Real Work: Interviews and Talks*, 1964—1979, ed. Wm. Scott McLean. New York: New Directions Publishing, 1980.

——. "On the Road with D. T. Suzuki," in *A Zen Life: D. T. Suzuki Remembered*, ed. Masao Abe, 207-209. New York: Weatherhill, 1986.

——. *The Practice of the Wild*. Berkeley: Counterpoint, 1990.

——. "Introduction," in *Beneath a Single Moon: Buddhism in Contemporary American Poetry*, eds. Kent Johnson and Craig Paulenich, 1-9. Boston: Shambhala, 1991.

——. *No Nature: New and Selected Poems*. New York: Pantheon Books, 1992.

——. *A Place in Space: Ethic, Aesthetics, and Watersheds*. Washington, D. C.: Counterpoint, 1995.

——. *The Gary Snyder Reader: Prose, Poetry and Translations* 1952—1998. Washington, D. C: Counterpoint, 1997.

——. *Back on the Fire: Essays*. Washington, D. C.: Shoemaker & Hoard, 2007.

Snyder, Samuel. "Chinese Traditions and Ecology: Survey Article." *Worldviews: Environment, Culture, Religion* 10, no. 1 (2006): 100-134.

Stalling, Jonathan. *Poetics of Emptiness: Transformation of Asian Thought in American Poetry*. New York: Fordham University Press, 2010.

Steuding, Bob. *Gary Snyder.* Boston: Twayne Publishers, 1976.

Stuart, David. *Alan Watts*. Radnor, Pennsylvania: Chilton Book Company, 1976.

Suzuki, D. T. *Outlines of Mahayana Buddhism*. London, 1907.

——. *A Brief History of Early Chinese Philosophy*. London, 1914.

——. *Essays in Zen Buddhism*. 1st ser. London, 1927.

——. *Essays in Zen Buddhism*. 2nd ser. London, 1933.

——. *Essays in Zen Buddhism*. 3rd ser. London, 1934.

——. *An Introduction to Zen Buddhism*. Tokyo, 1934.

——. *The Zen Doctrine of No-Mind*. London: Rider, 1969.

——. *Zen Buddhism: Selected Writings of D. T. Suzuki*. Westminster, MD: Doubleday Publishing, 1996.

Taylor, Rodney L. "Companionship with the World: Roots and Branches of a Confucian Ecology," in *Confucianism and Ecology: The Interrelation of Heaven, Earth, and Humans*, eds. Mary Evelyn Tucker and John Berthrong, 37-58. Cambridge, Mass. : Harvard University Press, 1998.

Terrell, Carroll F. *A Companion to the Cantos of Ezra Pound*. Berkeley: University of California Press, 1993.

Terrill, Ross. *Mao: A Bibliography*. New York: Simon & Schuster, 1980.

Thoreau, Henry D. . *Walden*. New Haven: Yale University Press, 2004.

Tu, Weiming. *Centrality and Commonality*. Albany, N. Y. : State University of New York Press, 1989.

——. "Embodying the Universe: A Note on Confucian Self-Realization." *World & I* (1989 August): 475-485.

——. "Beyond the Enlightenment Mentality," in *Confucianism and Ecology: The Interrelation of Heaven, Earth, and Humans*, eds. Mary Evelyn Tucker and John Berthrong, 3 - 21. Cambridge, Mass. : Harvard University Press, 1998.

Tuan, Yi-fu. "Discrepancies Between Environmental Attitudes and Behavior: Examples from Europe and China. " *The Canadian Geographer* 12, (1968): 176-191.

Tucker, Mary Evelyn, and Duncan Ryūken Williams, eds. *Buddhism and Ecology: The Interconnection of Dharma and Deeds*. Cambridge, Mass. : Harvard University Press, 1997.

Tucker, Mary Evelyn, and John H. Berthrong, eds. *Confucianism and Ecology: The Interrelation of Heaven, Earth, and Humans*. Cambridge, Mass. : Harvard University Press, 1998.

Turner, Fredrick. *Rebirth of Value: Meditation on Beauty, Ecology, Religion, and Education*. New York: State University of New York Press, 1991.

Versluis, Arthur. *American Transcendentalism and Asian Religions.* New York: Oxford University Press, 1993.

Vogel, Hans Ulrich, and Günter Dux, eds. *Concepts of Nature: A Chinese—European Cross—Cultural Perspective.* Vol. 1. Leiden: Brill, 2010.

Wang, Jessica Ching – Sze. *John Dewey in China: To Teach and to Learn.* Albany, N. Y. : State University of New York Press, 2007.

Wang, Wei. *Hiding the Universe: Poems by Wang Wei.* Translated by Wai—lim Yip. New York: Grossman Publishers, 1972.

Wang, Yushu, trans. *Selected Poems and Pictures of the Tang Dynasty.* Beijing: China International Press, 2009.

Wang, Yi Chu. *Chinese Intellectuals and the West*, 1872—1949. Chapel Hill: University of North Carolina Press, 1966.

Watson, Burton. *Chinese Lyricism: Shih Poetry from the Second to the Twelfth Century, with Translations.* New York: Columbia University Press, 1971.

——, trans. and ed. *Columbia Book of Chinese Poetry: From Early Times to the Thirteenth Century.* New York: Columbia University Press, 1984.

Watts, Alan. *The Spirit of Zen: A Way of Life, Work and Life in the Far East.* London, 1936.

——. *The Way of Zen.* New American Library, 1957.

——. *Nature, Man and Woman.* New York: Pantheon Books Inc. , 1958.

——. *The Meaning of Happiness: The Quest for Freedom of the Spirit in Modern Psychology and the Wisdom of the East.* New York: Harper Colophon Books, 1968.

——. *In My Own Way: An Autobiography*, 1915—1965. New York: Pantheon Books, 1972.

——. *The Wisdom of Insecurity; The Way of Zen; Tao: The Watercourse Way.* New York: Quality Paperback Book, 1994.

——. *The Tao of Philosophy: The Edited Transcripts.* Boston: Charles E. Tuttle Co. , Inc. , 1995.

——. *The Philosophies of Asia.* Boston: Tuttle Publishing, 1999.

——. *Eastern Wisdom, Modern Life: Collected Talks* 1960—1969. Novato,

CA: New World Library, 2006.

Weller, Robert P. *Discovering Nature: Globalization and Environmental Culture in China and Taiwan.* New York: Cambridge University Press, 2006.

White, Lynn Jr. . *Frontiers of Knowledge in the Study of Man.* New York: Harper and Brothers, 1956.

——. "The Historical Roots of Our Ecologic Crisis," in *The Ecocriticism Reader: Landmarks in Literary Ecology*, eds. Cheryll Glotfelty and Harold Fromm, 3-14. Athens: University of Georgia Press, 1996.

Whitehead, Alfred North. *Science and the Modern World.* New York: Macmillan Company, 1926.

Whitman, Walt. *Leaves of Grass*, eds. Harold W. Blodgett and Sculley Bradley. New York: New York University Press, 1965.

——. *The Portable Walt Whitman*, ed. Michael Warner. London: Penguin Books, 2004.

Williams, Raymond. *Keywords: A Vocabulary of Culture and Society.* Rev. ed. New York: Oxford University Press, 1983.

Winchester, Simon. *Bomb, Book and Compass: Joseph Needham and the Great Secrets of China.* London: Viking, the Penguin Group, 2008.

Winchester, Simon. *The Man Who Loved China.* New York: Harper, 2008.

Wong, Kin-yuen. "A Passage to Humanism: Chinese Influence on E-mersion," in *Essays in Commemoration of the Golden Jubilee of the Fung Ping Shan Library*, 1932—1982: *Studies in Chinese Librarianship, Literature, Language, History, and Arts*, ed. Bingliang Chen, 281-305. Hong Kong: Fung Ping Shan Library of the University of Hong Kong, 1982.

Xie, Ming. *Ezra Pound and the Appropriation of Chinese Poetry: Cathay, Translation, and Imagism.* New York: Garland Publishing, Inc, 1999.

Yeh, Michelle. *Modern Chinese Poetry: Theory and Practice since 1917.* New Haven: Yale University Press, 1991.

——, ed. & trans. *Anthology of Modern Chinese Poetry.* New Haven: Yale University Press 1992.

Yip, Wai-lim. "Aesthetic Consciousness of Landscape in Chinese and Anglo-American Poetry." *Comparative Literature Studies* 15, no. 2 (1978):

211-241.

——. *Lyrics from Shelters*: *Modern Chinese Poetry* 1930—1950. New York: Garland Publishing, Inc. , 1992.

——. *Diffusion of Distances*: *Dialogues Between Chinese and Western Poetics*. Berkeley: University of California Press, 1993.

——. *Pound and the Eight Views of Xiao Xiang*. Bilingual ed. Taipei: Guoli Taiwan daxue chuban zhongxin, 2008.

Zeng, Hong. *A Destructive Reading of Chinese Natural Philosophy in Literature and the Arts*: *Taoism and Zen Buddhism*. Lewiston: Edwin Mellen Press, 2004.

Zhang-Kubin, Suizi. "The Aimless 'I' —An Interview with Gu Cheng. December 19, 1992," in *Essays, Interviews, Recollections and Unpublished Material of Gu Cheng, 20th Century Chinese Poet*: *The Poetics of Death*, ed. and trans. Li Xia, 335-340. New York: Edwin Mellen Press, 1999.

Zhao, Yiheng. "The Second Tide: Chinese Influence on American Poetry." Proceedings of the XIIth Congress of the International Comparative Literature Association, in *Space and Boundaries in Literature*, eds. Roger Bauer and Douwe Fokkema, 390-403. Munich: Indicium, 1990.

Zhu, Chuangeng. "Ezra Pound: The One-Principle Text." *Literature and Theology* 20, no. 4 (2006): 394-410.

后　记

　　本书基于本人的博士论文译写而成。该博士论文用英语写成于2013年，起初计划就在国外出版，后因多种原因，决定将其译成汉语在国内出版。当时满怀雄心壮志，以为一年内即可译完出版，哪知真正开始译了才发现远非想象得那么简单。由于中英语言和文化差异，更重要的是相关研究领域学术范式和研究话题的偏差，很多时候并不仅仅是翻译，还需进行大量改写，颇为费时耗力，再加上教学、行政、家庭等种种事务拖累，前前后后折腾了这么些年才终于完成。这期间要感谢很多人。首先，我由衷地感谢我的博士生导师顾明栋教授以及师母顾太太。在攻读博士学位期间，顾教授在诸多方面给予我潜移默化的影响。印象最深的是他常给学生们强调"原创"的重要性。顾教授脚踏中西文化，学术视野广博，从中西跨文明、跨文化、多学科视角著书立说，发表了诸多原创性观点。顾教授的学术成就于我而言此生望尘莫及，不过每当我提笔准备写点什么，总会习惯性地扪心自问：我的原创性观点会是什么？我现在也时常给我的学生讲原创的重要性。这两个字我会一直牢记于心。如果说顾教授主要是在治学和做人方面引导我成长，顾太太则在生活方面给予了我无微不至的关心。在美国的五年期间，每每遇到重要节日，顾太太都会不辞劳苦地备上节日大餐，邀请我们几位博士生去家做客，让我们感受到浓浓的亲情。对顾教授和顾太太的感恩将永存心中。其次要真诚感谢我的另外一位博士论文指导教师 Frederick Turner 教授。从开题到论文定稿，Turner 教授一直是我坚定的支持者。每次有问题去他办公室请教时，他总是耐心细致地启发我，不厌其烦地和我讨论很长时间，这些对我而言总是十分愉悦的体验。我也要感谢 Tim Redman 教授。Redman 教授是研究庞德问题的专家。每次课堂前 10 分钟都会布置小测验，逼迫学生们进教室前得花不少时间准备，但事后回想起来却实实在在地学到了不少东西，对于我全面深入地了解庞德有极大帮助。我还要感谢 David Channell 教授和 Zsuzsanna Ozsváth 教授的谆谆教海。他们的课堂极大地拓展了我的学术视野。在我回国后撰写本书期间，上海师范大学的朱振武教授作为我 2018 年赴该校访学期间的导师，给我提出了诸多宝贵的修改意见，借此机会我也表示真诚感谢！

我发自肺腑地感谢师姐郭钦女士。师姐早我两年入学，是一位乐观向上且又无比坚强的女性。无论是在学业还是生活上，每每我遇到困难时，首先想到的是找师姐求教，师姐在很多方面是我的"指路明灯"。我还要感谢读博期间的诸位同学，他们是杨冰峰、张强、段国重、唐乐、吕艳丽，以及顾老师的诸位访问学者，包括东南大学的季欣教授、现担任南京图书馆馆长的陈军教授、扬州大学的周领顺教授、缪海涛教授。当时大家同在异国他乡，节假日时经常在一起聚餐、天马行空地畅聊，在思想的碰撞中时常会有灵光闪现，至今回想以来仍无比美好。此外，美国德州大学达拉斯分校的李文琦老师和杨晓红女士也给予我诸多帮助，在此一并感谢！

我感谢一直以来关心支持我的诸位领导和同事，他们是：三峡大学的刘瑄传教授、田祥斌教授、杨德安书记、孙红艳书记、危鸣辉院长、王秀银院长、上官燕教授、胡晓琼教授、雷卿教授、袁平教授、田绪军博士、赵征军博士、罗艳丽博士、胡学艳博士、刘君红博士、何文静博士、覃芳芳博士，以及我的师弟陈述军教授。在我读书期间，他们给予了我不同形式的帮助，对此我会永远铭记。我还要感谢我的两位硕士生陈海惠和朱帅同学帮助完成了博士论文部分章节的初译工作。

我要特别感谢我的父母和先生。感谢他们当初毫不犹豫地支持我做出如此疯狂的决定：在儿子刚满周岁时远赴美国攻读博士学位，并义无反顾地帮助我承担起育儿重任。他们一直以来是我最坚强的后盾！没有他们的无私付出，我不可能完成博士阶段的学习。我也发自肺腑地感谢我的儿子晨阳。晨阳蹒跚学步之时正是我在异国勤奋读书之日。未能陪伴在他身边看他日日茁壮成长，一直以来是我心中最大的遗憾，也是我此生最大的亏欠。一转眼，晨阳已经是一名中学生了，身体健康，性格阳光，学业上几乎不需要父母操心，这让我倍感欣慰！真心感谢上苍的眷顾，赐予我如此懂事又优秀的儿子!

最后,真诚感谢中国社会科学院任明编辑不厌其烦地帮助校对书稿。本书第二章和第三章中的主要内容在几年前已分别以论文形式发表在《中山大学学报》和《厦门大学学报》上。由于能力和水平有限,书中错误在所难免,敬请各位读者批评指正!是为后记。